应用型本科机电类专业"十三五"规划精品教材

电机与拖动

DIANJI YU TUODONG

主　编　王海文　葛敏娜　王　楠

副主编　盛道清　葛卫清　张翠芳

　　　　白　冰　王炜富

华中科技大学出版社
http://www.hustp.com
中国·武汉

内 容 简 介

本书采用方程式、相量图和等效电路三种方式对电机的主要电磁物理量的特性及相互关系进行阐述及表示,对重要内容进行分析,利用图形的对照进行说明比较。本书以电磁感应定律和载流导体在磁场中的受力为基础来介绍各种电机的工作原理,内容上着重比较了不同电机的相同点和不同点,以便读者掌握各类电机的特点。本书的阐述与推证都比较详细,便于读者自学。

本书主要讲解电机与电力拖动的基本理论和基础知识,主要内容包括电力拖动系统的动力学基础、直流电机原理、他励直流电动机的运行、变压器、三相异步电动机、三相异步电动机的电力拖动、同步电动机、特种电机和电动机的选择,每章后面附有思考题与练习题,供读者学习和复习用。

本书可作为应用型普通高等院校自动化、电气自动化、机械电子工程等专业的教材或参考书,也可供相关工程技术人员参考。

为了方便教学,本书还配有电子课件等教学资源包,任课教师和学生可以登录"我们爱读书"网(www.ibook4us.com)免费注册并浏览,或者发邮件至 hustpeiit@163.com 索取。

图书在版编目(CIP)数据

电机与拖动/王海文,葛敏娜,王楠主编. —武汉:华中科技大学出版社,2018.8
应用型本科机电类专业"十三五"规划精品教材
ISBN 978-7-5680-4447-9

Ⅰ.①电… Ⅱ.①王… ②葛… ③王… Ⅲ.①电机-高等学校-教材 ②电力传动-高等学校-教材
Ⅳ.①TM3 ②TM921

中国版本图书馆 CIP 数据核字(2018)第 191453 号

电机与拖动
DianJi yu TuoDong

王海文　葛敏娜　王　楠　主编

策划编辑:康　序
责任编辑:舒　慧
责任监印:朱　玢
出版发行:华中科技大学出版社(中国·武汉)　　　电话:(027)81321913
　　　　　武汉市东湖新技术开发区华工科技园　　　邮编:430223
录　　排:华中科技大学惠友文印中心
印　　刷:武汉首壹印刷有限公司
开　　本:787mm×1092mm　1/16
印　　张:17.5
字　　数:453 千字
版　　次:2018 年 8 月第 1 版第 1 次印刷
定　　价:38.00 元

前言

PREFACE

  "电机与拖动"是研究交、直流电机原理及其启动、调速、制动等拖动基础理论、分析方法、基本特性，以及变压器的运行原理、特性及工程应用等的一门专业基础课程，是自动化、电气自动化、机械电子工程等专业的学生学习后续专业课所必需的主要技术基础，也是从事工业自动化、电气工程、电力系统、电力拖动、电机及控制、水电工程等领域工作的重要理论和技术基础，其内容为工科专业的学生奠定了扎实的工程实践基础，是当今工科专业的学生必修的强电基础课。本课程理论与实践结合比较紧密，而其原理部分较为抽象复杂，对初学者来说不容易理解，历来都是难教难学的课程之一。

  随着我国高等教育规模的不断扩大，高等教育由精英教育方向逐步向大众教育方向转变。教育对象的特点发生了较大的变化，应用型人才的培养已经成为一批院校的培养目标。本书在编写过程中，结合应用型本科专业的人才培养目标和专业教学需要，本着基本理论够用即可、易教易学的原则，重点突出基础理论的实际应用，尽量使学生掌握扎实的理论基础，但又不追求理论深度，在打好基础的前提下，以培养学生实际工程能力为目标，强调"重基本理论、基本概念，淡化过程推导，突出工程应用"。同时，本书编者对相关内容做了删减与调整，适当删减了部分理论性强又较为抽象的内容，增强了教学内容的针对性和实用性。

  本书由大连工业大学王海文、大连工业大学艺术与信息工程学院葛敏娜、沈阳科技学院王楠担任主编，由武汉科技大学盛道清、东莞理工学院城市学院葛卫清，以及大连工业大学艺术与信息工程学院张翠芳、白冰、王炜富担任副主编。全书共10章，其中王海文编写第10章和附录，葛敏娜编写第3、7章，王楠编写第1章，盛道清编写第2章，葛卫清编写第9章，张翠芳编写第4、8章，白冰编写第6章，王炜富编写第5章。王虹元、武文册、吴凡、刘浩、万达、王雪、冯晓玉、王森、刘春萌协助进行了资料的整理工作。

  本书在编写过程中，参考了兄弟院校的资料及其他相关教材，并得到许多同人的关心和帮助,在此谨致谢意。

　　为了方便教学,本书还配有电子课件等教学资源包,任课教师和学生可以登录"我们爱读书"网(www.ibook4us.com)免费注册并浏览,或者发邮件至 hustpeiit@163.com 索取。

　　由于编者水平有限、编写时间仓促,书中难免有错误和疏漏之处,恳请广大读者批评指正。

编　者
2018 年 3 月

目录

第❶章 绪 论

本书主要介绍在自动控制领域电能和机械能相互转换装置的原理、模型和基本控制方法,重点介绍电机的旋转电磁机械,因为在自动化领域中绝大多数的机电能量转换都是通过它来实现的。

本书假设读者已经具备磁场和电路理论的基本知识,这些知识已在自动化专业本科学生的"大学物理"和"电路"课程中讲授。在学习旋转电机基本原理的过程中,将会频繁使用一些重要的物理概念,为便于学习,本章将对相关电磁知识做一简要的回顾,为后续学习奠定一个良好的理论基础。

 ## 1.1 电机与拖动技术概述

作为一种易生产、易传输、易分配、易使用、易控制、低污染的能源,电能是现代广泛应用的一种能量形式。为了方便地将电能生产出来,并方便地将它转换成机械能为人类服务,电机被发明出来。作为一种高效的机电能量转换工具,电机及其拖动控制系统在国民经济、国防装备的现代化发展和社会生活中发挥着越来越重要的作用。

1.1.1 电机与拖动技术的发展概况

最先制成电动机的人,据说是德国人雅可比。他于1834年前后制成了一种简单的装置:在两个 U 形电磁铁中间装一个六臂轮,每臂带两根棒形磁铁。通电后,棒形磁铁与 U 形电磁铁之间产生相互吸引和排斥的作用,带动轮轴转动。后来,雅可比做了一个大型的装置并装在小艇上,用三百二十个丹尼尔电池供电。1838年小艇在易北河上首次航行,航速只有2.2千米每小时。与此同时,美国人达文波特也成功制成驱动印刷机的电动机,印刷过美国电学期刊《电磁和机械情报》。但这两种电动机都没有多大的商业价值,用电池作电源,成本太高,并不实用。直到第一台实用型直流发电机问世,电动机才得到广泛应用。1869年,比利时出生的法国工程师格拉姆发明了直流发电机,直流发电机的设计与电动机的很相似。后来,格拉姆证明向直流发电机输入电流,其转子会像电动机一样旋转。于是,这种格拉姆型发电机大量制造出来,效率也不断提高。与此同时,德国西门子公司制造出了更好的发电机,并着手研究由电动机驱动的车辆,制成了世界上最早的电车。1882年,爱迪生在纽约建立了世界上第一座发电厂。1879年,在柏林工业展览会上,西门子公司不冒烟的电车赢得观众的一片喝彩。当时西门子电车的功率只有3马力,后来美国发明大王爱迪生试验的电车功率为12~15马力。但当时的电动机全是直流电动机,只限于驱动电车。1888年5月,塞尔维亚裔美籍发明家特斯拉向全世界展示了他发明的交流电动机。该交流电动机是根据电磁感应原理制成的,又称感应电动机。这种电动机结构简单,使用交流电,不像直流电动机那样需要整流、容易产生火花,因此很快被广泛应用于工业和家用电器中。

由于直流电动机具有良好的控制特性,自诞生以来,它一直在要求高控制性能(宽范围调速,高精度的转速、转矩、转角控制)的电力拖动领域中占据着主导地位,这种状况直至20

世纪由于交流电动机控制方法在理论上的突破和功率电子技术、微处理器技术的进步使控制的实现变得容易,才发生了根本性的转变。一种称为矢量控制的技术和交流变频、交流调压技术的进步,使交流电动机从原来的难以控制变得能像直流电动机一样进行控制,获得的控制性能已完全可与直流电动机系统相媲美。同时,由于结构上的本质区别,交流电动机结构简单,免维护,无火花,高速性能明显优于直流电动机,价格低廉,并能节约铜材,因此在现代工业控制领域,交流电动机拖动系统取代直流电动机拖动系统已成为一种趋势。不过,直流电动机拖动系统还有一些优势领域,例如,传统的直流电动机拖动系统在各种舰船、车辆、卫星、移动式机器人等移动设备中仍然占有一定地位。直流调速系统更易于获得较高的性能指标,特别是在低速、超低速下运行时的稳速性能与交流调速系统相比仍具有一定优势,如高精度稳速系统的稳速精度可以达到数十万分之一,宽调速系统的调速比为 1∶10 000以上,千瓦以上功率等级、中等以下惯量的系统快速响应时间为几十毫秒。

从机电能量转换的观点看,电机可以分为发电机和电动机两大类别。实际上,从电机运行原理来看,任一电机既可工作于发电状态,也可工作于电动状态,上述分类是从电机的主要用途和主要工作状态的角度来进行分类的。作为自动化学科的专业基础课程,"电机与拖动"侧重于从控制的角度讨论电动机实现电力拖动的基本知识,有关发电机方面的知识可参阅电力、发配电专业的相关教材。

1.1.2 本课程在专业中的作用、任务及课程目标

1. 本课程在专业中的作用和任务

本课程是自动化、机电一体化等专业的核心专业基础课程,是将电机学、电力拖动和控制电机等课程有机结合而成的课程。本课程的任务是使学生掌握直流电机、变压器、交流电机及控制电机的基本理论、主要结构、性能及应用;掌握电力拖动系统的运行特性、电机与拖动系统的选择、分析计算及实验方法;掌握各种控制电机的类别、构造及特点,以及各种控制电机在自动控制系统中的应用及发展方向。电机与拖动在自动化专业中的地位如图 1-1 所示。由图可以看到,电机与拖动技术是自动化技术的重要基石之一,在现代自动控制中占有十分重要的地位。

2. 课程目标

本课程是一门用电磁理论解决复杂的、具体的、综合的实际问题的课程。在电机运行中,电机内同时存在电、磁、力的相互作用。因此,本课程的目标是使学生牢固掌握电机的基本概念、基本原理和主要特性,学会结合电机的具体结构、应用电机的基本理论分析电机及拖动的实际问题,掌握一定的电磁计算方法,培养运算能力。同时,要求学生重视在教学过程中安排的实验、实习,包括参观电机厂等实践教学环节,培养学生掌握电机与电力拖动系统的基本实验方法与技能。具体要求如下。

首先,本课程所研究的对象是实物,是一个电、磁、机械的综合体,因此要求学生:

(1)弄清机械实物的具体结构;

(2)弄清电机内主要电磁物理量的特性及相互关系,并能用方程式、向量图和等效电路这三种主要方式来表示;

(3)能运用这些特性和关系,结合具体条件对电机的稳态运行进行初步分析,这也是本课程的主要任务和总体要求。

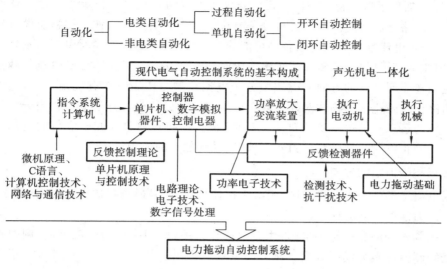

图 1-1　电机与拖动在自动化专业中的地位

其次,本课程前后的连贯性强。各种电机都存在共性,例如,各种电机的工作原理都是以电磁感应定律和载流导体在磁场中的受力为基础的,这就决定了在讲解后面的内容时要用到前面所学的知识。这就要求学生不但要掌握前面所学的基本理论,而且在学习后续内容时要善于比较,找出不同电机的共同点和不同点,以便更好地掌握各类电机的特点。

最后,本课程以定性分析为主。这就要求学生改变以往用套公式算题的方式完成学习任务的学习方法,而应把学习重点放在课后及时复习、钻研教材方面。在掌握电机中主要电磁物理量的特性及相互关系的基础上,结合具体条件,对电机的运行进行分析,认真思考章节后的思考题与练习题,培养分析问题和解决问题的能力,并且要勤于总结。

1.2　相关的物理与数学概念

电机的能量变换是通过电磁感应作用实现的。分析电机内部的电磁过程及其所表现的特性时,要应用相关的电和磁的规律和定律。虽然我们假定读者早已在相关物理、电路理论课程中掌握了这些知识,但由于它们在电机与拖动理论中的重要性,在此做一个简要的回顾还是有必要的。

一、磁场

1. 磁场的基本概念

约在公元前300年(战国末年),中国首先发现了磁铁矿吸引铁片的现象;11世纪,沈括发明了指南针,并且发现了地磁偏角;1820年,丹麦科学家奥斯特从实验中证实,在电流周围的空间存在着磁场。磁场是存在于电流周围的一种特殊形式的物质。磁场和电场一样具有方向性。把一个可以在竖直轴上自由回转的小磁针放在磁场中,小磁针静止时北极所指的方向规定为磁场的方向。按照磁场中各点磁场的方向顺连而成的曲线称为磁力线。

实验证明,磁铁和电流之间有相互作用,载流导线之间也有相互作用。磁铁和磁铁之间、电流和电流之间的力具有同样的性质,称之为磁力。同样的磁铁或电流放在真空中和各种不同的介质中时,它们之间的相互作用力是不同的。凡是能够影响磁力的物质称为磁质。

1822 年,安培提出了磁现象本质的假说。安培认为一切磁现象的根源是电流。任何物质的分子都存在回路电流,称为分子电流,分子电流相当于一个基元磁铁。在物质没有磁性的状态下,这些分子电流毫无规则地取各种可能的方向,因而它们在外界所引起的磁效应相互抵消,整个物体不显示磁性;当磁质位于磁场中时,在磁力的作用下,其分子电流与载流线圈一样要发生偏转而取一定的方向。磁质中分子电流在磁力作用下作有规则排列,这种现象称为介质的磁化。磁化了的物体对外界就会产生一定的磁效应。分子电流相当于分子中电子环绕原子核的运动和电子本身的自旋运动。因此,一切磁现象起源于电荷的运动。运动电荷间除了与静止电荷一样受到电力作用外,还受到磁力的作用。

2. 磁场和磁力线的方向

直线电流磁场的右手拇指定则:用右手握住导线,如果拇指指向电流方向,那么,其余四指就指向磁力线的旋转方向。

通电线圈磁场的右手螺旋法则:用右手握住线圈,使四指指向电流方向,则拇指所指的方向就是线圈内部磁力线的方向。磁力线从线圈内出来的一端为北极(N 极),磁力线进入线圈内部的一端为南极(S 极)。

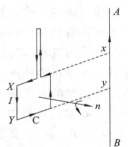

图 1-2　载流直导线磁场对可自由转动载流线圈的作用

3. 磁场的磁感应强度/磁通密度

设有一无限长的载流直导线 AB,在它的附近悬挂一个载流的试验线圈 C,如图 1-2 所示。假设悬线没有扭力矩,当线圈停止转动时,线圈所在的平面 $XYyx$ 就和导线 AB 在同一平面内,线圈的法线 n 与导线 AB 相互垂直。

如果导线 AB 中产生磁场的电流强度和方向一定,则线圈在磁场中给定点上所受的磁力矩因线圈法线方向不同而改变。当线圈法线方向与该点的磁场方向垂直时,线圈所受的磁力矩最大,最大磁力矩 T_{magmax} 与线圈中的电流强度 I 成正比,与线圈的面积 S 也成正比,而与线圈的形状无关。电流强度和线圈面积的乘积称为线圈的磁矩 p_{mag},并有

$$p_{\text{mag}} \propto IS$$

当把一确定磁矩的线圈放在磁场中的不同位置时,一般线圈所受到的最大磁力矩是不同的,但最大磁力矩和磁矩的比值,则仅与线圈所在的位置有关。例如,把线圈放在越靠近导线 AB 的地方,则作用在线圈上的最大磁力矩就越大。因此,可将单位磁矩的线圈在磁场中各点所受的最大磁力矩作为度量磁场强弱的量。

$$B \propto \frac{T_{\text{magmax}}}{p_{\text{mag}}} \propto \frac{T_{\text{magmax}}}{IS}$$

$$B = k \frac{T_{\text{magmax}}}{IS}$$

其中,比例系数 k 由式中物理量的度量单位决定。

如果把单位磁矩的试验线圈放在磁场中的某点,当线圈所受磁力矩为零时,线圈法线的正方向表示该点磁场的方向。线圈法线的正方向根据线圈中的电流按右手螺旋法则确定。当线圈法线与磁场方向垂直时,线圈所受磁力矩有一确定的最大值,表示该点磁场的强弱。同时表示上述方向和强弱的物理量称为磁感应强度,以符号 $\boldsymbol{B}$ 表示,简称 $\boldsymbol{B}$ 矢量。当磁矩为 1 A·m² 的线圈位于磁场中某点时,如果它所受到的最大磁力矩为 1 N·m,则该点的磁感

应强度为 1 Wb/m² 或 1 T(特斯拉)。

$$1\ T = 1\ N/(A \cdot m) = 1\ Wb/m^2$$

4. 磁力线密度与磁通量

磁场中磁力线密度的规定为：通过某点上垂直于 B 矢量的单位面积的磁力线条数，等于该点 B 矢量的数值；通过一个给定面的磁力线条数，称为通过此面的磁通量 Φ 或 B 通量，简称磁通。在磁场中设想一个面积元 dS，它的法线方向和该处 B 矢量之间的交角为 α，根据磁力线密度的规定，通过 dS 的磁通量 $d\Phi$ 为

$$d\Phi = BdS\cos\alpha$$

而经过一个有限面的磁通量 Φ 为

$$\Phi = \int_S B\cos\alpha dS$$

在国际单位制中，磁通量的单位为 Wb 或 T·m²。在均匀磁场中，如果截面 S 与 B 垂直，则

$$\Phi = BS \tag{1-1}$$

5. 磁感应强度与产生它的电流(励磁电流)之间的关系

磁感应强度 B 与产生它的电流(励磁电流)之间的关系可用毕奥-萨伐尔-拉普拉斯定律描述。

设在载流导线上沿电流方向取线元 dl，其中通过的电流强度为 I。电流元 Idl 在真空中对定点 P 所产生的磁感应强度 dB 的大小与磁导率、I、dl 及线元到点 P 的矢径 r 间的夹角 (Idl, r) 的正弦成正比，与线元到点 P 的距离的平方成反比，即

$$d\boldsymbol{B} = \frac{k\boldsymbol{I}\,dl\sin(\boldsymbol{I}dl, r)}{r^2}$$

方向垂直于由线元和矢径所决定的平面，指向由右手螺旋法则确定。比例系数 k 与磁场中的磁介质和单位制的选取有关，与磁介质的磁导率 μ 成正比。上式称为电流元的磁感应强度。磁感应强度服从叠加原理：某一给定的电流分布在空间某点所产生的磁感应强度等于组成该电流分布的各电流元分别在该点上所产生的磁感应强度的矢量和，磁力线方向与电流方向满足右手螺旋法则。

当载流导线形成的磁场使磁质磁化时，磁质内任一点的总磁感应强度 B 等于载流导线在该点产生的磁感应强度 B_0 和所有未被抵消的分子电流在该点产生的附加磁感应强度 B' 的矢量和，即

$$\boldsymbol{B} = \boldsymbol{B}_0 + \boldsymbol{B}'$$

应用毕奥-萨伐尔-拉普拉斯定律分析不同几何形状电流产生的磁场，如无限长直电流、圆电流、螺线管电流等产生的磁场，可以得知其磁感应强度均与电流强度 I、磁导率 μ 成正比，即

$$B \propto \mu I$$

6. 磁场强度

在任何磁质中，磁场中某点的磁感应强度 B 与同一点上的磁导率 μ 的比值称为该点的磁场强度，即

$$H = \frac{B}{\mu}$$

$$\mu = \mu_0 \mu_r$$

式中，μ_0 为真空的磁导率，μ_r 为磁介质的相对磁导率。对于真空，$\mu_r = 1$。

$$\mu_0 = 4\pi \times 10^{-7} \ \text{T} \cdot \text{m} \cdot \text{A}^{-1} \ \text{或} \ \text{H/m} \approx 1/800\ 000 \ \text{H/m}$$

许多非磁性材料,如铜、纸、橡胶、空气的 B-H 关系与真空的几乎相同,变压器和旋转电机用到的材料,其相对磁导率 μ_r 的典型值范围为 $2000 \sim 80\ 000$。例如,铸钢的 μ_r 为 $700 \sim 1000$,各种硅锅片的 μ_r 为 $600 \sim 7000$。随着材料科学的发展,现代一些合金材料的相对磁导率已达到 10^6 以上,μ_r 值随磁通密度的变化而略微变化,定性分析时可暂时假设为常数。

在电工学科领域,常按照安培环路定理,使用 A/m 作为磁场强度 H 的单位。

7. 磁滞与涡流

铁、镍一类金属的分子具有一种相互紧密排列而形成自己磁场的性质。在这些金属中,有许多被称为磁畴的小区域,其体积约为 $10^{-12} \ \text{m}^3$,每一个磁畴中的原子间存在着非常强的电子"交换耦合作用",使相邻磁矩都按它们的磁场方向排列而指向相同的方向。这样,每个磁畴就类似于一个小的永久磁铁。整个铁块没有磁性是因为它包含的这些巨量的磁畴的方向是随机分布的。

当一个外磁场施加到铁块上时,将引起那些原来指向其他方向的磁畴发生指向磁场方向的运动,使排列在原磁畴边界的原子物理地旋转到外磁场方向,这些增加的和外磁场同方向排列的原子使铁块中的磁通增加,进而使更多的原子变换方向,进一步增强磁场的强度,形成一种正反馈效应,使得铁块中原来与外磁场方向相同和相近的磁畴体积增大,而铁块中原来与外磁场方向有较大偏离的磁畴体积缩小。因此,铁磁材料具有比空气高得多的磁导率。

随着外磁场强度的持续增大,材料中原来和外磁场方向不同的磁畴越来越多地转移到与外磁场相同的方向,磁畴对磁场的进一步增强作用也越来越弱。最后,当所有的磁畴排列都与外磁场同方向时,任何进一步增加的磁势所增加的磁通都将仅能像它在真空中增加的一样多,形成铁磁材料的深度磁饱和点。这一磁化过程所对应的铁磁材料的初始磁化曲线如图 1-3 所示。

当外磁场移去时,磁畴并不能完全恢复到原来的随机取向分布和体积分布,因为使铁磁材料中的原子改变方向需要能量。外磁场提供能量以完成它们的排列,外磁场移除后,没有能量使所有原子恢复到原来的排列方向。B 值并不沿原来的初始磁化曲线下降,而是沿另一曲线 ab 下降,如图 1-4 所示。当 $H=0$ 时,B 没有回到 0。B_r 称为剩余磁感应强度,简称剩磁。铁块变为具有一定磁性的永久磁铁,直到有一新的外能量来改变原子的排列状态为止。当 H 正负周期变化时,B 沿 $abca'b'c'a$ 回线变化。B 的变化总是落后于 H 的变化,这种现象称为磁滞现象。新的外能量可以是相反方向的磁势、大的机械撞击,也可以是加热。因而永久磁铁在加热、受到击打或坠落时可能会失去磁性。

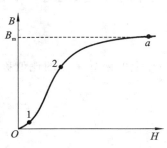

图 1-3   铁磁材料的初始磁化曲线

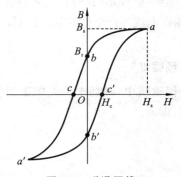

图 1-4   磁滞回线

铁磁质反复磁化时会发热,加剧分子的振动、转动。铁磁材料中的磁畴需要能量这一事实导致所有的变压器、电机存在一种称为磁滞损耗的能量损失。铁芯的磁滞损耗即是在加在铁芯上的每个交流电流周期中使磁畴完成重新定向和体积变化所消耗的能量。

此外,一个随时间变化的磁通依照法拉第电磁感应定律会在铁芯中产生电动势。这种电动势会在铁芯中形成涡状电流,就像河流中的旋涡一样,称为涡流。涡流流过的铁芯具有电阻,会产生能量损耗,称为涡流损耗。涡流损耗能使铁芯发热。涡流损耗的能量与涡流流通的路径长短成正比。因此,铁芯一般用许多很薄的硅钢片叠压而成,硅钢片之间用树脂等绝缘涂料隔开,使涡流的路径被限制在很小的范围内。因为绝缘层非常薄,它不仅可减小涡流,而且对铁芯的磁特性影响也非常小。涡流损耗正比于叠片厚度的平方,因此,叠片越薄,涡流损耗就越小。

习惯上常将铁磁材料中的磁滞与涡流损耗统称为铁耗。显然,铁耗与磁通变化的快慢(即励磁频率)有关。通常,铁耗中的涡流损耗按励磁频率的平方增加,也按磁通密度峰值的平方增加。通常电机铁芯均采用硅钢片叠压而成,其涡流损耗可表示为

$$P_{cb} = C_{ab}V\Delta^2 f^2 B_m^2 \qquad (1\text{-}2)$$

式中:C_{ab} 为涡流损耗系数,其值取决于铁磁材料的电阻率;V 为铁芯的体积;f 为励磁频率;Δ 为硅钢片的厚度;B_m 为磁通密度的最大值。

磁滞损耗正比于励磁频率、铁芯的体积和磁滞回线的面积,而磁滞回线的面积与磁通密度最大值的 n 次方成正比。对于一般的电工钢片,$n = 1.6 \sim 2.3$。磁滞损耗可写成

$$P_h = C_h V f B_m^n \qquad (1\text{-}3)$$

式中,C_h 为磁滞损耗系数,与铁磁材料的性质有关。

综上所述,铁耗可近似表示为

$$P_{Fe} = P_h + P_{ab} \approx C_{Fe} f^k G B_m^2 \qquad (1\text{-}4)$$

式中,C_{Fe} 为铁耗系数,$k = 1.3 \sim 1.5$,G 为铁芯重量。

不难看出,即使磁通密度的峰值固定,铁耗随励磁频率的增加而增加的规律也并不是线性的,频率增加时,它比频率增加得要快。

二、安培环路定理(全电流定律)

载流导体周围存在着磁场,磁力线的方向与产生该磁力线的电流的方向成右手螺旋关系。安培环路定理指出:在真空中的稳恒电流磁场中,磁感应强度 B 沿任意闭合曲线 L 的线积分,等于穿过这个闭合曲线的所有电流强度的代数和的 μ_0 倍,即

$$\oint_L B \cdot dl_{mag} = \mu_0 \sum I$$

对任意闭合曲线 L 内电流的符号的规定为:当穿过回路 L 的电流方向与回路绕行方向符合右手螺旋法则时电流为正,反之为负。

把真空中磁场的安培环路定理推广到有磁介质的稳恒磁场中去,当电流的磁场中有磁介质时,介质磁化,要产生磁化电流 I,如果考虑到磁化电流对磁场的贡献,并引入磁场强度矢量 H,则安培环路定理可表示为

$$\oint_L H \cdot dl_{mag} = \sum I \qquad (1\text{-}5)$$

式中,H 是电流 $\sum I$ 产生的磁场强度,dl_{mag} 为沿积分路径方向的微分线元长。由式(1-5)可知,在稳恒磁场中,磁场强度矢量 H 沿任一闭合路径的线积分等于包围在环路内各传导电

流的代数和。

三、磁路与电路

在复杂几何结构中,磁场强度 H 和磁通密度 B 的通解极难得到。在电机、变压器中,特殊的构造使得三维场问题可以简化为一维等效,从而获得满足工程精确度的解。

磁通所通过的磁介质的总体,称为磁路。如果磁通是从一种介质完全进入另一种介质,则称这两种介质的磁通串联;如果磁通分解成若干部分,而这些部分以后又汇合起来,则称磁通的分支部分并联。在电机、变压器中,磁路大部分为高磁导率的磁性材料,磁通被限制在由此结构所确定的路径中,这与电流被限制在电路的导体中极为相似。

图 1-5(a)所示为一个简单磁路的例子。假设铁芯由磁性材料构成,其磁导率远远大于周围空气的磁导率。铁芯具有均匀截面,并有带有电流 i 的 N 匝绕组励磁。该绕组电流在铁芯中产生磁场,如图 1-5(a)所示。

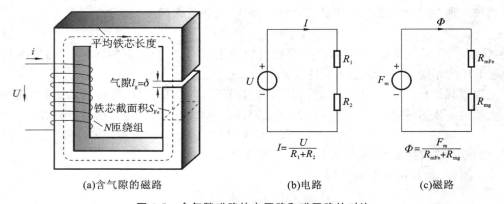

(a)含气隙的磁路   (b)电路   (c)磁路

图 1-5 含气隙磁路的电回路和磁回路的对比

当气隙长度比相邻铁芯截面的尺寸小得多时,由于铁芯的高磁导率,磁通几乎全部被限定在沿铁芯及气隙所规定的路径中流通,定义磁势为

$$F = Ni \tag{1-6}$$

则根据安培环路定理,作用于磁路上的磁势与磁路中的磁场强度的关系为

$$F_\mathrm{m} = Ni = \oint_L H \cdot \mathrm{d}l_\mathrm{mag} \tag{1-7}$$

图 1-5(a)所示结构的磁路可以按两个磁路——磁导率 μ_Fe、截面积 S_Fe、平均长度 l_Fe 的铁芯和磁导率 μ_0、横截面积 S_g、长度 δ 的气隙的串联来分析。铁芯中,磁通密度可以假设是均匀的,磁路中的磁通为 Φ 时,有

$$B_\mathrm{Fe} = \frac{\Phi}{S_\mathrm{Fe}}, \quad B_\mathrm{g} = \frac{\Phi}{S_\mathrm{g}}$$

根据安培环路定理,有

$$F_\mathrm{m} = Ni = \oint_L H \mathrm{d}l_\mathrm{mag} = H_\mathrm{Fe} l_\mathrm{Fe} + H_\mathrm{g} l_\mathrm{g} = \frac{B_\mathrm{Fe}}{\mu_\mathrm{Fe}} l_\mathrm{Fe} + \frac{B_\mathrm{g}}{\mu_0}\delta$$

$$F_\mathrm{m} = \Phi\left(\frac{l_\mathrm{Fe}}{\mu_\mathrm{Fe} S_\mathrm{Fe}} + \frac{\delta}{\mu_0 S_\mathrm{g}}\right)$$

定义与磁通相乘的两项分别为铁芯和气隙的磁阻,即

$$R_\mathrm{mFe} = \frac{l_\mathrm{Fe}}{\mu_\mathrm{Fe} S_\mathrm{Fe}}, \quad R_\mathrm{mg} = \frac{\delta}{\mu_0 S_\mathrm{g}}$$

则

$$F_m = \Phi(R_{mFe} + R_{mg})$$

将此关系用类似于电路的图形符号表示出来,如图 1-5(c)所示。不难看出,其关系与图 1-5(b)所示的电路中的电流、电压和阻抗间的关系类似。在电路理论中,将图 1-5(b)中各电相关物理量间的关系用欧姆定律描述;与之相似,图 1-5(c)中各磁相关物理量间的关系可采用磁路欧姆定律来描述。驱使磁通通过磁路各段所需的磁势,称为该段磁路的磁压降。磁路与电路的主要差异在于磁路中的磁导率不是常数,它会随磁通的变化而变化。但只要磁路未饱和,铁磁材料的磁导率随磁通的变化与它本身数值相比很小,其变化不会显著影响利用磁路欧姆定律对磁路的分析结果。

在电机中,磁路一般由铁芯和气隙组成,铁磁材料的高磁导率对应的磁阻非常小,虽然铁磁材料组成的磁路长度远大于气隙,但其总磁阻常常要比气隙磁阻小得多,即 $R_{mFe} \ll R_{mg}$,因此分析时常常忽略铁芯磁阻,磁通与磁通密度可仅根据磁势和气隙特性求出。

磁通的一般表达式为

$$\Phi \approx \frac{F_m}{R_{mg}} = \frac{F_m \mu_0 S_g}{\delta} = Ni \frac{\mu_0 S_g}{\delta}$$

磁阻的一般表达式为

$$R_m = \frac{l_{mag}}{\mu S}$$

即磁阻 R_m 与磁路的长度 l_{mag} 成正比,而与磁路的横截面积 S 及磁导率 μ 成反比。

磁势是磁路所包围的总的电强度。磁路欧姆定律的一般形式为

$$F_m = \Phi R_{mag} \tag{1-8}$$

根据基尔霍夫电流定律可知,电路中流进、流出同一节点的电流相等,磁路与此相似的则是进入与离开一个闭合面的磁通相等。

需要指出的是,铁磁材料在磁路未饱和时,其磁导率是空气磁导率的数千倍甚至数万倍,但一旦达到磁饱和,其磁导率会大大降低,深度饱和时甚至会趋向于与空气磁导率相等。因此,在使用磁路欧姆定律以及对电机运行进行分析时,都必须注意磁路的饱和程度和磁性材料的特点。

例如,某电工钢在 $B_{max} = 1.0$ T 相应的磁场强度时,对应的相对磁导率 $\mu_r = 72\,300$;当磁通密度增加 50%,到 $B_{max} = 1.5$ T 时,对应的相对磁导率下降至 $\mu_r = 33\,000$;到 $B_{max} = 1.8$ T 时,对应的相对磁导率 $\mu_r = 2900$。

磁路欧姆定律在电机原理分析中常用作定性分析,并不要求非常精确的定量结果,而且大家一般对电路中的欧姆定律都十分熟悉。一般情况下,电机正常运行时,其磁路中的铁磁材料工作于较浅的磁饱和状态,忽略饱和所带来的分析误差通常在百分之几范围内。产生误差的原因主要有以下几个方面。

(1)当对含有铁磁材料(铁芯)的磁路进行分析时,常假定所有磁通都聚集在铁芯中,而实际上铁芯中仅聚集了绝大部分的磁通,还有极少部分泄漏到了铁芯周围的空气中。这部分漏磁对电机设计与电机模型的影响其实是不可忽略的。

(2)磁阻是根据具有一定截面的铁芯磁路的平均长度计算的,这个长度是不精确的,特别是在磁路的转角处。

(3)铁磁材料的磁导率还与其剩磁有关。从后面对磁滞回线的讨论可以看到它对磁路磁导率的非线性影响,而使用磁路欧姆定律则希望磁导率是不变的。

电机与拖动
Dianji yu Tuodong

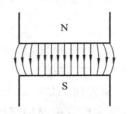

图 1-6　气隙磁场的边缘效应

（4）当磁路中除了铁磁材料外还包含图 1-5（a）所示的气隙时，气隙的等效截面积将大于它两侧铁芯的截面积。会产生这个额外增加的面积是因为磁力线在铁芯与气隙间会产生图 1-6 所示的"边缘效应"。当采用同等截面积讨论磁路时，必然会产生一个微小的误差，该误差会随着气隙的增大而显著增大。

通常减小由这些原因引起的分析误差的做法是引入等效长度、等效截面。一般来说，磁路问题是非线性问题，磁阻和磁路欧姆定律只有在磁路中各段材料都可线性等效处理时才能适用。在要求精确的磁路定量计算中不应采用磁阻和磁路欧姆定律，而应直接用全电流定律和各段材料的磁化特性曲线来进行分析。

四、两个重要的物理定律

首先回顾一下两个物理定律中将要用到的数学概念。

1）矢量的标积（点积）

两个矢量的标积为第一个矢量的大小与第二个矢量在第一个矢量方向上的分量大小的乘积。令两矢量为 A 与 B，它们之间的夹角为 φ（一对矢量之间有两个夹角，在矢量乘法中，总选取两个夹角中较小的一个），则 A 与 B 的标积由下式定义，即

$$A \cdot B = AB \cos\varphi \tag{1-9}$$

两个矢量的标积是一个标量。

2）矢量的矢积（叉积）

两个矢量的矢积，等于另一个矢量，即

$$C = A \times B \tag{1-10}$$

其大小为

$$|A \times B| = AB \sin\varphi \tag{1-11}$$

方向垂直于 A 与 B 所构成的平面。设想一轴垂直于 A 与 B 所构成的平面，且通过 A 与 B 的原点。现将右手四指包围此轴，指尖将矢量 A 经过 A 与 B 之间较小的夹角推到矢量 B 处，同时使大拇指保持竖直，这样，大拇指所指方向就是矢积 $C = A \times B$ 的方向。

矢量方程具有一个十分重要的性质，就是如果物理方程是矢量方程，则不论所用坐标系的轴的方位如何，方程总保持相同的形式。当物理量采用矢量与矢量方程来表示时，物理学上的陈述就与坐标系的转动与平动无关。

例如，在某一坐标系下有三个矢量满足 $A + B = C$，即在此坐标系下，有

$$A_x + B_x = C_x, \quad A_y + B_y = C_y, \quad A_z + B_z = C_z$$

现将这三个矢量变换到另外一个坐标系中。在不同的坐标系中，各矢量在两个坐标系中一般具有不同的每个坐标方向的分量，但在新坐标系中，$A + B = C$ 仍然成立。也就是说，相对于新坐标系（α、β、γ），仍然有

$$A_\alpha + B_\alpha = C_\alpha, \quad A_\beta + B_\beta = C_\beta, \quad A_\gamma + B_\gamma = C_\gamma$$

不论这个新坐标系是由原坐标系平移还是旋转得来的，这个结果都不会改变。

1. 法拉第电磁感应定律——发电机原理

1831 年，英国著名科学家法拉第发现了电磁感应现象，即法拉第电磁感应定律（faraday law of electromagnetic induction），这是一个极为重要的发现。这一发现表明，通过电磁感

应现象,可借助磁场获得电动势及电流。电磁感应现象可表述如下。

有效长度为 l 的导体以线速度 v 在磁通密度为 B 的磁场中运动时,导体内将产生感应电动势 e,这个感应电动势可用矢量积表示为 $e=(v \times B) \cdot l$。若 B、l、v 在空间内相互垂直,则 e 的大小等于三者的标量乘积,即

$$e=Blv \tag{1-12}$$

e 的方向由右手定则确定(右手手掌平伸,拇指与四指垂直,四指并拢,磁力线垂直从掌心穿入,从掌背穿出,拇指指向运动方向,则四指指向电动势方向)。

在电力拖动中,这一电磁感应定律又被称为发电机原理或发电机右手定则。在物理学中,式(1-12)中的电动势 e 被称为由电磁感应产生的动生电动势。

例 1-1 设有一与磁场垂直、长为 1 m 的导体以 5 m/s 的速度在图 1-7(a)所示的磁场中自左向右运动,磁场方向如图所示,磁通密度为 0.5 T,求导体中感应电动势的幅值和方向。

解 由图 1-7(a)可知,导体、磁场与运动方向均正交,因此有

$$e=(v \times B) \cdot l=(vB\sin 90°)l\cos 0°=Blv=0.5 \times 1 \times 5.0 \text{ V}=2.5 \text{ V}$$

方向由矢量积 $v \times B$ 的方向确定,如图 1-7(a)所示,上端为高电位。

当导体不与磁场或运动方向垂直时,导体有效长度为它在垂直方向的投影,如图 1-7(b)所示,导体与运动方向的夹角为 30°,有效长度变为 $l\cos 30°$。若仍采用例 1-1 所给数据,则导体中的感应电动势变为

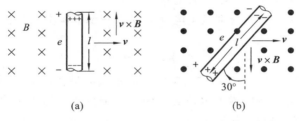

(a)   (b)

图 1-7 例 1-1 图

$$e=Blv\cos 30°=0.5 \times 1 \times 5.0 \times 0.866 \text{ V}=2.165 \text{ V}$$

由于图 1-7(b)中的磁场方向与图 1-7(a)中的磁场方向相反,电动势也变为导体下端为高电位。

在电力拖动中,法拉第电磁感应定律奠定了电机以磁场为媒介来实现机电能量转换的理论基础。式(1-12)左边的 e 为电量,右边的 lv 因子为具有动能的机械量,式(1-12)表明具有动能的机械量可以通过磁场(磁通密度为 B)转化为电量。当此电动势通过外电路对外形成电流输出时,即可完成机械能向电能的转换。

2. 洛伦兹电磁力定律(安培定律)——电动机原理

在自动化领域,我们需要更多地将电能转换为机械能,转换的物理基础是物理学中的另一条重要定律——洛伦兹电磁力定律。

有效长度为 l 并载有电流 i 的导体在磁通密度为 B 的磁场中时,导体将受到电磁力 F 的作用,若 B、l 在空间相互垂直,则 F 的大小等于三者的乘积,即

$$F=Bli \tag{1-13}$$

电磁力的方向由左手定则确定(左手手掌平伸,拇指与四指垂直,四指并拢,磁力线垂直从掌心穿入、从掌背穿出,四指指向电流方向,则拇指指向电磁力方向)。

如果磁场与导体不垂直,则电磁力的数学表达式的一般形式为

$$F=i(l\times B)$$

在电力拖动中,洛伦兹电磁力定律奠定了电机以磁场为媒介来实现电机能量转换的理论基础。式(1-13)左边的 F 为机械量,右边的 i 为电量。式(1-13)表明将电能以电流的形式注入导体,就可以通过磁场(磁通密度为 B)转化为力形式的机械量。当此力对外做功时,即实现了电能向机械能的转换。

式(1-13)描述的洛伦兹电磁力定律称为电动机原理,它与式(1-12)所描述的发电机原理一起构成电机原理中最为重要的理论基础和最核心的公式。从后续章节的学习中可以了解到,这两个基本公式的垂直正交条件,可由电机结构自动保证。因此,在分析电机原理时,我们一般采用这两个原理公式的代数积形式,而不是它们的矢量积形式。

在物理学中,洛伦兹电磁力定律的原型还包含电场力的分量,原型描述的是电磁场中电荷 q 所受到的电磁力,即

$$F=q(E+v\times B)$$

式中,v 为电荷在磁场中的运动速度。

纯电场中,$F=qE$,方向与电场强度方向一致,与电荷运动方向无关;纯磁场中,$F=q(v\times B)$,力的方向总是同时与电荷运动方向和磁场强度方向正交。对于大量运动电荷,引入电荷密度 ρ,则有

$$F_v=\rho(E+v\times B)$$

式中,F_v 为单位体积电荷所受的力,ρ 为电磁密度。

由于导体截面积乘以电流密度等于电流 I,所以磁场中作用于单位长度载流导体上的力可表示为

$$F=I\times B \tag{1-14}$$

当载流导体长度为 l 时,将导体中的电流方向定义为导体的方向,则有 $F=i(l\times B)$,这一仅考虑磁场作用的洛伦兹电磁力定律又称为安培定律或安培力定律。当 l 与 B 垂直时,上式即简化为电动机原理的代数形式。

五、电磁感应定律的四种表达形式

法拉第电磁感应定律的一般表达式为

$$e=\frac{d\Psi}{dt} \tag{1-15}$$

式中,磁链 Ψ 为所研究的闭合回路的磁通量的总和,当研究缠绕在变压器铁芯上的线圈具有 N 匝的情形时,有

$$\Psi=\sum_{j=1}^{N}\Phi_j \tag{1-16}$$

式中,Φ_j 为穿过第 j 匝线圈的磁通量,无论它的磁力线是沿铁芯穿过线圈每一匝还是有部分漏磁进入周边空气中,也不论漏磁的磁力线是否穿过线圈每一匝。式(1-15)的右边是通过回路的磁链对时间的导数,它表示在数值上感应电动势 e 与磁链随时间的变化速度成正比。不论用什么方式,如改变闭合回路的形状,或者使回路旋转,或者在非均匀磁场中移动回路,或者磁场本身的磁感应强度随时间变化等,使这个变化产生,式(1-15)都是正确的。式(1-15)中的负号,是由回路的假定正向和楞次定律决定的。

当通过各匝线圈的所有磁通与线圈全部匝数交链时,通过每匝线圈的磁通量相同,式

(1-16)的求和可转化为代数乘积 $\Psi=N\Phi$,于是式(1-15)可改写为

$$e=-N\frac{\mathrm{d}\Phi}{\mathrm{d}t} \tag{1-17}$$

式(1-17)被称为法拉第电磁感应定律的变压器电势表达式,在物理学中也称为感应电动势表达式。变压器电势表达式说明,如果匝数为 N 的线圈环链有磁通 Φ,当 Φ 变化时,线圈两端的感应电动势 e 的大小与 N 和 $\frac{\mathrm{d}\Phi}{\mathrm{d}t}$ 的乘积成正比,方向由楞次定律决定。

楞次定律:在变化的磁场中,线圈感应电动势的方向总是使它推动的电流产生另一个磁场,阻止原有磁场的变化。

如果所研究磁路的饱和非线性可以忽略,则磁路被认为是线性的,当磁场由电流产生时,闭合回路的磁链将与该电流成正比,根据磁路欧姆定理,有

$$\Phi=\frac{F_{\mathrm{m}}}{R_{\mathrm{m}}}=\frac{Ni}{l_{\mathrm{mag}}/\mu S}=k\mu Ni$$

当磁路为线性时,μ 为常数,则

$$e=-N\frac{\mathrm{d}\Phi}{\mathrm{d}t}=-k\mu N^2\frac{\mathrm{d}i}{\mathrm{d}t}=-L\frac{\mathrm{d}i}{\mathrm{d}t}$$

式中,$L=k\mu N^2$。

由于 $\Psi=Li$,因此式(1-15)又可改写为

$$e=-L\frac{\mathrm{d}i}{\mathrm{d}t} \tag{1-18}$$

式(1-18)称为法拉第电磁感应定律的自感电势表达式。

前面已详细讨论过的发电机原理,是磁场恒定但闭合回路形状随时间变化导致回路所通过的磁通量发生变化而产生感应电动势的例子,所产生的感应电动势的表达式称为法拉第电磁感应定律的运动电动势表达式,即动生电动势表达式。

这样,法拉第电磁感应定律有四种表达形式,其中一般表达式是普遍适用的,其他三种表达式都是在某一特定条件的前提下的表达式,应用时需注意它的约束条件。

六、傅里叶级数

在电机、变压器原理分析中,需要讨论电流、电势、磁势等电磁量的谐波,主要数学工具就是傅里叶级数分解,其主要叙述如下。

假设 $f(x)$ 在区间 $[-\pi,\pi]$ 上连续或只具有有限个第一类间断点[点 c 为函数 $f(x)$ 的第一类间断点,即该函数在该点的左极限 $f(c-0)$ 和右极限 $f(c+0)$ 存在但不相等,或存在且相等但不等于 $f(c)$],且 $f(x)$ 在区间 $[-\pi,\pi]$ 上只具有有限个极大值或极小值点,即可以把区间 $[-\pi,\pi]$ 分为有限个子区间,使得函数在每个子区间上是单调的,则由系数

$$\begin{cases}a_n=\frac{1}{\pi}\int_{-\pi}^{\pi}f(x)\cos nx\,\mathrm{d}x & (n=0,1,2,\cdots)\\ b_n=\frac{1}{\pi}\int_{-\pi}^{\pi}f(x)\sin nx\,\mathrm{d}x & (n=1,2,3,\cdots)\end{cases} \tag{1-19}$$

所确定的傅里叶级数

$$\frac{a_0}{2}+\sum_{n=1}^{\infty}(a_n\cos nx+b_n\sin nx) \tag{1-20}$$

在区间 $[-\pi,\pi]$ 上收敛,并且它的和为:

(1)当 x 为 $f(x)$ 的连续点时,等于 $f(x)$;

(2)当 x 为 $f(x)$ 的间断点时,等于 $\dfrac{f(x+0)+f(x-0)}{2}$;

(3)当 x 为区间的端点时,即 $x=-\pi$ 或 $x=\pi$ 时,等于 $\dfrac{f(-\pi+0)+f(\pi-0)}{2}$。

若 $f(-x)=f(x)$,即 $f(x)$ 为偶函数时,其傅里叶系数可简化为

$$\begin{cases} a_n = \dfrac{2}{\pi}\displaystyle\int_0^\pi f(x)\cos nx\,\mathrm{d}x & (n=0,1,2,\cdots) \\ b_n = 0 & (n=1,2,3,\cdots) \end{cases}$$

若 $f(-x)=-f(x)$,即 $f(x)$ 为奇函数时,其傅里叶系数可简化为

$$\begin{cases} a_n = 0 & (n=0,1,2,\cdots) \\ b_n = \dfrac{2}{\pi}\displaystyle\int_0^\pi f(x)\sin nx\,\mathrm{d}x & (n=1,2,3,\cdots) \end{cases}$$

思考题与练习题

1. 简述电动机、发电机的原理及在满足一定的条件下可以表示的代数形式。

2. 发电机的电磁力的方向是如何确定的？发电机的电动势的方向是如何确定的？

3. 什么是涡流损耗？为什么电机或者变压器的铁芯要用薄的硅钢片叠成？

4. 磁感应强度与磁通量有什么关系？

5. 通过电路与磁路的比较,列表说明两者之间哪些物理量具有相似的对应关系。

6. 电磁感应定律有哪几种表达形式？它们各适用于什么情况？

7. 电机正常运行时,有哪些情况可能使其磁路中的铁磁材料处于非饱和状态？

第❷章 电力拖动系统的动力学基础

本章是电力拖动的基础,主要分析电力拖动系统中电动机带动生产机械在运动过程中的力学问题,分别介绍了电力拖动系统的运动方程、负载的转矩特性、电力拖动系统的稳态分析、电力拖动系统的动态分析、多轴电力拖动系统的简化。

2.1 电力拖动系统的运动方程

拖动就是由原动机带动生产机械产生运动。以电动机为原动机产生机械运动的拖动方式,称为电力拖动。如图 2-1 所示,电力拖动系统一般由电动机、生产机械的传动机构、工作机构、控制设备和电源组成,通常又把传动机构和工作机构称为电动机的机械负载。其中:电动机将电能转换成机械能,拖动生产机械的某一工作机构;生产机械的传动机构用来传递机械能;控制设备则保证电动机按生产机械的工艺来完成生产任务。

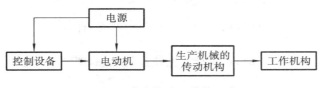

图 2-1 电力拖动系统的组成

1. 运动方程

电力拖动系统的运动方程描述了系统的运动状态,而系统的运动状态取决于作用在原动机转轴上的各种转矩。下面分析电动机直接与生产机械的工作机构相连时电力拖动系统的各种转矩及运动方程。

图 2-2 所示为电动机与工作机构直接相连的单轴电力拖动系统。电动机的电磁转矩 T_{em} 通常与转速 n 同方向,是驱动性质的转矩,生产机械的工作机构转矩即负载转矩 T_L 通常是制动性质的。如果忽略电动机的空载转矩 T_0,根据牛顿第二定律可知,电力拖动系统旋转时的运动方程为

$$T_{em} - T_L = J\frac{\mathrm{d}\Omega}{\mathrm{d}t} \tag{2-1}$$

式中,J 为系统的转动惯量(kg·m^2),Ω 为系统旋转的角速度(rad/s),$J\dfrac{\mathrm{d}\Omega}{\mathrm{d}t}$ 为系统的惯性转矩(N·m)。

在实际工程计算中,经常用转速 n 代替角速度 Ω 表示系统的转动速度,用飞轮惯量 GD^2(也称飞轮矩)代替转动惯量 J 表示系统的机械惯性。Ω 与 n 以及 J 与 GD^2 的关系如下

$$\Omega = \frac{2\pi n}{60} \tag{2-2}$$

$$J = m\rho^2 = \frac{G}{g} \cdot \frac{D^2}{4} = \frac{GD^2}{4g} \tag{2-3}$$

式中:n 为转速(r/min);m 与 G 分别为旋转体的质量(kg)与重力(N);r 与 D 分别为惯性半

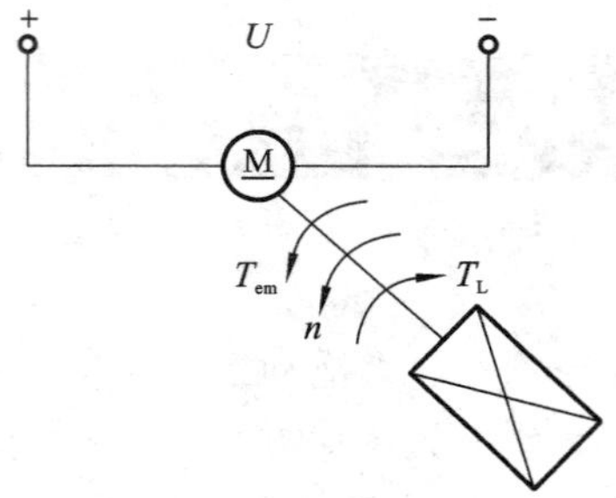

图 2-2 电动机与工作机构直接相连的单轴电力拖动系统

径与直径(m);g 为重力加速度,$g=9.8 \text{ m/s}^2$。

把式(2-2)、式(2-3)代入式(2-1),可得运动方程的实用形式为

$$T_{em} - T_L = \frac{GD^2}{375} \cdot \frac{dn}{dt} \tag{2-4}$$

式中,GD^2 为旋转体的飞轮矩(N·m²)。

注意:式(2-4)中的 375 具有加速度量纲,而飞轮矩 GD^2 是反映物体旋转惯性的一个整体物理量。电动机和生产机械的飞轮矩 GD^2 可从产品样本和有关设计资料中查到。

由式(2-4)可知,系统的旋转运动可分为 3 种状态:

(1)当 $T_{em} > T_L$,即 $\frac{dn}{dt} > 0$ 时,系统处于加速运行状态,即处于瞬态;

(2)当 $T_{em} < T_L$,即 $\frac{dn}{dt} < 0$ 时,系统处于减速运行状态,即处于瞬态;

(3)当 $T_{em} = T_L$,即 $\frac{dn}{dt} = 0$ 时,$n=0$ 或 $n=c$(c 为常数),系统处于静止或恒转速运行状态,即处于稳态。

可见,当 $\frac{dn}{dt} \neq 0$ 时,系统处于加速或减速运行状态,即处于动态。因此,常把 $\frac{GD^2}{375} \cdot \frac{dn}{dt}$ 或 $T_{em} - T_L$ 称为动态转矩,而 T_L 为静负载转矩时,运动方程式(2-4)就是动态转矩平衡方程。

2. 运动方程中转矩正、负号的规定

在电力拖动系统中,随着生产机械负载类型和工作状况的不同,电动机的运行状态将发生变化,即作用在电动机转轴上的电磁转矩(拖动转矩)T_{em} 与负载转矩(阻转矩)T_L 的大小和方向都可能发生变化。因此,运动方程式(2-4)中的转矩 T_{em} 和 T_L 是带有正负号的代数量。

在应用运动方程时,必须注意转矩的正负号,通常规定如下。

首先选定电动机处于电动状态时的旋转方向为转速 n 的正方向,然后按照下列规则确定转矩的正负号:

(1)电磁转矩 T_{em} 与转速 n 的正方向相同时为正,相反时为负;

(2)负载转矩 T_L 与转速 n 的正方向相反时为正,相同时为负。

惯性转矩 $\frac{GD^2}{375} \cdot \frac{dn}{dt}$ 的大小及正负号由 T_{em} 和 T_L 的代数差 $T_{em} - T_L$ 决定。

在图 2-2 所示的电力拖动系统中,电动机和工作机构直接相连,这时工作机构的转速等于电动机的转速。若忽略电动机的空载转矩,则工作机构的负载转矩就是作用在电动机轴上的阻转矩,这种系统称为单轴系统。实际的电力拖动系统往往不是单轴系统,而是通过 Y

轴传动机构把电动机和工作机构连接起来,这种系统称为多轴系统。传动机构的作用是把电动机的转速变换成工作机构所需要的转速,或者把电动机的旋转运动变换成负载所需要的直线运动。对于多轴系统,应当将其等效成单轴系统后再进行分析计算,其等效方法可参考相关书籍。

2.2 负载的转矩特性

电力拖动系统的运动方程描述了电动机的电磁转矩 T_{em}、生产机械的负载转矩 T_L 及系统的转速 n 之间的关系,即定量地描述了电力拖动系统的运动规律。但是,要对运动方程求解,首先必须知道电动机的机械特性 $n=f(T_{em})$ 及负载的机械特性 $n=f(T_L)$。负载的机械特性称为负载转矩特性,简称负载特性。下面先介绍生产机械的负载特性。

虽然生产机械的类型很多,但是生产机械的负载转矩特性基本上可以分为 3 类。

1. 恒转矩负载特性

所谓恒转矩负载特性,是指生产机械的负载转矩 T_L 的大小与转速 n 无关,即无论转速 n 如何变化,负载转矩 T_L 的大小都保持不变。根据负载转矩的方向是否与转向有关,恒转矩负载又分为反抗性恒转矩负载和位能性恒转矩负载两种。

1)反抗性恒转矩负载

反抗性恒转矩负载的特点:负载转矩的大小恒定不变,而方向总是与转速的方向相反,即负载转矩的性质总是起反抗运动作用的阻转矩性质。显然,反抗性恒转矩负载特性在第一和第三象限内,如图 2-3 所示。皮带运输机、轧钢机、机床的刀架平移和行走机构等由摩擦力产生转矩的机械都属于反抗性恒转矩负载。

2)位能性恒转矩负载

位能性恒转矩负载是由电力拖动系统中某些具有位能的部件(如起重类型负载中的重物)产生的,其特点是不仅负载转矩的大小恒定不变,而且其方向也不变。例如起重机,无论是提升重物还是下放重物,由物体重力所产生的负载转矩的方向都是不变的。因此,位能性恒转矩负载特性位于第一与第四象限内,如图 2-4 所示。

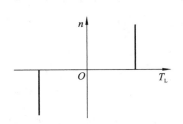

图 2-3 反抗性恒转矩负载特性

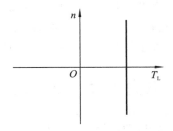

图 2-4 位能性恒转矩负载特性

2. 恒功率负载特性

恒功率负载的特点:负载转矩与转速的乘积为一常数,即负载功率等于常数,也就是负载转矩 T_L 与转速 n 成反比。恒功率负载特性是一条反比例曲线,如图 2-5 所示。

某些生产工艺过程要求具有恒功率负载特性。例如车床的切削,粗加工时需要较大的进刀量和较低的转速,精加工时需要较小的进刀量和较高的转速;又如,轧钢机轧制钢板时,小工件需要高速度低转矩,大工件需要低速度高转矩。这些工艺要求都需要利用恒功率负载特性。

3. 泵与风机类负载特性

水泵、油泵、通风机和螺旋桨等机械的负载转矩基本上与转速的平方成正比,这类机械的负载特性是一条抛物线,如图 2-6 中的曲线 1 所示。

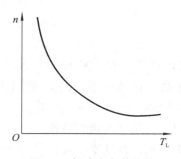

图 2-5　恒功率负载特性

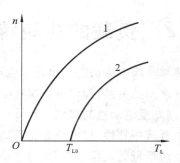

图 2-6　泵与风机类负载特性

以上介绍的恒转矩负载特性、恒功率负载特性及泵与风机类负载特性都是从各种实际负载特性中概括出来的典型的负载特性。实际生产机械的负载特性可能是以某种特性为主,或是以上几种典型特性的结合。例如,实际通风机除了具有风机负载特性外,由于其轴承上还有一定的摩擦转矩 T_{L0},因而实际通风机的负载特性应为 $T_L = T_{L0} + kn^2$,如图 2-6 中的曲线 2 所示。

2.3　电力拖动系统的稳态分析——稳定运行的条件

通过前面两节的分析,可知电力拖动系统主要是由电动机与负载两部分组成的,通常把电动机的电磁转矩与转速之间的关系称为机械特性。不同的电动机具有不同性质的机械特性,可以用数学形式表示成 $n = f(T_e)$,也可以用图解方法画出机械特性曲线。各种电动机具体的机械特性将在后面各章中阐述,本节将从电动机一般机械特性与生产机械的负载特性的相互关系着手,分析电力拖动系统稳定运行问题。为了便于理解,现分两步来分析和求解问题:①通过图解法分析问题,建立电力拖动系统稳定运行的直观概念;②从电力拖动系统的运动方程出发,给出这一问题的解析解。

2.3.1　电力拖动系统稳定运行的概念

所谓电力拖动系统稳定运行,是指系统在扰动作用下离开原来的平衡状态,但仍然能够在新的运行条件下达到新的平衡状态,或者在扰动消失之后,能够回到原有的平衡状态。

例如,图 2-7(a)给出了一个电力拖动系统的静态特性,其中,曲线 1 是电动机的机械特性,曲线 2 是生产机械的恒转矩负载特性,这两条曲线的交点 A 为系统的一个稳态工作点,即此时电动机的电磁转矩与生产机械的负载转矩相等($T_{eA} = T_{LA}$),系统处于平衡状态(T_{LA}, n_A)。现假定系统负载有一个扰动,如图 2-7(b)所示,使 T_{LA} 变为 T_{LB},由于 $T_{eA} < T_{LB}$,电动机的转速减小,达到新的平衡点 $B(T_{LB}, n_B)$。当系统负载扰动消失,T_{LB} 变回到 T_{LA},这时 $T_{eB} > T_{LA}$,电动机的转速增大,系统恢复到原来的平衡点 A(见图 2-7(c))。上述分析表明,该电力拖动系统能够稳定运行。

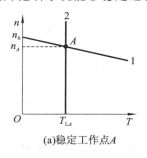 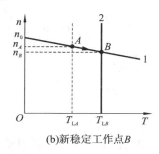 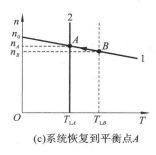

(a)稳定工作点A　　　　　　(b)新稳定工作点B　　　　　(c)系统恢复到平衡点A

图 2-7　电力拖动系统稳定运行状态

是否所有在电动机机械特性与负载特性交点上运行的电动机都能够稳定运行呢？请看下面的例子。

图 2-8 所示的曲线 1 为串励直流电动机的机械特性，曲线 2 为恒功率负载的转矩特性。如果电动机的机械特性比负载的转矩特性软，就会出现系统不能稳定运行的情况，现分析如下。当电动机拖动恒功率负载运行时，若运行在电动机机械特性 1 与负载转矩特性 2 的交点 A 上，则转速为 n_A。若假定系统电源有一个扰动，使 U_A 上升为 U_B，由于 $T_{eB} > T_L$，电动机的转速增大，但此时两条曲线在上面没有交点，即达不到新的平衡点 $B(T_{LB}, n_B)$。

同理，可分析电源电压下降的情况，这时由于电动机的电磁转矩小于负载转矩，因而引起电动机的转速减小，系统同样无法稳定在一个新的平衡点正常工作。因此，图 2-8 所示的工作点 A 不是电力拖动系统的稳定运行状态，或者说电力拖动系统不能在 A 点稳定运行。

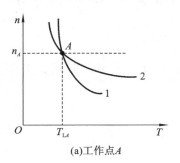 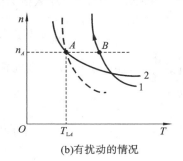

(a)工作点A　　　　　　　　(b)有扰动的情况

图 2-8　电力拖动系统不稳定运行

比较这两个例子，我们可以直观地发现电力拖动系统能否稳定运行与电动机及其负载特性曲线的形状有关。由上述分析可知，对于恒转矩负载，如果电动机的机械特性为下垂曲线，系统是稳定的；反之，则系统不稳定。进一步分析可知，对于非恒转矩负载，如果电动机机械特性的硬度小于负载特性的硬度，则该系统能稳定运行。

2.3.2　电力拖动系统稳定运行的条件

由以上分析可以看出，电力拖动系统在电动机机械特性与负载转矩特性的交点上并不一定都能够稳定运行，也就是说，$T_e = T_L$ 仅仅是系统稳定运行的一个必要条件，而不是充分条件。因此需要进一步分析电动机与负载特性的关系，寻求电力拖动系统稳定运行的条件。

根据电力拖动系统运动方程式(2-4)有

$$T_e - T_L = \frac{GD^2}{375}\frac{dn}{dt}$$

系统在平衡点稳定运行时应有

$$T_e - T_L = 0 \tag{2-5}$$

即

$$\frac{dn}{dt} = 0 \tag{2-6}$$

如前所述,这种平衡状态仅仅是系统稳定的必要条件,是否稳定还需进一步分析和判断。我们仍用前述图解法的方法,当电力拖动系统在平衡点工作时,给系统加一个扰动,使转速有一个改变量 Δn。如果扰动消失后系统又回到原平衡点工作,即有 $\Delta n \rightarrow 0$,则系统是稳定的。

现假定电力拖动系统在扰动作用下离开了平衡状态 A 点,此时有

$$n = n_A + \Delta n, \quad T_e = T_{eA} + \Delta T_e, \quad T_L = T_{LA} + \Delta T_L$$

将上式代入式(2-4)中,得

$$(T_{eA} + \Delta T_e) - (T_{LA} + \Delta T_L) = \frac{GD^2}{375}\frac{d}{dt}(n_A + \Delta n)$$

将平衡点条件式(2-5)和式(2-6)代入上式,得

$$\Delta T_e - \Delta T_L = \frac{GD^2}{375}\frac{d\Delta n}{dt} \tag{2-7}$$

如果电动机转矩和负载转矩都是转速的函数,且它们的增量很小,即有 $T_e = f(n)$,$T_L = g(n)$,且 Δn、ΔT_e 和 ΔT_L 都很小,那么根据微分原理,式(2-7)可近似表示为

$$\frac{dT_e}{dn}\Delta n - \frac{dT_L}{dn}\Delta n = \frac{GD^2}{375}\frac{d\Delta n}{dt} \tag{2-8}$$

令 $\dfrac{dT_e}{dn} = \alpha_e$,$\dfrac{dT_L}{dn} = \alpha_L$ 分别为电动机机械特性和负载特性曲线在平衡点的硬度,则式(2-8)又可写成

$$\frac{\alpha_e - \alpha_L}{\dfrac{GD^2}{375}}dt = \frac{d\Delta n}{\Delta t}$$

再令常数 $K = \dfrac{375}{GD^2}$,对上式两边取积分,经整理可得

$$\frac{dT_e}{dn} - \frac{dT_L}{dn} < 0$$

$$\Delta n = Ce^{K(\alpha_e - \alpha_L)t}$$

考虑初始条件 $t = 0$ 时,$\Delta n = n_{st}$,则有

$$\Delta n = n_{st}e^{K(\alpha_e - \alpha_L)t} \tag{2-9}$$

由式(2-9)可知:

(1)若 $\alpha_e - \alpha_L < 0$,当 $t \rightarrow \infty$ 时,$\Delta n \rightarrow 0$。

(2)若 $\alpha_e - \alpha_L > 0$,当 $t \rightarrow \infty$ 时,$\Delta n \rightarrow \infty$。

上述分析的物理意义在于:在第(1)种条件下,当扰动消失后,转速增量 Δn 将随时间的增加而减小,系统能够逐渐恢复到原平衡点,因而系统是稳定的;在第(2)种条件下,当扰动消失后,转速增量 Δn 将随时间的增加而增大,系统不能回到原平衡点,这时系统是不稳定

的。综上所述,电力拖动系统稳定运行的充分条件为

$$\frac{\mathrm{d}T_{\mathrm{e}}}{\mathrm{d}n} - \frac{\mathrm{d}T_{\mathrm{L}}}{\mathrm{d}n} < 0 \tag{2-10}$$

对于恒转矩负载的电力拖动系统,由于 $\frac{\mathrm{d}T_{\mathrm{L}}}{\mathrm{d}n} = 0$,故其稳定运行的条件为

$$\frac{\mathrm{d}T_{\mathrm{e}}}{\mathrm{d}n} < 0 \tag{2-14}$$

由此可以看出,由解析法推导的结果与我们直观分析时得到的结果是一致的,也就是说,直观分析时找到的规律是具有普遍意义的。由此可得到结论:对于一个电力拖动系统,其稳定运行的充分必要条件是

$$\begin{cases} T_{\mathrm{e}} - T_{\mathrm{L}} = 0 \\ \dfrac{\mathrm{d}T_{\mathrm{e}}}{\mathrm{d}n} - \dfrac{\mathrm{d}T_{\mathrm{L}}}{\mathrm{d}n} < 0 \end{cases} \tag{2-12}$$

根据平衡稳定的条件,在电力拖动系统中,只要电动机机械特性的硬度小于负载特性的硬度,则该系统就能平衡而且稳定。对于带恒转矩负载的电力拖动系统,只要电动机机械特性的硬度是负值,那么系统就能稳定运行,而各类电动机机械特性的硬度大多是负值或具有负的区段,因此在一定范围内,带恒转矩负载的电力拖动系统都能稳定运行。

2.4 电力拖动系统的动态分析——过渡过程分析

在上一节电力拖动系统稳态分析的基础上,本节将分析和讨论电力拖动系统的动态过程。所谓动态过程,是指系统从一个稳定工作点向另一个稳定工作点过渡的中间过程,这个过程被称为过渡过程,系统在过渡过程的变化规律和性能被称为系统的动态特性。研究这些问题,对于经常处于启动、制动运行状态的生产机械如何缩短过渡过程的时间、减少过渡过程中的能量损耗、提高劳动生产率等,都有实际意义。

2.4.1 电力拖动系统动态分析的假设条件

为便于分析,设电力拖动系统满足以下假定条件。
(1)忽略电磁过渡过程,只考虑机械过渡过程。
(2)电源电压在过渡过程中恒定不变。
(3)磁通保持恒定。
(4)负载转矩为常数。

如果已知电动机的机械特性、负载转矩特性的起始点和稳态点及系统的飞轮惯量,可根据电力拖动系统的运动方程,建立关于转速 n 的微分方程,以求解转速方程 $n = f(t)$。

考虑到大部分电动机的机械特性都具有或可近似为一线性区域,如图 2-9 所示,为不失一般性,现假设电动机的机械特性可表示成

$$n = n_0 - \beta T_{\mathrm{e}} \tag{2-16}$$

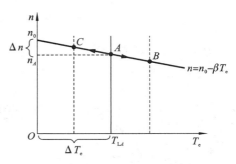

图 2-9 电动机机械特性的线性段部分曲线

式中，n_0 为电动机的理想空载转速(r/min)；β 为电动机机械特性曲线的斜率，$\beta = \Delta n/\Delta T_e$。

下面将根据这些假设来研究和讨论电力拖动系统在过渡过程中转速和转矩等参数的变化规律及其定量计算等动态特性分析问题。

2.4.2 电力拖动系统转速的动态方程

将式(2-4)代入式(2-13)，可得

$$n = n_0 - \beta\left(T_L + \frac{GD^2}{375}\frac{dn}{dt}\right) = n_0 - \beta T_L - \beta\frac{GD^2}{375}\frac{dn}{dt}$$

令 $n_{ss} = n_0 - \beta T_L$ 为过渡过程的稳态值；$T_M = \beta\dfrac{GD^2}{375}$ 为过渡过程的时间常数，单位为 s，其大小除了与 GD^2 成正比之外，还与机械特性的斜率 β 成正比，通常又称 T_M 为电力拖动系统的机电时间常数。这样上式可写成

$$n = n_{ss} - T_M\frac{dn}{dt} \tag{2-14}$$

式(2-14)在数学上是一个非奇次一阶微分方程，可用分离变量法求解，得到的通解为

$$n - n_{ss} = Ke^{-t/T_M} \tag{2-15}$$

式中，K 为常数，由初始条件决定。设初始条件为 $t=0$，$n=n_{is}$，代入上式可得 $K=n_{is}-n_{ss}$。由此得到电力拖动系统转速的动态变化规律为

$$n = n_{ss} + (n_{is} - n_{ss})e^{-t/T_M} \tag{2-16}$$

式(2-16)表明，转速方程 $n=f(t)$ 中包含两个分量：一个是强制分量 n_{ss}，也就是过渡过程结束时的稳态值；另一个是自由分量 $(n_{is}-n_{ss})e^{-t/T_M}$，它按指数规律衰减至零。因此，在过渡过程中，转速 n 从起始值 n_{is} 开始，按指数曲线规律逐渐变化至过渡过程终止时的稳态值 n_{ss}，其过渡过程曲线如图 2-10 所示。

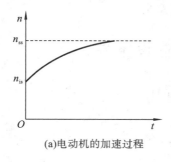
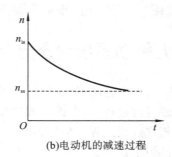

(a)电动机的加速过程　　　　　　　(b)电动机的减速过程

图 2-10　电力拖动系统转速的过渡过程曲线

从图 2-10 中可以看出，曲线 $n=f(t)$ 与一般的一阶过渡过程曲线一样，主要应确定三个要素：起始值、稳态值与时间常数。这三个要素确定了，过渡过程也就确定了。

2.4.3 电力拖动系统转矩的动态方程

同理，将式(2-13)给出的电磁转矩 T_e 与转速 n 的关系代入式(2-4)中，可得到如下描述系统转矩动态过程的微分方程

$$T_e - T_L = -T_M \frac{\mathrm{d}T_e}{\mathrm{d}t} \tag{2-17}$$

再按前述步骤求解该微分方程,便可得到电力拖动系统的转矩动态方程 $T_e = f(t)$,即

$$T_e = T_L + (T_{is} - T_L)e^{-t/T_M} \tag{2-18}$$

显然,转矩动态方程 $T_e = f(t)$ 也包括一个稳态值与一个按指数规律衰减的自由分量,时间常数也为 T_M。转矩 T_e 的变化也是从初始状态 T_{is} 按指数规律逐渐变到稳定状态的 T_L。这里,系统电磁转矩的稳态值 T_{ss} 恰好等于负载转矩 T_L,这从数学上证明了系统在稳态时达到了转矩平衡 $T_e = T_L$ 的事实,这一结果与前一节图解法得到的结论完全相同。电力拖动系统转矩的过渡过程曲线如图 2-11 所示。

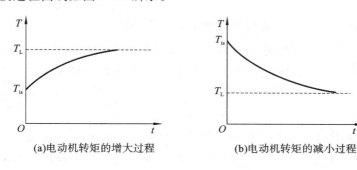

(a)电动机转矩的增大过程　　　　(b)电动机转矩的减小过程

图 2-11　电力拖动系统转矩的过渡过程曲线

2.4.4　电力拖动系统热过程的动态方程

在第一章中,我们已定性分析了电机的发热和冷却过程,电机的热过程也是一个典型的一阶过渡过程。这里,为建立电动机热过程的动态方程,特做如下假设:

(1)电动机长期运行,负载不变,总损耗不变;

(2)电动机各个部分的温度均匀,周围环境温度保持不变。

设在单位时间内,电动机产生的热量为 Q,则在 Δt 时间内电动机产生的热量为 $Q\Delta t$。若在单位时间内电动机散发的热量为 $A\tau$,其中 A 为散热系数,表示温升 $1\,^{\circ}\mathrm{C}$ 时每秒钟的散热量,τ 为温升,则在 Δt 时间内散发的热量为 $A\tau\Delta t$。与此同时,电动机本身也要吸收一部分热量。设电动机的热容为 C,Δt 时间内的温升为 $\Delta\tau$,则电动机吸收的热量为 $C\Delta\tau$。根据热量平衡原理,在 Δt 时间内,电动机的发热应等于其吸收和散发的热量,即

$$Q\Delta t = C\Delta\tau + A\tau\Delta t$$

将上式写成微分方程形式,有

$$Q\mathrm{d}t = C\mathrm{d}\tau + A\tau\mathrm{d}t \tag{2-19}$$

整理后写成微分方程的标准形式

$$\frac{C}{A}\frac{\mathrm{d}\tau}{\mathrm{d}t} + \tau = \frac{Q}{A}$$

令 $T_Q = C/A$ 为电动机发热时间常数(s),$\tau_{ss} = Q/A$ 为稳态温升,则上式变为

$$T_Q \frac{\mathrm{d}\tau}{\mathrm{d}t} + \tau = \tau_{ss} \tag{2-20}$$

同上方法解此微分方程,可得电动机的热过程动态方程为

$$\tau = \tau_{ss} + (\tau_{is} - \tau_{ss}) e^{-t/T_Q} \tag{2-21}$$

式中，τ 为初始温升。

从对过渡过程中的 $n = f(t)$、$T_e = f(t)$ 和 $\tau = f(t)$ 的分析可以看出，它们都是按照指数规律从起始值变到稳态值的，因此可以按照分析一般一阶微分方程过渡过程三要素的方法，找出三个要素——起始值、稳态值与时间常数，便可确定各量的数学表达式并画出变化曲线。

2.4.5 过渡过程时间的计算

从起始值到稳态值，理论上需要的时间为无穷大，即 $t = t_0 \rightarrow \infty$。但实际上，当 $t = (3 \sim 4)T_M$ 时，各量便达到了稳态值的 95% 以上，一般就可认为过渡过程结束了。这样，无论是对于电力拖动系统的转速还是转矩而言，其从初始值到稳态值的时间仅与系统的机电时间常数 T_M 有关，即有

$$t = (3 \sim 4)T_M \tag{2-22}$$

在工程实际中，往往需要知道过渡过程进行到某一阶段所需的时间。对于电力拖动系统的转速动态过程，可利用式（2-16）来计算过渡过程的时间。如果已知系统的机电时间常数 T_M、转速的初始值 n_{is}、稳态值 n_{ss} 及到达值 n_x，由下式可计算出到达时间 t_n 为

$$t_n = T_M \ln \frac{n_{is} - n_{ss}}{n_x - n_{ss}} \tag{2-23}$$

同理，对于电力拖动系统的转矩过渡过程时间 t_T，可通过下式进行计算

$$t_T = T_M \ln \frac{T_{is} - T_L}{T_x - T_L} \tag{2-24}$$

其中，各变量下标的含义与上述转速变量的相同。

本节的讨论为电力拖动系统的动态分析奠定了理论基础。后续章节将结合系统具体的动态过程，比如电动机启动过程、制动过程等进行动态分析。

2.5 多轴电力拖动系统的简化

前面我们讨论了单轴电力拖动系统问题，但是，实际的电力拖动系统往往是复杂的，有的生产机械需要通过传动机构进行转速匹配，因此增加了很多齿轮和传动轴；有的生产机械需要通过传动机构把旋转运动变成直线运动，比如刨床、起重机等。对于这样一些复杂的电力拖动系统，如何研究其力学问题呢？一般来说，有两种解决办法。

（1）对电力拖动系统的每根轴分别列出其运动方程，用联立方程组的方法来消除中间变量，这种解法会因方程较多、计算量大而比较繁杂。

（2）用折算的方法把复杂的多轴电力拖动系统等效为一个简单的单轴电力拖动系统，然后通过对等效系统建立运动方程来求解问题，这种方法相对而言较为简单。

由于我们研究电力拖动系统动力学的主要目的是解决电动机与生产机械之间的力学问题，而不是生产机械内部的力学问题，因此，一般都采用等效和折算的方法来处理电力拖动系统的动力学问题。

2.5.1 系统等效的原则和方法

在电力拖动系统的分析中,对于一个复杂的多轴电力拖动系统,比较简单而且实用的方法是用折算的方法把它等效成一个简单的单轴电力拖动系统来处理,并使两者的动力学性能保持不变。一个典型的等效过程如图 2-12 所示,其基本思路是通过传动机构的力学折算,把实际的多轴系统表示成等效的单轴系统。

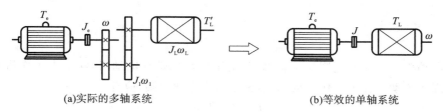

(a)实际的多轴系统   (b)等效的单轴系统

图 2-12 电力拖动系统的等效原理

在电力拖动系统中,折算一般是把负载轴上的转矩和转动惯量或者把力和质量折算到电动机轴上,而中间传动机构的传送比在折算过程中就相当于变压器的匝数比。系统等效的原则是:保持两个系统传递的功率及储存的动能相同。下面将根据这个原则来介绍具体的折算方法。

2.5.2 多轴旋转系统等效为单轴旋转系统的方法

1. 静态转矩的折算

为了便于分析,先考虑一个简单的两轴系统。如图 2-13 所示,设 T_L' 为折算前的负载转矩,T_L 为折算后的负载转矩。假如要把工作机构的转矩 T_L' 折算到电动机轴上,则其静态转矩的等效原则是:系统的传送功率不变。

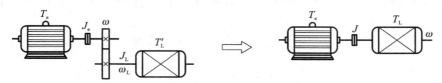

图 2-13 两轴电力拖动系统的等效

如果不考虑传动机构的损耗,工作机构折算前的机械功率为 $T_L'\omega_L$,折算后电动机轴上的机械功率为 $T_L\omega$,根据功率不变原则,应有折算前后工作机构的传递功率相等,即

$$T_L'\omega_L = T_L\omega \tag{2-25}$$

式中,ω_L 为生产机械的负载转速(rad/s),ω 为电动机转速(rad/s)。

由式(2-25)可得

$$T_L = \frac{T_L'}{\omega/\omega_L} = \frac{T_L'}{j_L} \tag{2-26}$$

式中,j_L 为电动机轴与工作机械轴的转速比,$j_L = \omega/\omega_L = n/n_L$。

如果要考虑传动机构的损耗,可在折算公式中引入传动效率 η。由于功率传送是有方向的,因此引入效率 η_e 时必须注意:要因功率传送方向的不同而不同。现分如下两种情况讨论。

(1)电动机工作在电动状态,此时由电动机带动工作机构,功率由电动机各工作机构传送,传动损耗由运动机构承担,即电动机传出的功率比生产机械消耗的功率大。根据功率不变原则,应有

$$T_L'\omega_L = \frac{T_L\omega}{\eta_e} \tag{2-27}$$

则

$$T_L = \frac{T_L'}{\eta_c\omega/\omega_L} = \frac{T_L'}{j_L\eta_c} \tag{2-28}$$

(2)电动机工作在发电制动状态,此时由工作机构带动电动机,功率由工作机构向电动机传送,因而传动损耗由工作机构承担,根据功率不变原则,应有

$$T_L'\omega_L = T_L\omega\eta_c \tag{2-29}$$

$$T_L = \frac{T_L'}{j_L}\eta_c \tag{2-30}$$

对于系统有多级齿轮或皮带轮变速的情况,已知各级速比为 $j_1,j_2,\cdots,j_n$,则总的速比为各级速比之积,即

$$j = j_1 j_2 \cdots j_n = \prod_{i=1}^{n} j_i \tag{2-31}$$

在多级传动时,如果已知各级的传递效率为 $\eta_{c1},\eta_{c2},\cdots,\eta_{cn}$,则总效率 η 应为各级效率之积,即

$$\eta_c = \prod_{i=1}^{n} \eta_{ci} \tag{2-32}$$

不同种类的传动机构,其效率是不同的,其数值可以从机械工程手册上查到。

2. 转动惯量和飞轮惯量的折算

将图 2-13 中的两轴系统中的电动机转动惯量 J_e 和生产机械的负载转动惯量 J_L,折算为电动机轴的等效系统的转动惯量 J,其等效原则是折算前后系统的动能不变,即有

$$\frac{1}{2}J\omega^2 = \frac{1}{2}J_e\omega^2 + \frac{1}{2}J_L\omega_L^2 \tag{2-33}$$

整理后得

$$J = J_e + J_L(\omega_L/\omega)^2$$

即

$$J = J_e + J_L\frac{1}{j_L^2} \tag{2-34}$$

由式(2-34)可知,折算到单轴电力拖动系统的等效转动惯量 J 等于折算前电力拖动系统每一根轴的转动惯量除以该轴对电动机轴传动比的平方之和。当传动比 j_L 较大时,该轴的转动惯量折算到电动机轴上后,其数值占整个系统的转动惯量的比重就很小。

根据式(2-3)表示的 $GD^2 = 4gJ$ 的关系,可以相应地得到折算到电动机轴上的等效飞轮惯量为

$$GD^2 = GD_e^2 + GD_L^2\frac{1}{j_L^2} \tag{2-35}$$

同理,式(2-34)和式(2-35)的结果可以推广到多轴电力拖动系统中。设多轴电力拖动

系统有 n 根中间传动轴,则折算到电动机轴上的等效转动惯量 J 和飞轮惯量 GD^2 为

$$J = J_e + J_1 \frac{1}{j_1^2} + J_2 \frac{1}{j_2^2} + \cdots + J_n \frac{1}{j_n^2} + J_L \frac{1}{j_L^2} \tag{2-36}$$

$$GD^2 = GD_e^2 + GD_1^2 \frac{1}{j_1^2} + GD_2^2 \frac{1}{j_2^2} + \cdots + GD_n^2 \frac{1}{j_n^2} + GD_L^2 \frac{1}{j_L^2} \tag{2-37}$$

式中:$j_1, j_2, \cdots, j_n$ 为电动机轴对中间传动轴的传动比;$j_1, j_2, \cdots, j_n$ 为各传动轴的转动惯量;$GD_1^2, GD_2^2, \cdots, GD_n^2$ 为各传动轴的飞轮惯量。

一般情况下,传动机构的转动惯量 $J_i (i=1,2,\cdots,n)$,在折算后占整个系统的比重不大,所以实际工作中往往用下面的近似公式

$$J = \delta J_e + J_L \frac{1}{j_L^2} \tag{2-37}$$

或者

$$GD^2 = \delta GD_e^2 + GD_L^2 \frac{1}{j_L^2} \tag{2-39}$$

式中,δ 为放大系数,一般取 $\delta = 1.1 \sim 1.25$。

例 2-1 在图 2-14 所示的三轴电力拖动系统中,电动机轴的转动惯量 $J_e = 2.5 \ \text{kg} \cdot \text{m}^2$,转速 $n=900 \ \text{r/min}$;中间传动轴的转动惯量 $J_1 = 2 \ \text{kg} \cdot \text{m}^2$,转速 $n_1 = 300 \ \text{r/min}$;生产机械轴的转动惯量 $J_L = 16 \ \text{kg} \cdot \text{m}^2$,转速 $n_L = 60 \ \text{r/min}$。试求折算到电动机轴上的等效转动惯量以及折算到生产机械轴上的等效转动惯量。

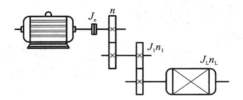

图 2-14 三轴电力拖动系统

解 根据式(2-36),折算到电动机轴上的转动惯量为

$$\begin{aligned}
J &= J_e + \left(\frac{n_1}{n}\right)^2 J_1 + \left(\frac{n_L}{n}\right)^2 J_L \\
&= \left[2.5 + \left(\frac{300}{900}\right)^2 \times 2 + \left(\frac{60}{900}\right)^2 \times 16\right] \ \text{kg} \cdot \text{m}^2 \\
&= (2.5 + 0.222 + 0.071) \ \text{kg} \cdot \text{m}^2 \\
&= 2.793 \ \text{kg} \cdot \text{m}^2
\end{aligned}$$

同理,折算到生产机械轴上的等效转动惯量为

$$\begin{aligned}
J &= J_L + \left(\frac{n_1}{n_L}\right)^2 J_1 + \left(\frac{n}{n_L}\right)^2 J_e \\
&= \left[16 + \left(\frac{300}{60}\right)^2 \times 2 + \left(\frac{900}{60}\right)^2 \times 2.5\right] \ \text{kg} \cdot \text{m}^2 \\
&= (16 + 50 + 562.5) \ \text{kg} \cdot \text{m}^2 \\
&= 628.5 \ \text{kg} \cdot \text{m}^2
\end{aligned}$$

由结果可见,保持折算前后动能不变,往低速轴折算时,其转动惯量要大得多。

2.5.3 直线运动系统等效为旋转运动系统的方法

有些生产机械不仅有旋转运动部件,而且兼有直线运动部件,分析时要将这样的电力拖动系统等效为简单的单轴电力拖动系统,如图 2-15 所示。做这样的等效需要分别对旋转运动系统和直线运动系统进行折算,前面已讨论过旋转运动系统的折算,这里仅讨论直线运动系统的折算。

1. 静态力(或称负载力)的折算

把直线运动的静态力 F_L 折算为电动机轴上的等效静转矩 T_L 的原则仍是保持折算前后的静态功率不变。如果考虑功率的传递方向,同样可分为两种情况。

(1)电动机工作在电动状态,此时由电动机带动工作机构使重物提升。由图 2-15 可知,折算前直线运动部件的静态功率 P_L 为

$$P_L = F_L v_L \tag{2-40}$$

式中,F_L 为作用在直线运动部件上的静态力(N),v_L 为重物提升速度(m/s)。

折算后的等效电力拖动系统的静态功率 P_L' 为

$$P_L' = T_L \omega$$

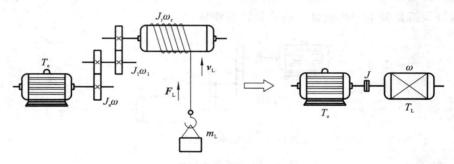

图 2-15 混合电力拖动系统的等效

功率由电动机传向负载,按功率平衡原则 $P_L' = P_L / \eta_e$,有

$$T_L \omega = \frac{F_L v_L}{\eta_e}$$

由于 $\omega = 2\pi n / 60$,代入上式,经整理,得到如下折算公式

$$T_L = 9.55 \frac{F_L v_L}{n \eta_e} \tag{2-41}$$

(2)电动机工作在发电制动状态,此时工作机构带动电动机使重物下放。根据功率平衡关系,有

$$T_L \omega = F_L v_L \eta_e'$$

由此得

$$T_L = 9.55 \frac{F_L v_L}{n} \eta_e' \tag{2-42}$$

式中,η_e' 为下放重物时的传动效率。

可以证明,在提升重物与下放重物时传动损耗相等的条件下,下放重物时的传动效率与提升重物时的传动效率之间有下列关系

$$\eta_e' = 2 - \frac{1}{\eta_e} \tag{2-43}$$

2. 直线运动系统质量的折算

如图 2-15 所示,将直线运动系统的质量 m_L 折算到电动机轴上,用等效的转动惯量 J 来表示。折算的原则是两者储存的动能相等,即

$$\frac{1}{2}J\omega^2 = \frac{1}{2}J_e\omega^2 + \frac{1}{2}J_1\omega_1^2 + \frac{1}{2}J_r\omega_r^2 + \frac{1}{2}m_L v_L^2$$

即

$$J = J_e + J_1 \frac{1}{j_1^2} + J_r \frac{1}{j_r^2} + m_L \left(\frac{v_L}{\omega}\right)^2 \tag{2-44}$$

$$GD^2 = GD_e^2 + \frac{GD_1^2}{j_1^2} + \frac{GD_r^2}{j_r^2} + 4gm_L \left(\frac{v_L}{\omega}\right)^2 \tag{2-45}$$

由于 $\omega = 2\pi n/60, m_L = G_L/g$,则

$$4gm_L \left(\frac{v_L}{\omega}\right)^2 = 4gm_L \left(\frac{60 v_L}{2\pi n}\right)^2 = 365 G_L \left(\frac{v_L}{n}\right)^2 \tag{2-46}$$

例 2-2 设一提升机构,其传动系统如图 2-16 所示。已知电动机转速为 950 r/min,齿轮减速箱的传动比 $j_1 = j_2 = 4$,卷筒直径 $D = 0.24$ m,滑轮的减速比 $j_3 = 2$,空钩重量 $G_0 = 200$ N,起重负荷 $G = 1000$ N,电动机的飞轮惯量 $CD_e^2 = 1.05$ N·m²,试求提升速度 v_L 和折算到电动机轴上的静转矩 T_L 以及折算到电动机轴上整个电力拖动系统的飞轮惯量 GD^2。

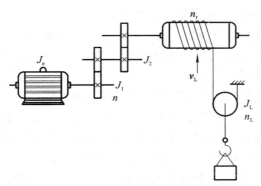

图 2-16 提升机构的传动系统

解 （1）计算提升速度 v_L。将电动机转速 n 经过三级减速后,再转换成直线速度,得

$$\frac{n}{n_L} = j, \quad j = j_1 j_2 j_3, \quad n_L = \frac{n}{j} = \frac{n}{j_1 j_2 j_3}$$

$$v_L = \pi D n_L = \frac{\pi D}{j_1 j_2 j_3} n = \frac{3.14 \times 0.24 \times 950}{4 \times 4 \times 2} \text{ m/min} = 22.37 \text{ m/min}$$

（2）计算折算到电动机轴上的静转矩 T_L。考虑到传动机构的损耗,假设每对齿轮的效率为 0.95,并取滑轮和卷筒的效率为 0.92,根据功率平衡原则,折算到电动机轴上的静转矩为

$$T_L = \frac{F_L v_L}{\omega \eta_e}$$

由于 $F_L = G_L = G + G_0, v_L = \frac{\pi D}{j} \frac{n}{60}, \omega = \frac{2\pi n}{60}$,于是有

$$T_L = \frac{(G+G_0)\dfrac{D}{2}}{j\eta_e} = \frac{(G+G_0)\dfrac{D}{2}}{j_1 j_2 j_3 \eta_e} = \frac{(1000+200)\times 0.12}{4\times 4\times 2\times 0.83}\ \text{N}\cdot\text{m} = 5.42\ \text{N}\cdot\text{m}$$

式中,传动效率为

$$\eta_e = \eta_1\,\eta_2\,\eta_3 = 0.95\times 0.95\times 0.92 = 0.83$$

（3）计算折算到电动机轴上的整个电力拖动系统的飞轮惯量 GD^2。系统中间传动轴和卷筒的飞轮惯量在题中未给出,用系数 δ 近似估算。取 $\delta = 1.2$,则由式(2-45)可求出折算后系统的等效飞轮惯量为

$$GD^2 = \delta GD_e^2 + 365(G+G_0)(v_L/n)^2$$

$$= \left[1.2\times 1.05 + 365\times(1000+200)\times\left(\frac{22.37}{60\times 950}\right)^2\right]\ \text{N}\cdot\text{m}^2$$

$$= (1.26+0.07)\ \text{N}\cdot\text{m}^2 = 1.33\ \text{N}\cdot\text{m}^2$$

思考题与练习题

1. 什么是电力拖动系统? 它包括哪些部分? 各起什么作用? 试举例说明。

2. 电力拖动系统运动方程中的 T、T_L 及 n 的正方向是如何规定的? 为什么有此规定?

3. 简述 GD^2 与 J 的概念及二者之间的关系。

4. 如何判定系统处于加速、减速和稳速等运行状态?

5. 多轴电力拖动系统为什么要简化为等效单轴电力拖动系统?

6. 把多轴电力拖动系统简化为等效单轴电力拖动系统时,负载转矩按什么原则折算? 各轴的飞轮惯量按什么原则折算?

7. 生产机械的负载转矩特性归纳起来有哪几种基本类型?

8. 什么是稳定运行? 举例说明电力拖动系统稳定运行的充要条件是什么。

9. 起重机提升和下放重物时,传动机构的损耗是由电动机还是重物负担? 提升和下放同一重物时,传动机构损耗的转矩一样大吗? 传动机构的效率是否相等?

10. 在图 2-17 所示的某车床电力拖动系统中,已知切削力 $F = 3000$ N,工件直径 $D = 200$ mm,电动机转速 $n = 145$ r/min,减速箱的三级速比 $j_1 = 2$,$j_2 = 1.5$,$j_3 = 2$,各转轴的飞轮矩为 $GD_a^2 = 3.5$ N·m^2（指电动机轴）,$GD_b^2 = 2$ N·m^2,$GD_c^2 = 2.7$ N·m^2,$GD_d^2 = 9$ N·m^2,各级传动效率都是 $\eta = 0.9$,求:

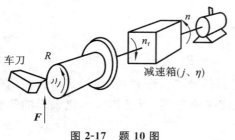

图 2-17　题 10 图

（1）切削功率;

（2）电动机输出功率;

（3）系统总的飞轮矩;

（4）当忽略电动机的空载转矩时,电动机的电磁转矩;

（5）车床开车但未切削时,若电动机的加速度 $\dfrac{\mathrm{d}n}{\mathrm{d}t} = 800$ r/(min·s),忽略电动机的空载转矩,但不忽略传动机构的转矩损耗,求电动机的电磁转矩。

第3章 直流电机原理

在电机的发展历史中,直流电机发明较早,后来才出现交流电机。直流电机是实现直流电能和机械能相互转换的电气设备。其中,将直流电能转换为机械能的叫作直流电动机,将机械能转换为直流电能的叫作直流发电机。

直流电机的主要优点是启动性能好、过载能力大,因此,应用于对启动和调速性能要求较高的生产机械。例如大型机床、电力机车、内燃机车、城市电车、电梯、轧钢机、矿井卷扬机、船舶机械、造纸机和纺织机等都广泛采用直流电动机作为原动机。

直流电机的主要缺点是存在电流换向问题。由于这个问题的存在,其结构、生产工艺复杂化,且使用金属较多,价格昂贵,运行可靠性差。随着电力电子学和微电子学的迅速发展,在很多领域内,直流电动机逐步被交流调速电动机所取代,直流发电机则正在被电力电子器件整流装置所取代。不过在今后相当长的一段时间内,工业领域里仍会有许多场合使用直流电机。本章主要介绍直流电机的基本工作原理及其电枢绕组、直流电机的运行原理及其运行特性等内容。

3.1 直流电机的基本工作原理

3.1.1 直流电动机的基本工作原理

直流电动机的工作原理,可以用一个简单的模型来说明。图 3-1 所示是一台最简单的直流电动机的模型。N 和 S 是一对固定的磁极,可以是电磁铁,也可以是永久磁铁。磁极之间有一个可以转动的金属圆柱体,称为电枢铁芯。铁芯表面固定一个用绝缘导体构成的电枢线圈 abcd,线圈的两端分别接到相互绝缘的两个弧形铜片上,弧形铜片称为换向片,它们的组合体称为换向器,换向器是跟转轴一起转动的。在换向器上放置固定不动但与换向片滑动接触的电刷 A 和 B,线圈 abcd 通过换向器和电刷接通外电路。电枢铁芯、电枢线圈和换向器构成的整体称为电枢。

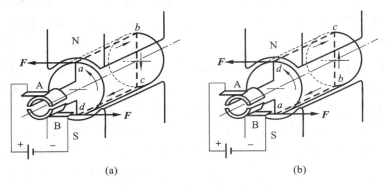

(a)　　　　　　　　　(b)

图 3-1　直流电动机的工作原理

此模型作为直流电动机运行时,将直流电源加于电刷 A 和 B 上。例如将电源正极加于电刷 A 上,将电源负极加于电刷 B 上,则线圈 abcd 中流过电流。在导体 ab 中,电流由 a 流向 b;在导体 cd 中,电流由 c 流向 d。载流导体 ab 和 cd 均处于 N、S 极之间的磁场中,受到电磁力的作用,电磁力的方向用左手定则确定。由此可知,这一对电磁力形成一个转矩,称为电磁转矩,转矩的方向为逆时针方向,使整个电枢沿逆时针方向旋转。当电枢旋转 180°时,导体 cd 转到 N 极下,导体 ab 转到 S 极下,如图 3-1(b)所示。由于电流仍从电刷 A 流入,使导体 cd 中的电流变为由 d 流向 c,而导体 ab 中的电流由 b 流向 a,最终从电刷 B 流出。用左手定则判断,电磁转矩的方向仍是逆时针方向。

由此可见,加于直流电动机上的直流电源,借助于换向器和电刷的作用,使直流电动机电枢线圈中流过的电流的方向交变,从而使电枢产生的电磁转矩的方向恒定不变,确保直流电动机朝确定的方向连续旋转。这就是直流电动机的基本工作原理。

实际的直流电动机,其电枢圆周上均匀地嵌放着许多线圈,相应的换向器由许多换向片组成,使电枢线圈所产生的总的电磁转矩足够大并且比较均匀,电动机的转速也就比较均匀。

3.1.2 直流发电机的基本工作原理

直流发电机的模型与直流电动机的模型基本相同,所不同的是直流发电机的电刷上不加直流电压,而是用原动机拖动电枢朝某一方向旋转,例如朝逆时针方向旋转,如图 3-2 所示。这时导体 ab 和 cd 分别切割 N 极和 S 极下的磁感应线,产生感应电动势,感应电动势的方向用右手定则确定。在图3-2中,导体 ab 中的感应电动势的方向由 b 指向 a,导体 cd 中的感应电动势的方向由 d 指向 c,所以电刷 A 为正极性,电刷 B 为负极性。电枢旋转 180°时,导体 cd 转至 N 极下,感应电动势的方向由 c 指向 d,电刷 A 与 d 所连接的换向片接触,仍为正极性;导体 ab 转至 S 极下,感应电动势的方向变为由 a 指向 b,

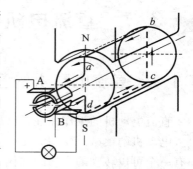

图 3-2 直流发电机的工作原理

电刷 B 与 a 所连接的换向片接触,仍为负极性。可见,直流发电机电枢线圈中的感应电动势的方向是交变的,而通过换向器和电刷的作用,在电刷 A、B 两端输出的电动势是方向不变的直流电动势。若在电刷 A、B 之间接上负载(如灯泡),直流发电机就能向负载供给直流电能(灯泡会亮)。

从以上分析可以看出:一台直流电机原则上既可以作为电动机运行,也可以作为发电机运行,电机的实际运行方式取决于外界不同的条件。如将直流电源加于电刷上,输入电能,将电能转换为机械能,作为电动机运行;如用原动机拖动直流电机的电枢旋转,输入机械能,将机械能转换为直流电能,从电刷上引出直流电动势,作为发电机运行。同一台电机既能作为电动机运行,又能作为发电机运行的原理,称为电机的可逆原理。但是在设计电机时,需要考虑到两者运行的特点有一些差别。例如,如果作为发电机用,则同一电压等级下发电机比电动机的额定电压值稍高,以补偿从电源至负载沿路的损失。

3.2 直流电机的结构及铭牌

3.2.1 直流电机的结构

  从直流电动机和直流发电机的工作原理示意图可以看出,直流电机应由定子和转子两大部分组成。直流电机运行时静止不动的部分称为定子,其主要作用是产生磁场,它由机座、主磁极、换向极、端盖、轴承和电刷装置等组成;运行时转动的部分称为转子,其主要作用是产生电磁转矩和感应电动势,它是直流电机进行能量转换的枢纽,所以通常又称为电枢,它由转轴、电枢铁芯、电枢绕组、换向器和风扇等组成。定子、转子间因有相对运动,故留有一定的气隙,气隙大小与电机容量有关。图3-3所示是小型直流电机的纵剖面示意图,图3-4所示是小型直流电机的横剖面示意图。直流电机根据各种不同的用途和产品系列,其结构也是多种多样的,下面对其主要结构部件分别做简单介绍。

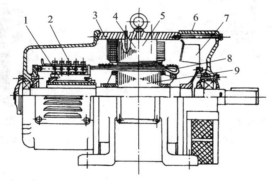

图3-3 小型直流电机的纵剖面示意图

1—换向器;2—电刷杆;3—机座;4—主磁极;
5—换向极;6—端盖;7—风扇;8—电枢绕组;9—电枢铁芯

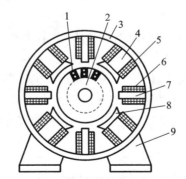

图3-4 小型直流电机的横剖面示意图

1—电枢绕组;2—电枢铁芯;3—机座;4—主磁极铁芯;5—励磁绕组
6—换向极绕组;7—换向极铁芯;8—主磁极极靴;9—极座底脚

1.定子

直流电机的定子主要由机座、主磁极、换向极及电刷装置等部件构成。

1)机座

直流电机的机座是用来固定主磁极、换向极和端盖的,起支撑、保护作用,也作为磁轭,构成主磁路的闭合路径。机座通常由铸钢或钢板焊接而成,目前由薄钢板或硅钢片制成的叠片机座应用相当广泛。

2)主磁极

主磁极的作用是在电机气隙中产生一定分布形状的气隙磁密。主磁极由主磁极铁芯和励磁绕组组成。主磁极铁芯通常用 $1\sim1.5$ mm 厚的低碳钢板冲片叠成。绝大多数直流电机的主磁极是由直流电流来励磁的,所以主磁极装有励磁绕组。图 3-5 所示为主磁极。

3)换向极

换向极的作用是改善电机的换向性能。换向极由换向极铁芯和换向极绕组构成,如图 3-6 所示。中小型电机的换向极由整块钢制成,而大型电机的换向极则做成钢板叠片磁极。换向极应装在电机两主极间的几何中性线上。换向极绕组应与电枢绕组串联。

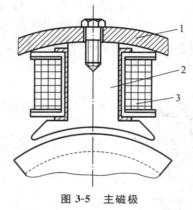

图 3-5　主磁极

1—固定主磁极丝;2—主磁极铁芯;3—励磁绕组

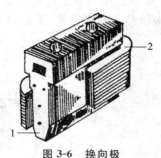

图 3-6　换向极

1—铁芯;2—换向极绕组

4)电刷装置

电刷的作用在前面已做介绍。电刷装置就是安装、固定电刷的机构,如图 3-7 所示。电刷装置通常固定在电机的端盖、轴承内盖或者机座上。

2. 转子

直流电机的转子常称为电枢,主要由电枢铁芯、电枢绕组、换向器和转轴等部件构成。

1)电枢铁芯

电枢铁芯一方面用来嵌放电枢绕组,另一方面构成主磁路闭合路径。当电枢旋转时,铁芯中的磁通方向发生变化,会产生涡流与磁滞损耗。为了减少这部分损耗,通常用 $0.35\sim0.5$ mm 厚的硅钢片经冲剪叠压而制成电枢铁芯。电枢铁芯外圆上有均匀分布的槽,以嵌放电枢绕组。

2)电枢绕组

电枢绕组的作用是产生感应电动势和电磁转矩,从而实现机械能与电能的转换。它是直流电机的重要部件。电枢绕组由许多用绝缘导线绕制的电枢线圈组成,各电枢线圈分别嵌在不同的电枢铁芯槽内,两端按一定规律通过换向片构成闭合回路。

3)换向器

换向器是直流电机的关键部件,它与电刷配合,在发电机中,能使电枢线圈中的交变电动势转换成电刷间的直流电动势;在电动机中,将外面通入电刷的直流电流转换成电枢线圈中所需的交变电流。换向器的种类很多,主要与电机的容量与转速有关。在中小型直流电机中最常用的是拱形换向器,其结构如图 3-8 所示。它主要由许多燕尾形的铜质换向片与片间云母片排列成形,再由套筒、螺母等紧固而成。

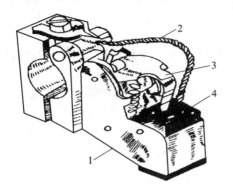

图 3-7　电刷装置

1—刷握;2—铜丝软线;
3—压紧弹簧;4—电刷

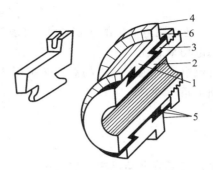

图 3-8　换向器的结构

1—换向片;2—套筒;3—V 形环;
4—片间云母;5—云母;6—螺母

4)转轴、支架和风扇

对于小容量直流电机,电枢铁芯就装在转轴上。对于大容量直流电机,为减少硅钢片的消耗和转子重量,轴上装有金属支架,电枢铁芯装在支架上。此外,在轴上还装有风扇,以加强对电机的冷却。

整个直流电机转子的结构如图 3-9 所示。

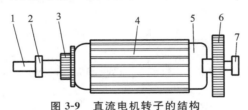

图 3-9　直流电机转子的结构

1—转轴;2—轴承;3—换向器;4—电枢铁芯;5—电枢绕组;6—风扇;7—轴承

3.2.2　直流电机的铭牌

直流电机的铭牌上标明了直流电机的型号及额定数据,供用户选择和使用时参考。

1. 铭牌数据

根据国家标准,直流电机的额定数据有:

(1)额定容量(功率)P_N(kW);

(2)额定电压 U_N(V);

(3)额定电流 I_N(A);

(4)额定转速 n_N(r/min);

(5)励磁方式和额定励磁电流 I_{fN}(A)。

虽然有些物理量不标在直流电机的铭牌上,但它们也是额定值。例如在额定运行状态下的转矩、效率分别称为额定转矩和额定效率等,这些额定数据也叫作铭牌数据。

关于额定容量,对于直流发电机而言,是指发电机带额定负载时电刷端输出的功率;对于直流电动机而言,是指电动机带额定负载时转轴上输出的机械功率。因此,直流发电机的

第 3 章　直流电机原理

35

额定容量应为

$$P_N = U_N I_N \tag{3-1}$$

而直流电动机的额定容量为

$$P_N = U_N I_N \eta_N \tag{3-2}$$

式中，η_N 是直流电动机的额定效率，它是直流电动机带额定负载运行时，输出的机械功率与输入的电功率之比。

直流电动机轴上输出的额定转矩用 T_N 表示，其大小应该是输出的额定机械功率除以转子的额定角速度，即

$$T_N = \frac{P_N}{\Omega_N} = \frac{P_N}{\dfrac{2\pi n_N}{60}} = 9.55 \frac{P_N}{n_N} \tag{3-3}$$

上式在交流电动机中同样适用。

直流电机运行时，若各个物理量都为额定值，则该状态称为额定运行状态。由于电机是根据额定值设计的，因此，在额定运行状态下电机能可靠地运行，并具有良好的性能。

实际运行中，电机不可能总是工作在额定运行状态。如果运行时电机的负载小于额定容量，则称为欠载运行；而运行时电机的负载超过额定容量，则称为过载运行。长期的过载运行或欠载运行都不好。长期过载有可能因过热而损坏电机；长期欠载则运行效率不高，浪费容量。为此，在选择电机时，应根据负载的要求，尽可能让电机工作在额定状态。

例 3-1 一台直流电动机，其额定功率 $P_N = 160\ \text{kW}$，额定电压 $U_N = 220\ \text{V}$，额定效率 $\eta_N = 90\%$，额定转速 $n_N = 1500\ \text{r/min}$，求该电动机在额定运行状态时的输入功率、额定电流及额定转矩。

解 额定输入功率为

$$P_1 = \frac{P_N}{\eta_N} = \frac{160}{0.9}\ \text{kW} = 177.8\ \text{kW}$$

额定电流为

$$I_N = \frac{P_N}{U_N \eta_N} = \frac{160 \times 10^3}{220 \times 0.9}\ \text{A} = 808.1\ \text{A}$$

额定转矩为

$$T_N = 9.55 \frac{P_N}{n_N} = 9.55 \times \frac{160 \times 10^3}{1500}\ \text{N} \cdot \text{m} = 1018.7\ \text{N} \cdot \text{m}$$

2. 国产直流电机的型号

为了满足各行各业的不同要求，电机被制造成不同型号的系列产品。所谓同系列电机，就是指用途基本相同，结构和形状基本相似，技术要求基本相同，功率、电压、转速、中心高、铁芯长度和安装尺寸等都有一定的标准等级的电机。将其中使用范围广、产量大的一般用途电机作为基本系列。为满足某些特殊用途的要求，在基本系列的基础上做部分改动，则形成派生系列电机。

电机产品的型号一般用大写印刷体的汉语拼音字母和阿拉伯数字表示。其中汉语拼音字母是根据电机的全名称选择有代表意义的汉字，再从该汉字的拼音中得到的。例如

$$Z_A\text{-}112/2\text{-}1$$

其中：Z——直流电动机；

A——设计系列号；

112——中心高 112 mm；

2——极数；

1——1 号铁芯。

国产直流电机的种类很多，Z 系列是一般用途的小型直流电机。其中：Z_2 系列有电动机、发电机和调压发电机；Z_3 系列是在 Z_2 系列的基础上发展而成的，用途与 Z_2 系列的相同，但性能有所改善；Z_4 系列是 20 世纪 80 年代研制的新一代一般用途的小型直流电机，该直流电机采用八角形全叠片机座，适用于整流电源供电，具有调速范围广、转动惯量小及过载能力大等优点。

此外，还有许多直流电机系列，可在使用时查电机产品目录或有关电机手册。

3.3 直流电机的磁路、空载时的气隙磁通密度与空载磁化特性

3.3.1 直流电机的磁路

前面已经说过，直流电机的磁场可以由永久磁铁或直流励磁绕组产生。一般来讲，永久磁铁的磁场比较弱，所以现在绝大多数直流电机的主磁场都是由励磁绕组通以直流励磁电流产生的。

实际上，直流电机在负载运行时，它的磁场是由电机中的各个绕组，包括励磁绕组、电枢绕组、换向极绕组等共同产生的，其中励磁绕组起主要作用。为此，先研究励磁绕组有励磁电流，其他绕组无电流时的磁场情况。这种情况叫作电机的空载运行，又叫无载运行。至于其他绕组有电流的影响，后面章节将陆续加以介绍。

图 3-10 所示是一台四极直流电机（没有换向极）空载时的磁场示意图。当励磁绕组流过励磁电流 I_f 时，每极的励磁磁通势为

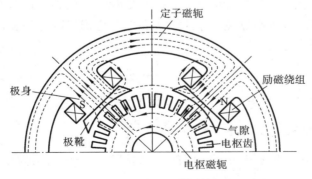

图 3-10 四极直流电机空载时的磁场示意图

$$F_f = I_f N_f$$

式中，N_f 是一个磁极上励磁绕组的串联匝数。

由励磁磁通势 F_f 在电机的磁路里产生的磁感应线的情况如图 3-10 所示。从图中可以看出，大部分磁感应线的路径是由 N 极出来，经气隙进入电枢齿部，再经过电枢铁芯的磁轭到另一部分的电枢齿，又通过气隙进入 S 极，再经定子磁轭回到原来的 N 极。这部分磁路通

过的磁通称为主磁通,该磁路称为主磁路。还有一小部分磁感应线,它们不进入电枢铁芯,直接经过相邻的磁极或者定子磁轭形成闭合回路,这部分磁通称为漏磁通,所经过的磁路称为漏磁路。直流电机中,进入电枢的主磁通是主要的,它能在电枢绕组中产生感应电动势或者电磁转矩,而漏磁通却没有这个作用,它只是增加了主磁极磁路的饱和程度。主磁通、漏磁通的定义为:同时交链励磁绕组和电枢绕组的磁通是主磁通,只交链励磁绕组本身的是主极漏磁通。由于两个磁极之间的气隙较大,主极漏磁通在数量上比主磁通要少,大约是主磁通的 20%。

由图 3-10 可看出,直流电机的主磁路可以分为五段:定子和转子之间的气隙、电枢齿、电枢磁轭、主磁极和定子磁轭。其中,除了气隙是空气介质,其磁导率 μ_0 是常数外,其余各段磁路用的材料均为铁磁材料,它们的磁导率彼此并不相等,即使是同一种铁磁材料,其磁导率也并非常数。

3.3.2　空载时气隙磁通密度的分布波形

为了简单起见,把直流电机的主磁路简化,如图 3-11 所示。图中的两条虚线是主磁路中的一个磁管,磁管的宽度为 Δ。从图中可以看出,该磁管所包围的导体总电流为 $2I_f N_f = 2F_f$。根据磁路欧姆定律,可以求出该磁管里的磁通 Φ' 为

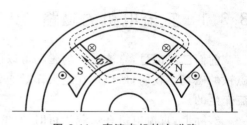

图 3-11　直流电机的主磁路

$$\Phi' = \frac{2F_f}{2R_{m\delta} + 2R_{mt} + R_{ma} + 2R_{mm} + R_{mf}} \quad (3\text{-}4)$$

式中,$R_{m\delta}$、R_{mt}、R_{ma}、R_{mm}、R_{mf} 分别为气隙、电枢齿、电枢磁轭、主磁极和定子磁轭等段磁路的磁阻。

磁路的磁阻与磁路的几何尺寸以及磁路所用的材料有关:磁路的长度越长,截面积越小,则表现的磁阻越大;磁路的磁导率越大,则磁阻越小。图 3-11 中,除了气隙外,其他各段磁路所用的材料都是铁磁材料,在磁路不太饱和的情况下,它们的磁导率都比空气的磁导率 μ_0 大得多,所以它们表现的磁阻都比气隙的磁阻要小。为了方便分析,在研究直流电机气隙磁通密度的分布波形时,忽略各铁磁材料段的磁阻,仅考虑气隙的磁阻 $R_{m\delta}$。

于是式(3-4)可改写为

$$\Phi' = \frac{2F_f}{2R_{m\delta}} = \frac{F_f}{R_{m\delta}} \quad (3\text{-}5)$$

磁管气隙段磁路的磁阻为

$$R_{m\delta} = \frac{\delta}{\mu_0 \Delta l_i} \quad (3\text{-}6)$$

式中,δ 为磁极内表面与电枢外表面之间的气隙长度,Δ 为磁管的宽度,l_i 为电枢轴向有效长度。

把式(3-6)代入式(3-5),得

$$\Phi' = \frac{F_f}{\dfrac{\delta}{\mu_0 \Delta l_i}} \quad (3\text{-}7)$$

图 3-11 中的磁管,其气隙处的磁通密度用 B_x 表示,于是有

$$B_x = \frac{\Phi'}{\Delta l_i} \qquad\qquad (3\text{-}8)$$

把式(3-7)代入式(3-8),得

$$B_x = \frac{\Phi'}{\Delta l_i} = \frac{F_f}{\frac{1}{\mu_0} \frac{\delta}{\Delta l_i} \Delta l_i} = \mu_0 \frac{F_f}{\delta} \qquad\qquad (3\text{-}9)$$

式中：F_f 为每极励磁磁通势(A)；δ 为气隙的长度(m)；μ_0 为空气的磁导率,近似等于真空的磁导率,即 $\mu_0 = 1.25 \times 10^{-6}$ H/m。

在一个磁极范围内,励磁磁通势的大小都相等,由式(3-9)可以看出,气隙磁通密度 B_x 的大小完全与气隙长度 δ 成反比。如果主极极面下的气隙均匀,则气隙磁通密度的分布如图 3-12(b)中的曲线 1 所示,其中最大磁通密度为 B_δ。实际上电机磁极内表面与电枢铁芯外表面之间的气隙不均匀,在磁极中心处的气隙小,在磁极两个极尖处的气隙大,如图 3-12(a)所示。这种情况下,气隙磁通密度的分布如图 3-12(b)中的曲线 2 所示,即在磁极中心附近的磁通密度大,两极尖处的磁通密度小。在图 3-12(b)中,无论是曲线 1 还是曲线 2,在极靴以外,磁通密度都迅速减小,这是由于极靴以外的气隙更大。在两极之间的几何中心线处的磁通密度等于零。根据图 3-12(b)所示的气隙磁通密度的分布波形,很容易算出电机气隙每极磁通量。图 3-12(c)所示为主磁通的分布情况。

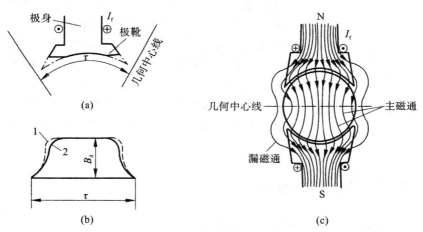

图 3-12 气隙磁通密度的分布波形

1—均匀气隙时的气隙磁通密度；2—不均匀气隙时的气隙磁通密度

3.3.3 空载磁化特性

在直流电机中,为了产生感应电动势或电磁转矩,气隙里需要有一定数量的每极磁通 Φ,这就要求在设计电机时进行磁路计算,以确定产生一定数量的气隙每极磁通 Φ 需要加多大的励磁磁通势,或者当励磁绕组匝数一定时,需要加多大的励磁电流 I_f。一般把空载时气隙每极磁通 Φ 与空载励磁磁通势 F_f 或空载励磁电流 I_f 的关系,即 $\Phi = f(F_f)$ 或 $\Phi = f(I_f)$,称为直流电机的空载磁化特性。

对直流电机进行磁路计算的方法与简单磁路的计算方法是一致的,都是把安培环路定理运用到具体的磁路当中去。所不同的是,直流电机的磁路在结构以及各段磁路使用的材料上都比简单磁路要复杂些。分析时,应先把直流电机的主磁路按结构和材料分段,并标出各段磁路的几何尺寸,然后分别对直流电机主磁路中的各段磁路进行计算。

直流电机磁路计算内容是:已知气隙每极磁通为 Φ,求出直流电机主磁路各段中的磁位差,各磁位差的总和便是励磁磁通势 F_f。对于给定不同大小的 Φ,用同一方法计算,得到与 Φ 相对应的不同的 F_f,经多次计算,便得到了空载磁化特性 $\Phi = f(F_f)$。

从图 3-10 和图 3-11 中可以看出,直流电机主磁路主要包括两段气隙、两段电枢齿部、电枢磁轭、两段主磁极、定子磁轭。对于每段磁路,都是根据已知的 Φ 算出磁通密度 B,再找出相应的磁场强度 H,分别乘以各段磁路的长度后便得到磁位差。气隙部分的磁导率是常数,不随 Φ 而变,或者说气隙磁位差与 Φ 成正比。但其他各段磁路都由铁磁材料构成,它们的磁通密度 B 与磁场强度 H 之间是非线性关系,具有磁饱和的特点。也就是说,它们的磁位差与 Φ 不成正比,具有饱和现象。当 Φ 大到一定程度后,出现饱和现象,当 Φ 再增大,磁场强度 H 或磁位差就急剧增大。因此,造成了直流电机中 Φ 大到一定程度后,磁路总磁位差即励磁磁通势 F_f 急剧增大,空载磁化特性具有饱和现象,如图 3-13 中的曲线 1 所示。

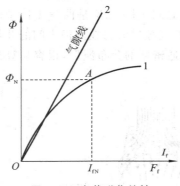

图 3-13 空载磁化特性

直流电机空载磁化特性具有饱和的特点,还可以这样理解:当气隙每极磁通 Φ 较小时,铁磁材料的磁位差较小,总磁位差主要是气隙磁位差,或者说励磁磁通势主要消耗在气隙里,μ_0 为常数,空载磁化特性成线性关系;当气隙每极磁通 Φ 较大时,铁磁材料出现饱和,磁位差剧增,消耗的磁通势剧增,空载磁化特性呈饱和特点。图 3-13 中的斜直线 2 是气隙消耗的磁通势,称为气隙线。空载磁化特性的横坐标可以用励磁磁通势 F_f 表示,也可以用励磁电流 I_f 表示,二者相差励磁绕组的匝数。

为了经济地利用材料,直流电机额定运行时的额定磁通量取在空载磁化特性曲线开始拐弯的地方,即图 3-13 中的 A 点。

3.3.4 直流电机的励磁方式

根据励磁方式的不同,直流电机有下列几种类型。

1. 他励直流电机

励磁电流由其他电源单独供给的直流电机称为他励直流电机。他励直流电动机的接线如图 3-14(a)所示。图中 M 表示电动机。若为发电机,用 G 表示。

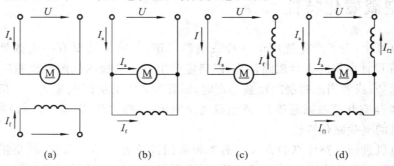

(a)　　　　(b)　　　　(c)　　　　(d)

图 3-14 直流电机的励磁方式

2. 自励直流电机

励磁电流由电机自身供给的直流电机称为自励直流电机。依励磁绕组连接方式的不同,自励直流电机又分为如下几种类型。

1)并励直流电机

励磁绕组与电机电枢的两端并联的直流电机称为并励直流电机。对于并励发电机来说,是电机本身发出来的端电压供给助磁电流;对于并励电动机来说,励磁绕组与电枢共用同一电源,与他励直流电动机没有本质区别。并励直流电动机的接线如图 3-14(b)所示。

2)串励直流电机

励磁绕组与电枢回路串联,电枢电流也是励磁电流的直流电机称为串励直流电机。串励直流电动机的接线如图 3-14(c)所示。

3)复励直流电机

复励直流电机的励磁绕组分为两部分,一部分与电枢回路串联,一部分与电枢回路并联。复励直流电动机的接线如图 3-14(d)所示,它可以是并励励磁绕组与电枢回路并联后再共同与串励励磁绕组串联(先并后串),也可以接成串励励磁绕组,与电枢串联后再与并励励磁绕组并联(先串后并)。

不同励磁方式的直流电机有不同的特性。

3.4 直流电机的电枢绕组

绕组是由元件构成的,一个元件由两条元件边和端接线组成。元件边放在槽内,能切割磁感线而产生感应电动势,叫作"有效边";端接线放在槽外,不切割磁感应线,仅作为连接线用。为便于嵌线,每个元件的一个元件边放在某一个槽的上层(称为上层边),另一个元件边则放在另一个槽的下层(称为下层边),如图 3-15 所示。

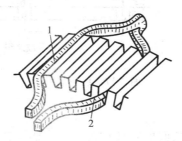

图 3-15　绕组元件在槽内的放置
1—上层元件边;2—下层元件边

3.4.1　电枢绕组的常用术语

1. 实槽与虚槽

电机电枢上实际开出的槽叫作实槽。电机往往有较多的元件来构成电枢绕组,但由于制造工艺等原因,电枢铁芯开的槽数不能够太多。通常在每个槽的上、下层各放置若干个元件边。为了明确说明每个元件边所处的位置,引入虚槽的概念。所谓虚槽,即单元槽。设槽内每层有 μ 个虚槽,每个虚槽的上、下层各有一个元件边。在图 3-16 中,$\mu=3$。若实槽数为

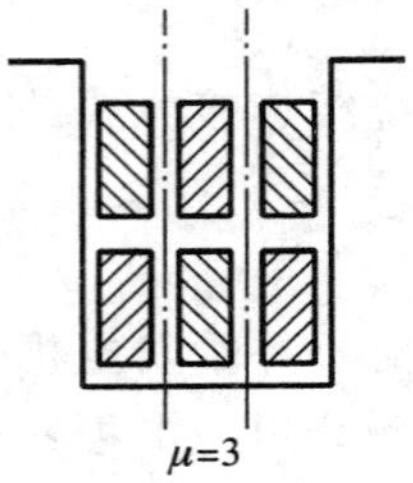

Q，虚槽数为 Q_μ，则 $Q_\mu=\mu Q$。以后在说明元件的空间分布情况时，用虚槽作为计算单位。

2. 元件数、换向片数与虚槽数

因为每个元件有两个元件边，而每一个换向片连接两个元件边，又因为每个虚槽包含两个元件边，所以一般来讲，绕组的元件数 S、换向片数 K 和虚槽数 Q_μ 三者应相等，即

$$S=K=Q_\mu=\mu Q \tag{3-10}$$

图 3-16 实槽与虚槽

3. 极距

极距就是电枢表面圆周上相邻两磁极间的距离，用长度表示为

$$\tau=\frac{\pi D_a}{2p} \tag{3-11}$$

若用虚槽数表示，则为

$$\tau=\frac{Q_\mu}{2p} \tag{3-12}$$

式（3-11）和式（3-12）中，D_a 为电枢外径（m），p 为磁极对数。

4. 绕组节距

绕组节距通常都用虚槽数或换向片数表示，如图 3-17 所示。

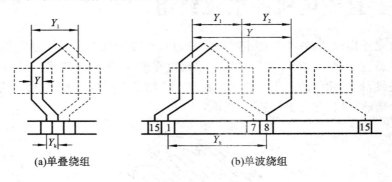

(a)单叠绕组　　　　　　　(b)单波绕组

图 3-17　绕组节距

1）第一节距 Y_1

同一个元件的两个有效边之间的距离称为第一节距。在电机中，为了获得较大的感应电动势，第一节距 Y_1 应等于或接近于一个极距。由于极距不一定是整数，而 Y_1 必须是整数，所以应使

$$Y_1=\frac{Q_\mu}{2p}\pm\varepsilon=整数 \tag{3-13}$$

若 $\varepsilon=0$，则 $Y_1=\tau$，称为整距绕组；若 $\varepsilon\neq0$，当 $Y_1>\tau$ 时，称为长距绕组，当 $Y_1<\tau$ 时，称为短距绕组。

2）合成节距 Y

相串联的两个元件的对应边之间的节距称为合成节距。它表示每串联一个元件后，绕组在电枢表面前进或后退了多少个虚槽，是反映不同形式绕组的一个重要标志。

3）换向器节距 Y_k

一个元件的两个出线端所连接的换向片之间的距离称为换向器节距。由于元件数等于

换向片数，因此元件边在电枢表面前进或后退多少个虚槽，其出线端在换向片上也必然前进或后退多少个换向片。所以换向器节距等于合成节距，即

$$Y_{\mathrm{k}}=Y \tag{3-14}$$

4）第二节距 Y_2

第二节距表示相串联的两个元件中，第一个元件的下层边与第二个元件的上层边之间的距离。

3.4.2　单叠绕组

后一个元件的端节部分紧叠在前一个元件的端节部分上，这种绕组称为叠绕组。当叠绕组的换向器节距 $Y_{\mathrm{k}}=1$ 时称为单叠绕组，如图 3-17(a)所示。

下面举例说明单叠绕组的连接规律和特点。

一台直流电机，已知 $Q_\mu=K=S=16$，$2p=4$，$\mu=1$，接成单叠绕组。

1. 计算节距

第一节距为

$$Y_1=\frac{Q_\mu}{2p}\pm\varepsilon=\frac{16}{4}=4$$

换向器节距和合成节距为

$$Y_{\mathrm{k}}=Y=1$$

由图 3-17 可知，对于单叠绕组，第二节距为

$$Y_2=Y_1-Y=4-1=3$$

2. 绘制绕组展开图

假想把电枢从某一槽的中间沿轴向切开，展开成平面，所得绕组连接图称为绕组展开图，如图 3-18 所示。

以上述电机数据为例，绘制直流电机单叠绕组展开图的步骤如下。

（1）画 16 根等长、等距的平行实线代表 16 个槽的上层，在实线旁画 16 根平行虚线代表 16 个槽的下层。1 根实线和 1 根虚线代表 1 个槽，编上槽号，如图 3-18 所示。

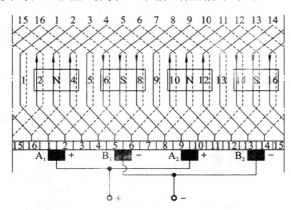

图 3-18　直流电机单叠绕组展开图

（2）按节距 Y_1 连接一个元件。例如，将 1 号元件上层边放在 1 号槽的上层，其下层边应放在 $1+Y_1=1+4=5$ 槽号的下层。由于一般情况下，元件是左右对称的，为此，可把 1 号槽

的上层(实线)和 5 号槽的下层(虚线)用左右对称的端接部分连成 1 号元件。注意:首端和末端之间相隔一个换向片的宽度。为使图形规整,取换向片的宽度等于一个槽距,从而画出与 1 号元件首端相连的 1 号换向片和相邻的与 1 号元件末端相连的 2 号换向片,并依次画出 3~16 号换向片。显然,元件号、上层边所在槽号和该元件首端所连换向片的编号相同。

(3)画 1 号元件的平行线,可以依次画出 2~16 号元件,从而将 16 个元件通过 16 个换向片连成一个闭合的回路。

(4)单叠绕组展开图已经完成,但为了帮助理解绕组的工作原理和确定电刷的位置,一般在展开图上还应画出磁极和电刷。

(5)画磁极。本例有 4 个主磁极,在圆周上应该均匀分布,即相邻磁极中心之间应间隔 4 个槽。设某一瞬间,4 个磁极中心分别对准 3、7、11、15 号槽,并且主磁极宽度约为极距的 0.6~0.7(在此范围内),画出 4 个磁极,如图 3-18 所示。依次标出极性 N、S、N、S。一般假设磁极在电枢绕组的上面。

(6)画电刷。电刷个数就是刷杆数,等于极数(本例中为 4)。电刷必须均匀分布在换向器表面圆周上,相互间隔 16/4=4 个换向片。为使被电刷短路的元件中的感应电动势最小,正、负电刷之间引出的电动势应最大。由图 3-18 可以看出,当元件左右对称时,电刷中心线应对准磁极中心线。假设电刷宽度等于一个换向片的宽度。

3. 单叠绕组的连接顺序表

单叠绕组展开图比较直观,但画起来比较麻烦,为简便起见,单叠绕组的连接规律可用连接顺序表来表示。本例的连接顺序表如图 3-19 所示。表中上排数字同时代表上层元件边的元件号、槽号和换向片号,下排带"'"的数字代表下层元件边所在的槽号。

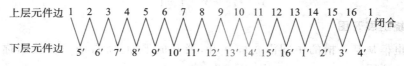

图 3-19 单叠绕组的连接顺序表

4. 单叠绕组的并联支路图

保持图 3-19 中各元件的连接顺序不变,将此瞬间不与电刷接触的换向片省去不画,可以得到图 3-20 所示的并联支路图。对照图 3-20 和图 3-18,可以看出单叠绕组的连接规律是将同一磁极下的各个元件串联起来组成一条支路。所以,单叠绕组的并联支路对数 a 总等于磁极对数 p,即

$$a = p$$

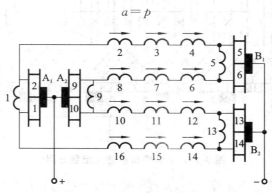

图 3-20 单叠绕组的并联支路图

5. 单叠绕组的特点

（1）同一磁极下的各元件串联起来组成一条支路，并联支路对数等于磁极对数，即 $a = p$。

（2）当元件形状左右对称，电刷在换向器表面的位置对准磁极中心线时，正、负电刷短路元件中的感应电动势最小。

（3）电刷个数等于极数。

3.4.3　单波绕组

单波绕组如图 3-17（b）所示。元件首末端之间的距离接近两个极距，即 $Y_k > Y_1$，两个元件串联起来形成波浪形，故称为波绕组。p 个元件串联后，其末尾应该落在起始换向片前一片的位置上，这样才能继续串联其余元件。为此，换向器节距必须满足以下关系

$$pY_k = K - 1$$

换向器节距为

$$Y_k = \frac{K-1}{p} = 整数 \tag{3-15}$$

合成节距为

$$Y = Y_k$$

第二节距为

$$Y_2 = Y - Y_1$$

第一节距 Y_1 的确定原则与单叠绕组的相同。

下面再以一例说明单波绕组的连接规律和特点。

一台直流电机，已知 $Q_\mu = S = K = 15, 2p = 4, \mu = 1$，连接成单波绕组。

1. 计算节距

第一节距为

$$Y_1 = \frac{Q_\mu}{2p} \pm \varepsilon = \frac{15}{4} - \frac{3}{4} = 3$$

合成节距为

$$Y = Y_k = \frac{K-1}{p} = \frac{15-1}{2} = 7$$

第二节距为

$$Y_2 = Y - Y_1 = 7 - 3 = 4$$

2. 绘制绕组展开图

绘制单波绕组展开图的步骤与绘制单叠绕组展开图的步骤相同，本例的单波绕组展开图如图 3-21 所示。电刷在换向器表面上的位置在主磁极的中心线上。要注意的是，因为本例中的极距不是整数，所以相邻主磁极中心线之间的距离不是整数，相邻电刷中心线之间的距离用换向片数表示时也不是整数。

3. 单波绕组的连接顺序表

按图 3-21 所示的连接规律可得相应的连接顺序表，如图 3-22 所示。

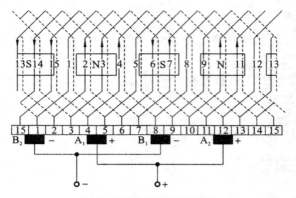

图 3-21　单波绕组展开图

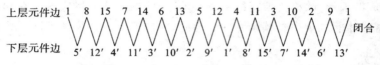

图 3-22　单波绕组的连接顺序表

4. 单波绕组的并联支路图

按图 3-22 中各元件的连接顺序,将此刻不与电刷接触的换向片省去不画,可以得到单波绕组的并联支路图,如图 3-23 所示。将并联支路图与展开图对照分析可知,单波绕组是将同一极性磁极下所有的元件串联起来组成的一条支路。由于磁极极性只有 N 和 S 两种,所以单波绕组的并联支路数总是恒定的,并联支路对数恒等于 1。

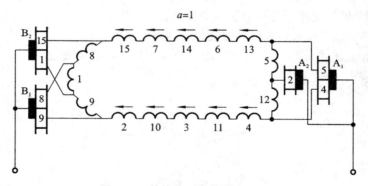

图 3-23　单波绕组的并联支路图

5. 单波绕组的特点

(1)上层边位于同一极性磁极下的所有元件串联起来组成一条支路,并联支路对数恒等于 1,与磁极对数无关。

(2)当元件形状左右对称、电刷在换向器表面上的位置对准主磁极中心线时,支路电动势最大。

(3)单从支路数来看,单波绕组可以只要两组电刷,但为了减小换向器的轴向长度,降低成本,仍按主极数来安装电刷,这种电刷称为全额电刷。在单波绕组中,电枢电动势仍等于支路电动势,电枢电流等于支路电流之和,即

$$I_a = 2ai_a$$

单叠绕组与单波绕组的主要区别在于并联支路对数的多少。单叠绕组可以通过增加磁

极对数来增加并联支路对数,适用于低电压大电流的电机;单波绕组的并联支路对数 $a=1$,但每条支路串联的元件数较多,故适用于小电流较高电压的电机。

3.5 电枢电动势与电磁转矩

直流电机运行时:一方面,电枢绕组的导体在磁场中运动,会产生电动势;另一方面,电枢绕组的导体中有电流,会受到电磁力作用,产生电磁转矩。电动势和电磁转矩是分析直流电机运行过程所需要的最重要的两个物理量。为了简化分析,假设电枢绕组的运动方向与磁通密度 B 的方向及电枢导体之间成直交。

1. 电枢电动势

电枢电动势是指直流电机正、负电刷之间的感应电动势。

设 Φ 为每极磁通,l_i 为导体的有效长度,即电枢铁芯的长度,则每极的平均磁通密度 $B_{av} = \Phi/(\tau l_i)$,其中 τl_i 是电枢铁芯表面上每极对应的面积。

电枢以线速度 v 旋转时,一根导体的平均电动势为

$$e_{av} = B_{av} l_i v \tag{3-16}$$

式中各物理量的单位:B_{av} 为 T,v 为 m/s,l_i 为 m,e_{av} 为 V。

线速度 v 可以写成

$$v = \Omega \frac{D}{2} = \left(2\pi \frac{n}{60}\right)\left(\frac{2 n_p \tau}{\pi}\right)/2 = 2 n_p \tau \frac{n}{60} \tag{3-17}$$

式中,n_p 为磁极对数,n 为电枢的转速(r/min)。

将式(3-17)代入式(3-16),可得一根导体的平均电动势为

$$e_{av} = 2 n_p \Phi \frac{n}{60} \tag{3-18}$$

设电枢绕组的全部导体数为 W,则电枢电动势等于一根导体的平均电动势乘以串联支路上的导体数 $W/2a$,即

$$E_{av} = \frac{W}{2a} e_{av} = \frac{W}{2a} \cdot 2 n_p \Phi \frac{n}{60} = \frac{n_p W}{60a} \Phi n = C_E \Phi n \tag{3-19}$$

式中,常数

$$C_E = \frac{n_p W}{60a} \tag{3-20}$$

称为电动势常数。当转速 n 的单位为 r/min 时,E_{av} 的单位是 V。

由式(3-19)可以看出,已经制造好的电机,其电枢电动势正比于每极磁通 Φ 和转速 n。

2. 电磁转矩

由于电枢绕组各导体中电流的方向均与磁通密度 B 的方向成直交,根据公式 $f = IBl$,一根导体所受的平均电磁力为

$$f_{av} = B_{av} l_i i_a \tag{3-21}$$

需要注意的是,式中 i_a 是一根导体中流过的电流,而不是电枢总电流 I_a。一根导体所受的平均电磁力 f_{av} 乘以电枢的半径 $D/2$ 为转矩 $T_{e,1}$,即

$$T_{e,1} = f_{av} D/2 \tag{3-22}$$

W 根导体的总电磁转矩 T_e 为

$$T_e = WT_{e,1} = WB_{av}l_i \frac{I_a}{2a} \frac{D}{2} \tag{3-23}$$

将 $B_{av} = \Phi/\tau l_i$ 代入式(3-23),得

$$T_e = \frac{n_p W}{2a\pi} \Phi I_a = C_T \Phi I_a \tag{3-24}$$

式中

$$C_T = \frac{n_p W}{2a\pi} \tag{3-25}$$

是一个常数,称为转矩常数。由电磁转矩表达式可以看出,直流电机制动后,它的电磁转矩的大小正比于每极磁通和电枢电流。容易得出转矩常数和电动势常数的关系为

$$C_T = \frac{60}{2\pi} C_E = 9.55 C_E \tag{3-26}$$

➤ 3.6   直流发电机的运行原理

3.6.1   直流发电机稳态运行时的基本方程

在列写直流电机运行时的基本方程之前,各有关物理量,例如电压、电流、磁通、转速、转矩等,都应事先规定好正方向。正方向的选择是任意的,但是一经选定就不要再改变。确定了正方向后,各有关物理量都变成了代数量,即各有关物理量有正有负。也就是说,各有关物理量在某一瞬时的实际方向与规定的正方向一致就为正,否则就为负。

图 3-24 标出了直流发电机各有关物理量的正方向,图中 U 是直流发电机负载两端的端电压,I_a 是电枢电流,T_1 是原动机的拖动转矩,T 是电磁转矩,T_0 是空载转矩,n 是直流发电机电枢的转速,Φ 是主磁通,U_f 是励磁电压,I_f 是励磁电流。

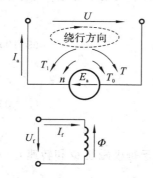

图 3-24   直流发电机惯例

在列写电枢回路方程时,要用到基尔霍夫第二定律,即对任一有源的闭合回路,所有电动势之和等于所有压降之和($\sum E = \sum U$)。首先在图 3-24 中确定绕行的方向,如选择图 3-24 中的虚线方向绕行。其中共有三个压降及一个电动势 E_a,这三个压降分别是负载上的压降 U,正、负电刷与换向器表面的接触压降,电枢电流 I_a 在电枢回路串联的各绕组(包括电枢绕组、换向极绕组和补偿绕组等)总电阻上的压降。实际应用中,用 R_a 表示电枢回路总电阻,它包括电刷接触电阻。

电枢回路方程可写成

$$E_a = U + I_a R_a \tag{3-27}$$

电枢电动势为

$$E_a = C_E \Phi n \tag{3-28}$$

电磁转矩为

$$T = C_T \Phi I_a \tag{3-29}$$

直流发电机稳态运行时,其转速为 n,作用在电枢上的转矩共有三个:一个是原动机输入到发电机转轴上的转矩 T_1;一个是电磁转矩 T;还有一个是直流发电机的机械摩擦以及铁

损耗引起的转矩,叫作空载转矩,用 T_0 表示。空载转矩 T_0 是一个制动性的转矩,其方向永远与转速 n 的方向相反。根据图 3-24 所示的各转矩的正方向,可以写出直流发电机稳态运行时的转矩关系式为

$$T_1 = T + T_0 \tag{3-30}$$

并励发电机或他励发电机的励磁电流为

$$I_f = U_f / R_f \tag{3-31}$$

式中:U_f 为励磁绕组的端电压(他励时为给定值,并励时 $U_f = U$);R_f 为励磁回路总电阻。

气隙每极磁通为

$$\Phi = f(I_f, I_a) \tag{3-32}$$

它由空载磁化特性和电枢反应而定。

式(3-27)至式(3-32)是分析直流发电机稳态运行的基本方程。

在上述的六个方程中,式(3-27)至式(3-31)使用较多,而式(3-32)由于磁路为非线性,一般用磁化特性曲线来代替。

3.6.2 直流发电机稳态运行时的功率关系

下面分析直流发电机稳态运行时的功率关系。把式(3-27)乘以电枢电流 I_a,得

$$E_a I_a = U I_a + I_a^2 R_a = P_2 + P_{Cua} \tag{3-33}$$

式中:$P_2 = U I_a$ 为直流发电机输给负载的电功率;$P_{Cua} = I_a^2 R_a$ 为电枢回路总的铜损耗,包括电枢回路所有串联绕组以及电刷与换向器表面的电损耗。

将式(3-30)乘以电枢机械角速度 Ω,得

$$T_1 \Omega = T\Omega + T_0 \Omega$$

即

$$P_1 = P_M + P_0 \tag{3-34}$$

式中:$P_1 = T_1 \Omega$ 为原动机输给直流发电机的机械功率;$P_M = T\Omega$ 为电磁功率;$P_0 = T_0 \Omega = P_m + P_{Fe}$ 为直流发电机空载损耗功率,其中 P_m 为直流发电机机械摩擦损耗,P_{Fe} 为铁损耗。

所谓铁损耗,是指电枢铁芯在磁场中旋转时,硅钢片中的磁滞与涡流损耗。这两种损耗与磁通密度的大小以及交变频率有关。当电机的励磁电流和转速不变时,铁损耗也几乎不变。

机械摩擦损耗包括轴承摩擦、电刷与换向器表面摩擦、电机旋转部分与空气的摩擦及风扇所消耗的功率。机械摩擦损耗与电机的转速有关。当转速固定时,它几乎也是常数。

从式(3-34)中可以看出,原动机输给直流发电机的机械功率 P_1 分成两部分:一部分供给空载损耗 P_0,一部分转变为电磁功率 P_M。或者说,在输给直流发电机的功率 P_1 中,扣除空载损耗 P_0 后,剩余部分都转变为电磁功率 P_M。值得注意的是,$P_M = T\Omega$ 虽然叫作电磁功率,但仍属于机械性质的功率。

下面分析这部分具有机械功率性质而叫作电磁功率的 $P_M = T\Omega$ 究竟传送到哪里。为了清楚起见,进行下面的推导

$$P_M = T\Omega = \frac{pz}{2a\pi}\Phi I_a \frac{2\pi n}{60} = \frac{pz}{60a}\Phi n I_a = E_a I_a \tag{3-35}$$

由上式可以看出,电动势 E_a 与电枢电流 I_a 的乘积显然是电功率,当然 $E_a I_a$ 也叫作电磁功率。电机在发电机状态运行时,具有机械功率性质而叫作电磁功率的 $T\Omega$ 转变为电功率

E_aI_a 后输出给负载。式(3-35)就是直流发电机中机械能转变为电能用功率表示的关系式。

综合以上功率关系,可得

$$P_1 = P_M + P_0 = P_2 + P_{Cua} + P_m + P_{Fe} \tag{3-36}$$

图 3-25 所示为他励直流发电机的功率流程。他励时,励磁功率 P_{Cuf} 应由其他直流电源供给;并励时,励磁功率 P_{Cuf} 应由发电机本身供给。励磁功率就是励磁损耗,它包括励磁绕组的铜损耗和励磁回路外串电阻的损耗。

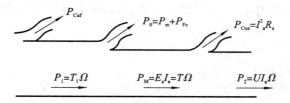

图 3-25 他励直流发电机的功率流程

总损耗为

$$\sum P = P_{Cuf} + P_m + P_{Fe} + P_{Cua} + P_s$$

式中,P_s 是前几项损耗中没有考虑到而实际又存在的杂散损耗,称为附加损耗。如果是他励直流发电机,总损耗 $\sum P$ 中不包括励磁损耗 P_{Cuf}。

附加损耗又叫杂散损耗。例如电枢反应把磁场扭歪,从而使铁损耗增大;电枢齿槽的影响造成磁场脉动,从而引起极靴及电枢铁芯的损耗增大等。此损耗一般不易计算,对于无补偿绕组的直流电机,按额定功率的 1% 估算;对于有补偿绕组的直流电机,按额定功率的 0.5% 估算。

直流发电机的效率为

$$\eta = \frac{P_2}{P_1} = 1 - \frac{\sum P}{P_2 + \sum P} \tag{3-37}$$

额定负载时,直流发电机的效率与电机的容量有关。10 kW 以下的小型电机,其效率约为 75%～85%;10～100 kW 的电机,其效率约为 85%～90%;100～1000 kW 的电机,其效率约为 88%～93%。

例 3-2　一台额定功率 $P_N = 20$ kW 的并励直流发电机,其额定电压 $U_N = 230$ V,额定转速 $n_N = 1500$ r/min,电枢回路总电阻 $R_a = 0.156$ Ω,励磁回路总电阻 $R_f = 73.3$ Ω。已知机械损耗和铁损耗 $P_m + P_{Fe} = 1$ kW,求额定负载情况下各绕组的铜损耗、电磁功率、总损耗、输入功率及效率。(计算时,令 $P_2 = P_N$,附加损耗 $P_s = 0.01P_N$)

解　额定电流为

$$I_N = \frac{P_N}{U_N} = \frac{20 \times 10^3}{230} \text{ A} = 86.96 \text{ A}$$

励磁电流为

$$I_f = \frac{U_N}{R_f} = \frac{230}{73.3} \text{ A} = 3.14 \text{ A}$$

电枢绕组的电流为

$$I_a = I_N + I_f = (86.96 + 3.14) \text{ A} = 90.1 \text{ A}$$

电枢回路的铜损耗为

$$P_{\mathrm{Cua}}=I_a^2 R_a=90.1^2\times0.156\ \mathrm{W}=1266\ \mathrm{W}$$

励磁回路的铜损耗为

$$P_{\mathrm{Cuf}}=I_f^2 R_f=3.14^2\times73.3\ \mathrm{W}=723\ \mathrm{W}$$

电磁功率为

$$P_{\mathrm{M}}=E_a I_a=P_2+P_{\mathrm{Cua}}+P_{\mathrm{Cuf}}=(20\ 000+1266+723)\ \mathrm{W}=21\ 989\ \mathrm{W}$$

总损耗为

$$\sum P=P_{\mathrm{Cua}}+P_{\mathrm{Cuf}}+P_{\mathrm{m}}+P_{\mathrm{Fe}}+P_{\mathrm{s}}=(1266+723+1000+0.01\times20\ 000)\ \mathrm{W}=3189\ \mathrm{W}$$

输入功率为

$$P_1=P_2+\sum P=(20\ 000+3189)\ \mathrm{W}=23\ 189\ \mathrm{W}$$

效率为

$$\eta=\frac{P_2}{P_1}=\frac{20\ 000}{23\ 189}=86.25\%$$

 ## 3.7　直流电动机的运行原理

从原理上讲，一台电机，无论是直流电机还是交流电机，都是在某一种条件下作为发电机运行，而在另一种条件下却作为电动机运行，并且这两种运行状态可以相互转换，这称为电机的可逆原理。

下面以他励直流电机为例来说明可逆原理。一台他励直流发电机在直流电网上并联运行，电网电压 U 保持不变，发电机各物理量的正方向仍为图 3-24 所示的发电机惯例。

根据前面的分析，发电机运行时，其功率关系和转矩关系分别为

$$P_1=P_{\mathrm{M}}+P_0$$
$$T_1=T+T_0$$

这时发电机把输入的机械功率转变为电功率输送给电网。

如果保持这台发电机的励磁电流不变，仅改变它的输入机械功率 P_1，例如让 $P_1=0$，也就是说转矩 T_1 为零了，在刚开始的瞬间，因整个机组有转动惯量 J，发电机的转速来不及变化，因此 E_a、I_a、T 都不能立即变化，这时作用在发电机转轴上的转矩仅剩下两个制动性的转矩 T 和 T_0 了，于是发电机的转速 n 就要减小。这时发电机的转矩关系为

$$-T-T_0=J\frac{\mathrm{d}\Omega}{\mathrm{d}t}$$

由上式可以看出，这时的 $\mathrm{d}\Omega/\mathrm{d}t$ 为负，即 $\mathrm{d}\Omega/\mathrm{d}t$ 的方向与电磁转矩 T 的方向一致，且与 Ω 的方向相反，所以发电机为减速状态，发电机的转速 n 要减小。从式(3-27)、式(3-30)和式(3-31)中可以看出，E_a、I_a 和 T 都要减小。当转速 n 减小到某一数值 n_0 时，$E_{a0}=C_E\Phi n_0=U$，根据式(3-27)可知，电枢电流 $I_a=0$，输出的电功率 $P_2=UI_a=0$。也就是说，发电机已不再向电网输出电功率，并且作用在电枢上的电磁转矩 T 也等于零。但是，由于发电机尚存在着空载转矩 T_0，发电机的转速 n 还要继续减小。当这台发电机的转速 n 下降到 $n<n_0$ 后，发电机的工作状况就要发生本质的变化，此时 $E_a<U$，由式(3-27)可知，电枢电流 I_a 为负值。负的电枢电流表示发电机由原来向直流电网输送电功率变为从直流电网吸收电功率，即 $UI_a<0$。当然，电枢电流 I_a 变为负值，电磁转矩 T 也就变为负值。从图 3-24 规定的正方向来看，负的电磁转矩 T 说明它的作用方向改变，从原来与转速 n 的方向相反变成方向相同，这时电磁转矩 T 不再是制动性转矩，而是拖动性转矩。当转速减小到某一数值时，产生

的电磁转矩 T 等于空载转矩 T_0，即 $|T|-T_0=0$，转速 n 就不再减小了，发电机维持恒速运行，这时 $\dfrac{\mathrm{d}\Omega}{\mathrm{d}t}=0$。输出的电功率 $P_2=UI_a<0$（表示发电机已从电网吸收电功率）以及电磁功率 $P_M=E_aI_a=T\Omega<0$（表示吸收的电功率转变为机械功率输出），说明这种状态的发电机已经不是发电机而是电动机了。如果在电机轴上另外带上机械负载，它的转矩大小为 T_1，方向与转速 n 的方向相反，则转速还会再减小一些，I_a、T 的绝对值就会进一步增大，使得轴上的转矩平衡，电机作为电动机恒速运转。显然，这时电机轴上输出机械功率。

　　同样，上述的物理过程还可以反过来，这就是直流电机的可逆原理。

3.7.1　他励直流电动机稳态运行时的基本方程

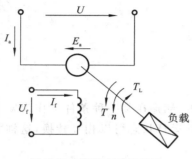

图 3-26　直流电动机惯例

由以上分析可知，直流电动机运行状态完全符合前面介绍过的发电机的基本方程，只是在电动机状态运行时，所得的电枢电流 I_a、电磁转矩 T、原动机输入功率 P_1、电机输出电功率 P_2 及电磁功率 P_M 等都是负值，这样计算时很不方便。为了方便起见，当电机作为直流电动机运行时，对其各物理量的正方向重新规定，即由发电机惯例改成电动机惯例。发电机惯例中轴上输入的机械转矩 T_1 改用 T_2，T_2 为轴上输出的转矩。电动机空载转矩 T_0，与轴上输出转矩 T_2 加在一起为负载转矩 T_L。他励直流电动机各物理量采用电动机惯例时的正方向如图 3-26 所示。在这种正方向下，如果 UI_a 为正，则是向电动机送入电功率；T 和 n 都为正，电磁转矩就是拖动性转矩；输出转矩 T_2 为正，电动机轴上带的是制动性的阻转矩。这些显然不同于发电机惯例。

　　在采用电动机惯例的前提下，他励直流电动机稳态运行时，其基本方程为

$$E_a=C_E\Phi n$$
$$U=E_a+I_aR_a \tag{3-38}$$
$$T=C_T\Phi I_a$$
$$T=T_2+T_0=T_L \tag{3-39}$$
$$I_f=\frac{U_f}{R_f}$$
$$\Phi=f(I_f,I_s)$$

　　在以上六个方程中，前四个最为重要，它们是分析他励直流电动机各种特性的依据。在分析他励直流电动机稳态运行时，负载转矩 T_L 是已知量，当电机的参数确定后，稳态运行时各物理量的大小及方向都取决于负载，负载变化，各物理量随之变化，具体分析如下。他励直流电动机稳态运行时，电磁转矩一定与负载转矩大小相等、方向相反，即 $T=T_L$。由于 T_L 已知，因此 T 也可确定。在每极磁通 Φ 为常数的前提下，由 $T=C_T\Phi I_a$ 可知，电枢电流 I_a 的大小取决于负载转矩。$I_s=\dfrac{T_L}{C_T\Phi}$，I_s 称为负载电流。I_a 由电源供给，电压 U、电枢回路电阻 R_a 是确定的，则电枢电动势 $E_a=U-I_aR_a$ 也就确定了。由于 $E_a=C_E\Phi n$，因此电机转速 n 也就确定了。也就是说，负载确定后，电动机的电枢电流及转速等相应地全为定值。

　　需要特别提醒的是，无论采用哪一种正方向惯例，都不影响对电机运行状态的分析。采

用发电机惯例时,电机可能运行在发电机状态,也可能运行在电动机状态或其他状态。电机的运行状态取决于负载的性质及电机的参数(电压、励磁电流或每极磁通、电枢回路串接电阻等)。当然,采用电动机惯例时也是这样。

分析电力拖动系统的运行状态及功率关系时,都采用电动机惯例,式(2-1)就是依此惯例列写的转动方程。

3.7.2 他励直流电动机稳态运行时的功率关系

将式(3-38)等号两边都乘以 I_a,得到

$$UI_a = E_a I_a + I_a^2 R_a$$

即

$$P_1 = P_M + P_{Cua}$$

式中,$P_1 = UI_a$ 为电源输入的电功率,$P_M = E_a I_a$ 为电磁功率(指电功率向机械功率转换),P_{Cua} 为电枢回路总的铜损耗。

把式(3-39)等号两边都乘以机械角速度 Ω,得

$$T\Omega = T_2\Omega + T_0\Omega$$

即

$$P_M = P_2 + P_0$$

式中:$P_M = T\Omega$ 为电磁功率;$P_2 = T_2\Omega$ 为转轴上输出的机械功率;$P_0 = T_0\Omega$ 为空载损耗,包括机械摩擦损耗 P_m 和铁损耗 P_{Fe}。

他励直流电动机稳态运行时的功率关系如图 3-27 所示。图中,P_{Cuf} 为励磁损耗,如为并励直流电动机,应由同一电源供给。

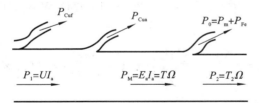

图 3-27 他励直流电动机的功率流程

他励直流电动机的总损耗为

$$\sum P = P_{Cua} + P_0 + P_s = P_{Cua} + P_{Fe} + P_m + P_s$$

如为并励直流电动机,总损耗 $\sum P$ 中还应包括励磁损耗 P_{Cuf}。

他励直流电动机的效率为

$$\eta = 1 - \frac{\sum P}{P_2 + \sum P}$$

式中,P_2 为电动机转轴上的输出功率。

例 3-3 一台四极他励直流电机,电枢采用单波绕组,电枢总导体数 $z = 372$,电枢回路总电阻 $R_a = 0.208\ \Omega$,当此电机在电源电压 $U = 220\ V$ 的条件下运行时,电机的转速 $n = 1500\ r/min$,气隙每极磁通 $\Phi = 0.011\ Wb$,此时电机的铁损耗 $P_{Fe} = 362\ W$,机械摩擦损耗 $P_m = 204\ W$(忽略附加损耗)。试问:

(1)该电机运行在发电机状态还是电动机状态？

(2)电磁转矩是多少？

(3)输入功率和效率各是多少？

解 (1)计算电枢电动势 E_a。已知单波绕组的并联支路对数 $a=1$，所以

$$E_a = \frac{pz}{60a}\Phi n = \frac{2\times372}{60\times1}\times0.011\times1500 \text{ V} = 204.6 \text{ V}$$

按图 3-24 所示的直流发电机惯例，电枢回路方程为

$$E_a = U + I_a R_a$$

于是有

$$I_a = \frac{E_a - U}{R_a} = \frac{204.6 - 220}{0.208} \text{ A} = -74 \text{ A}$$

根据直流发电机惯例，因为 $UI_a<0$，$E_aI_a<0$，所以电机运行在电动机状态。
下面改用直流电动机惯例进行计算。

(2)电磁转矩为

$$T = \frac{P_M}{\Omega} = \frac{E_a I_a}{\frac{2\pi n}{60}} = \frac{204.6\times74}{\frac{2\pi\times1500}{60}} \text{ N·m} = 96.39 \text{ N·m}$$

(3)输入功率为

$$P_1 = UI_a = 220\times74 \text{ W} = 16\,280 \text{ W}$$

输出功率为

$$P_2 = P_M - P_{Fe} - P_m = (204.6\times74 - 362 - 204) \text{ W} = 14\,574 \text{ W}$$

总损耗为

$$\sum P = P_1 - P_2 = (16\,280 - 14\,574) \text{ W} = 1706 \text{ W}$$

效率为

$$\eta = 1 - \frac{\sum P}{P_2 + \sum P} = 1 - \frac{1706}{16\,280} = 89.5\%$$

例 3-4 一台并励直流电动机，已知 $P_N=96$ kW，$U_N=440$ V，$I_N=255$ A，$I_{fN}=5$ A，$n_N=500$ r/min，电枢回路总电阻 $R_a=0.078$ Ω，忽略电枢反应的影响，试求：

(1)额定输出转矩；

(2)额定电流时的电磁转矩。

解 (1)计算额定输出转矩。

$$T_{2N} = \frac{P_N}{\Omega} = 9.55\frac{P_N}{n_N} = 9.55\times\frac{96\times10^3}{500} \text{ N·m} = 1833.6 \text{ N·m}$$

(2)计算额定电流时的电磁转矩。

$$I_a = I_N - I_{fN} = (255-5) \text{ A} = 250 \text{ A}$$

$$E_{aN} = U_N - I_a R_a = (440 - 250\times0.078) \text{ V} = 420.5 \text{ V}$$

$$P_M = E_a I_a = 420.5\times250 \text{ W} = 105\,125 \text{ W}$$

$$T = \frac{P_M}{\Omega} = \frac{P_M}{\frac{2\pi n_N}{60}} = \frac{105\,125}{\frac{2\pi\times500}{60}} \text{ N·m} = 2008 \text{ N·m}$$

3.7.3 直流电动机的工作特性

1. 转速特性

当 $U=U_N$，$I_f=I_{fN}$ 时，$n=f(I_a)$ 的关系就称为转速特性。额定励磁电流 I_{fN} 的定义是：当电动机电枢两端加额定电压 U_N，拖动额定负载，即 $I_a=I_{aN}$，转速也为额定值 n_N 时的励磁电流。

把式(3-28)代入式(3-38)，整理后得

$$n=\frac{U_N}{C_E\Phi_N}-\frac{R_a}{C_E\Phi_N}I_a \tag{3-40}$$

这就是他励直流电动机的转速特性公式。

如果忽略电枢反应的影响，当 I_a 增加时，转速 n 要减小。不过，因 R_a 较小，转速 n 减小得不多，如图 3-28 所示。如果考虑电枢反应有去磁效应，转速有可能要增加，设计电机时要注意这个问题，因为转速 n 要随着电流 I_a 的增加而略微减小，电机才能稳定运行。

2. 转矩特性

当 $U=U_N$，$I_f=I_{fN}$ 时，$T=f(I_a)$ 的关系叫作转矩特性。

当气隙每极磁通为额定值时，电磁转矩 T 与电枢电流 I_a 成正比。如果考虑电枢反应有去磁效应，则随着 I_a 的增大，电磁转矩 T 要略微减小，如图 3-28 所示。

3. 效率特性

当 $U=U_N$，$I_f=I_{fN}$ 时，$\eta=f(I_a)$ 的关系叫作效率特性。

总损耗 $\sum P$ 中，空载损耗 $P_0=P_{Fe}+P_m$ 不随负载电流的变化而变化，电枢回路总的铜损耗 P_{Cua} 随 I_a^2 成正比变化，所以 $\eta=f(I_a)$ 的曲线如图 3-28 所示。负载

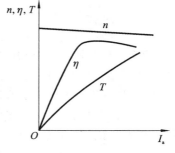

图 3-28 他励直流电动机的工作特性

电流从零开始增大时，效率 η 逐渐增大；当 I_a 增大到一定程度后，效率 η 又逐渐减小。直流电动机的效率约为 $0.75\sim0.94$。容量大的直流电动机的效率高。

3.8 直流发电机的运行特性

3.8.1 他励直流发电机的运行特性

从前面的分析可知，直流发电机的稳态运行主要取决于：①电机的端电压；②励磁电流；③负载电流；④电机的转速。电机运行特性中，比较重要的有空载特性和外特性等。通常可用特性曲线来表示，即用一定的方法，设某几个参数保持不变，用曲线来表示电机某两个参数之间的关系。这样的曲线称为电机的特性曲线。

1. 空载特性

直流发电机的空载特性可用其空载特性曲线来表示。空载特性曲线是指当电机转速为

常数,电流 $I_a = 0$ 时,发电机端电压 U_0 与励磁电流 I_f 的关系曲线 $U = f(I_f)$。

空载特性曲线可以用实验的方法求得。图 3-29 所示是他励直流发电机的接线图。

实验中,将发电机的转速 n 保持为额定转速不变,调节 R_{pf},使励磁电流变化。这时发电机端电压随 I_f 变化,如图 3-30 所示。从实验中可以发现,当励磁电流 I_f 达到额定值时,虽然 I_f 变化较大,但端电压变化减小,说明磁路已进入饱和区。当 $I_f = 0$(励磁回路断开时),电枢绕组两端有一个数值不大的电压,约为额定电压的 $2\% \sim 4\%$,称为剩磁电压,它是电枢绕组切割磁场的剩磁磁通而产生的。两条曲线不重合是因为磁路的铁磁物质中有磁滞,一般在计算时,以上升分支和下降分支间的一条平均曲线作为空载特性曲线(图中的虚线)。在应用空载特性曲线时,常将纵坐标左移一段距离,如图 3-30 中的虚线纵坐标,使平均曲线的坐标相交在 O' 点,这样做更方便些。

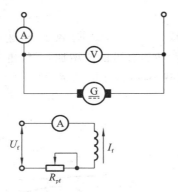

图 3-29 他励直流发电机的接线图

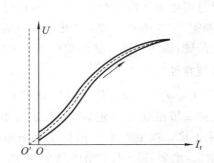

图 3-30 他励直流发电机的空载特性曲线

发电机空载时,电枢电流为零,此时的端电压用 U_0 表示,它等于电枢电动势 E_a。所以空载特性也是电枢空载电动势和励磁电流之间的关系,即 $E_{a0} = f(I_f)$。因 $E_{a0} = C_E \Phi n$,当 n 为常数时,电枢电动势 E_{a0} 与气隙磁通 Φ 成正比,而励磁磁动势 E_f 与励磁电流 I_f 成正比。因此,直流发电机的空载特性曲线 $E_{a0} = f(I_f)$ 和直流发电机的空载磁化曲线 $\Phi = f(E_f)$ 的形状相似。

空载特性曲线的起始部分,因励磁电流不大,磁路磁通未饱和,因此 E_{a0} 与 I_f 近似为线性关系。随着励磁电流的增加,磁路磁通逐渐饱和,这时磁通 Φ 或电枢电动势 E_{a0} 随励磁电流 I_f 的变化而越来越小,所以发电机额定工作时,电枢电动势应位于空载特性曲线的浅饱和区。如果在空载特性曲线的起始线性区,当磁动势有一个很小的变化(通常是由电枢反应引起的)时,就会引起电枢电动势和端电压产生较大的变化,这对于一般要求在恒定电压下工作的负载来说是不合适的;而如果在曲线的深饱和区,将需要很大的励磁电流来提供深饱和磁动势,电机绕组的用料将增加,成本将提高,显然这也是不可取的。

空载特性曲线在鉴定发电机的性能方面有着重要意义。它可以在设计电机时根据磁路的磁化特性由计算方法求出。如果改变转速 n,空载特性曲线将随 n 成正比变化。

2. 外特性

直流发电机的外特性,是指在转速、励磁电流不变时,端电压与负载电流之间的关系,即当 $n = $ 常数,$I_f = $ 常数时,$U = f(I_a)$ 的关系。

外特性曲线同样可用实验的方法求得。先让发电机以额定转速旋转,调节励磁电阻 R_{pf},并使发电机带上负载;当 $I_a = I_{aN}$ 时,$U = U_N$,$I_f = I_{fN}$,保持 $I_f = I_{fN}$,$n = n_N$ 不变,调节 I_a 的大小,就可得到图 3-31 所示的直流发电机的外特性曲线。

从图 3-31 中可以看到:当负载电流减小时,端电压升高;当负载电流增大时,端电压降低;当去掉负载($I_a = 0$)时,端电压为空载电压 $U = U_0$。

外特性曲线说明,随着发电机负载的增加,其端电压要降低,降低的原因一般有两个。①发电机电枢反应的去磁效应。发电机接负载后引起的电枢反应是去磁效应,它使气隙磁通减少,引起电枢电动势($E_a = C_E \Phi n$)降低,负载电流增大,去磁效应增强。②电枢回路的电阻压降(包括电刷压降)。发电机接负载后,端电压 U 总是小于电枢电动势 E_a。不过,他励直流发电机随着 I_a 从零增加到 I_N,其端电压降低得不是很多。工程上称这种变化不大的特

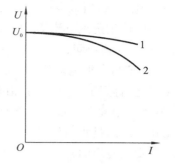

图 3-31　直流发电机的外特性曲线

1—他励;2—并励

性为硬特性。外特性曲线的软硬通常用电压变化率表示。按国家技术标准规定,当 $I_f = I_{fN}$,$n = n_N$ 保持不变时,他励直流发电机的负载从额定值过渡到零,其端电压 U_N 升高到 U_0 时,端电压的变化率为

$$\Delta U = \frac{U_0 - U_N}{U_N} \times 100\% \tag{3-41}$$

一般他励直流发电机的 ΔU 约为 $5\% \sim 10\%$。

3.8.2　并励直流发电机

图 3-32 所示是并励直流发电机的接线图。它的励磁绕组与电枢绕组并联,励磁电流取自发电机本身,所以该发电机又称为自励发电机。

1. 并励直流发电机的自励条件

图 3-33 中的曲线 1 是并励直流发电机的空载特性曲线,即 $E_0 = f(I_f)$;曲线 2 是励磁回路的伏安特性关系,即 $U = f(I_f)$。由于负载电流 $I = 0$,电枢电流 $I_a = I_f$,此值较小,因此可以认为 $U \approx E_0$。

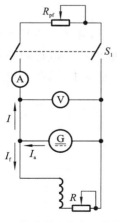

图 3-32　并励直流发电机的接线图

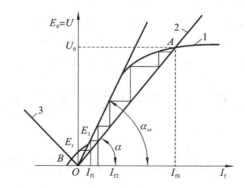

图 3-33　并励直流发电机电压建立过程

1—空载特性;2,3—励磁回路的伏安特性

并励直流发电机电压建立过程为:当原动机拖动发电机以额定转速 n_N 旋转时,因为主

磁极有剩磁 Φ_r，所以电枢绕组切割此剩磁磁通而产生电枢电动势 E_r；此电枢电动势 E_r 在励磁回路中产生励磁电流 I_{f1}，如果极性正确，I_{f1} 在磁路里产生的磁通将同剩磁磁通 Φ_r 的方向一致，这样主磁路里的总磁通将增加为 $\Phi_1(\Phi_1>\Phi_r)$，于是电枢绕组切割 Φ_1 产生电枢电动势 $E_1(E_1>E_r)$，电枢电动势 E_1 又产生励磁电流 $I_{f2}(I_{f2}>I_{f1})$；如此不断，当 Φ 趋于饱和时，E 也趋于稳定，直到工作点 A 时，由 U_0 产生的励磁电流为 I_{f1}，而 I_{f0} 也是产生 U_0 所需的励磁电流，因此 A 点是一个稳定工作点。整个过程如图 3-33 所示。并励直流发电机的这种自己建立工作电压的过程叫作自励。

如励磁绕组的接法与上述情况相反，使 E_r 产生的励磁电流所建立的磁通方向与剩磁磁通的方向相反，那么不但不能增加发电机磁路里的磁通，相反会削弱剩磁磁通，所以发电机不能自励。

图 3-33 中曲线 2 的斜率为

$$\tan\alpha=\frac{U_0}{I_{f0}}=\frac{I_{f0}(r_f+R)}{I_{f0}}=r_f+R$$

式中，r_f 为励磁绕组的电阻（Ω），R 为励磁回路串接的电阻（Ω）。

当 R 增大时，α 角增大。从图 3-33 中可以看出，当 α 大于 α_{cr} 时，不能建立发电机电压。我们把对应 α_{cr} 的励磁回路的总电阻称作临界电阻，用 R_{cr} 表示，即

$$R_{cr}=\tan\alpha_{cr}$$

综上所述，并励直流发电机的自励条件有 3 个。

(1)发电机必须有剩磁。如发电机失去剩磁或剩磁太弱，可用外部直流电源给励磁绕组通入电流，即"充磁"。

(2)励磁绕组的接线与电枢旋转方向必须正确配合，以使励磁电流产生的磁通方向与剩磁磁通的方向一致。

(3)励磁回路的总电阻应小于与发电机转速相对应的临界电阻。

2.并励直流发电机的运行特性

1)空载特性

并励直流发电机的空载特性曲线，一般指用他励方法试验得出的 $E_0=f(I_f)$ 曲线。

2)外特性

并励直流发电机的外特性曲线如图 3-31 中的曲线 2 所示。可见，并励时电压变化率较他励时大得多。原因是在并励直流发电机中，除了电枢反应的去磁效应和电枢回路中电阻的压降外，由于其励磁电流将随着端电压的降低而减小，进而使磁通减小，因此端电压就减小得更多一些。并励直流发电机的电压变化率一般在 30% 左右。

3.9 串励和复励直流电动机

3.9.1 串励直流电动机的机械特性

把励磁绕组串联在电枢回路中的直流电动机就是串励直流电动机，其各物理量的正方向仍用直流电动机惯例。串励直流电动机的接线图如图 3-34 所示。可见，电枢电流 I_a 就是励磁电流 I_f，即

$$I_a = I_f$$

如果电动机的磁路没有饱和,励磁电流 I_f 与气隙每极磁通 Φ 成线性关系,即

$$\Phi = K_f I_f = K_f I_a$$

式中,K_f 是比例常数。

由于电动机负载时电枢电流 I_a 是变化的,所以磁通 Φ 随负载电流的变化而变化。

考虑上述关系,电动机的转速可表示为

$$n = \frac{U - I_a R_a{}'}{C_E \Phi} = \frac{U}{C_E{}' I_a} - \frac{R_a{}'}{C_E{}'} \tag{3-42}$$

式中:$C_E{}' = C_E K_f$;$R_a{}'$ 是串励直流电动机电枢回路的总电阻,包括外串电阻 R 和串励绕组的电阻 R_f,即

$$R_a{}' = R_a + R_f + R$$

电磁转矩为

$$T = C_T \Phi I_a = C_T{}' I_f I_a = C_T{}' I_a^2 \tag{3-43}$$

其中

$$C_T{}' = C_T K_f$$

把式(3-43)代入式(3-42),得

$$n = \frac{\sqrt{C_T{}'}}{C_E{}'} \frac{U}{\sqrt{T}} - \frac{R_a{}'}{C_E{}'} \tag{3-44}$$

式(3-44)是串励直流电动机的机械特性方程,用曲线表示时,如图 3-35 中的曲线 3 所示。

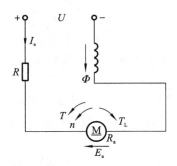

图 3-34　串励直流电动机的接线图

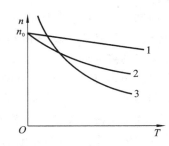

图 3-35　他励、串励和复励直流电动机的机械特性
1—他励;2—复励;3—串励

式(3-44)是在假设电动机的磁路为线性的条件下导出的,从式中可以看出,串励直流电动机的转速 n 大致上与 $\sqrt{T}$ 成反比。电磁转矩 T 增大,转速 n 迅速下降,机械特性成非线性关系,且特性很软。若电流太大,则电动机的磁路饱和,磁通 Φ 更接近常数,式(3-44)就不成立了,在这种情况下,串励直流电动机的机械特性是接近于他励直流电动机的,即机械特性开始变硬。

综上所述,串励直流电动机的机械特性有如下特点。

(1)串励直流电动机的机械特性是一种非线性的软特性。

(2)当电磁转矩很小时,转速 n 很大(理想情况下,当 $T = 0$ 时,$n_0 = \dfrac{\sqrt{C_T{}'} U}{C_E{}' \sqrt{T}} = \infty$;实际运行时,当电枢电流 I_a 为零时,电动机尚有剩磁,理想空载转速不会为无穷大,但还是非常大),所以串励直流电动机不允许空载运行。

(3) 电磁转矩 T 与电枢电流 I_a 的平方成正比，因此串励直流电动机的启动转矩大，过载倍数强。

3.9.2 复励直流电动机的机械特性

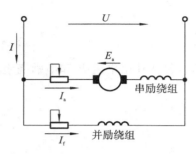

图 3-36 复励直流电动机的接线图

图 3-36 所示是复励直流电动机的接线图。如果并励与串励两个励磁绕组的极性相同，则叫积复励；如果极性相反，则叫差复励。差复励直流电动机很少使用，多数使用积复励直流电动机。

积复励直流电动机的机械特性介于他励直流电动机与串励直流电动机的机械特性之间。积复励直流电动机具有串励直流电动机的启动转矩大、过载倍数强的优点，而没有空载转速很高的缺点。它的机械特性曲线如图 3-35 中的曲线 2 所示。这种电动机的用途很广泛，例如无轨电车就是用积复励直流电动机拖动的。

3.10 直流电机的换向

由前面的分析可以知道，直流电机每个支路里所含元件的总数都相等。但是，就某一个元件来说，它却一会儿在这个支路里，一会儿又在另一个支路里。而且，某元件从一个支路换到另一个支路时，必定要经过电刷。另外，当电机带负载时，电枢中同一支路里各元件的电流大小与方向都相同，相邻支路里各元件的电流大小虽然一样，但方向却是相反的。可见，某一元件经过电刷，从一个支路换到另一个支路时，元件里的电流必然变换方向。这就是所谓的直流电机的换向问题。

换向问题很复杂，换向不良会在电刷与换向片之间产生火花。当火花大到一定程度时，有可能损坏电刷和换向器表面，使电机不能正常工作。但直流电机运行时，并不是一点火花也不允许出现。详细情况参阅我国有关技术标准的规定。

产生火花的原因是多方面的，除电磁原因外，还有机械原因。由于换向过程中还存在着电化学、电热等因素，所以换向问题相当复杂，至今尚无完整的理论分析。尽管如此，对于近代生产的直流电机，换向问题可以说已经解决了。

就电磁方面来看，在换向过程中，电流的变化会使换向元件本身产生自感电动势，阻碍换向的进行。如果电刷宽度大于换向片宽度，同时换向的元件不止一个，它们彼此之间会有互感电动势产生，也起着阻碍换向的作用。另外，电枢反应磁通势的存在，使得位于几何中心线上的换向元件的导体中产生切割电动势，切割电动势也起着阻碍换向的作用。因此，换向元件出现延迟换向的现象，造成换向元件在离开一个支路的最后瞬间尚有较大的能量，电刷下就会产生火花。

产生火花的原因除了电磁原因外，还有换向器偏心、换向片绝缘突出、电刷与换向器接触不好等机械因素，以及换向器表面氧化膜被破坏等化学因素。

从产生火花的电磁原因出发，减小换向元件的自感电动势、互感电动势和切割电动势，就可以有效地改善换向问题。目前最有效的办法是装换向极，如图 3-37 中的 N_i、S_i 所示。

换向极装在主磁极之间，换向极绕组产生的磁通势方向与电枢反应磁通势的方向相反，其大小比电枢反应磁通势的大。这样,换向极磁通势可以抵消电枢反应磁通势,剩余的磁通势在换向元件里产生感应电动势,这个电动势抵消换向元件的自感电动势和互感电动势,这样就可以消除电刷下的火花,从而改善换向问题。容量为 1 kW 以上的直流电机都装有换向极。

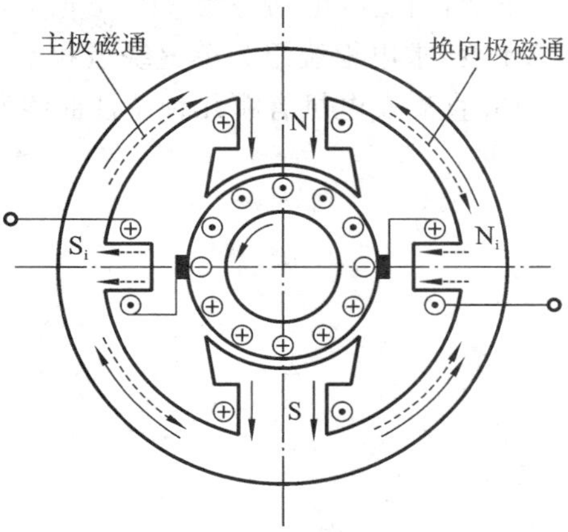

图 3-37　换向极电路与极性

换向极极性的确定原则是:换向极绕组产生的磁通势方向与电枢反应磁通势的方向相反。为此,将换向极绕组与电枢绕组串联,使其流过同一个电枢电流。图 3-37 所示为一台发电机的换向极电路与极性。上述原则同样适用于电动机。

应用上面的结论,直流发电机顺着电枢旋转方向看,换向极极性应和下面的主磁极极性一致。对于直流电动机,换向极极性应和下面的主磁极极性相反。一台直流电机按照直流发电机确定换向极绕组的极性后,运行于直流电动机状态时,不必做任何改动,这是因为电枢电流和换向极电流同为一个电流。

思考题与练习题

1. 直流电机铭牌上的额定功率是指什么功率?

2. 他励直流电动机的电磁功率指的是什么?

3. 不计电枢反应,他励直流电动机的机械特性为什么是下垂的? 如果电枢反应的去磁作用很明显,对机械特性有什么影响?

4. 他励直流电动机运行在额定状态时,如果负载为恒转矩负载,减小磁通,则电枢电流是增大、减小还是不变?

5. 如何解释他励直流电动机的机械特性硬、串励直流电动机的机械特性软?

6. 一台直流电动机运行在电动机状态时换向极能改善换向问题,运行在发电机状态后还能改善换向问题吗?

7. 什么叫电枢反应? 电枢反应的性质如何?

8. 何谓交轴电枢反应? 它对直流电机的气隙磁场有什么影响?

9. 一台直流发电机的额定数据为:额定功率 $P_N = 10$ kW,额定电压 $U_N = 230$ V,额定转速 $n_N = 2850$ r/min,额定效率 $\eta_N = 0.85$。求该直流发电机的额定电流及额定负载时的输入功率。

10. 一台直流电动机的额定数据为:额定功率 $P_N = 17$ kW,额定电压 $U_N = 220$ V,额定转速 $n_N = 2850$ r/min,额定效率 $\eta_N = 0.83$。求该直流发电机的额定电流及额定负载时的输入功率。

11. 一台直流电机的磁极对数 $p = 3$,单叠绕组,电枢绕组总导体数 $N = 398$,气隙每极磁通 $\Phi = 3.5 \times 10^2$ Wb,当转速分别为 $n = 1500$ r/min 及 $n = 500$ r/min 时,求电枢绕组的感应电动势。

12. 一台四极直流发电机,电枢绕组为单叠整距绕组,每极磁通为 3.5×10^2 Wb,电枢绕组总导体数 $N = 152$,求当转速 $n = 1200$ r/min 时的空载电动势 E_a。若改为单波绕组,其他条件不变,当空载电动势为 210 V 时,发电机的转速应为多少? 若保持每条支路的电流为 50 A不变,求电枢绕组为单叠绕组和单波绕组时,发电机的电磁转矩各为多少。

13.直流发电机有哪几种特性曲线? 其定义和意义各是什么?

第4章 他励直流电动机的运行

直流电动机的启动、制动的动态性能好,可以在很多快速调速的场合应用。尽管目前交流拖动技术发展很快,但直流电动机的电力拖动仍然占有重要位置;同时,直流电动机的电力拖动技术也是其他电力拖动系统的基础。在直流电力拖动系统中,有他励、串励和复励三种直流电动机,其中应用最多的是他励直流电动机。因此,本章重点介绍由他励直流电动机组成的直流电力拖动系统。

4.1 他励直流电动机的机械特性

直流电动机的机械特性是直流拖动理论的基础,下面以他励直流电动机为例进行讨论。

4.1.1 机械特性的一般形式

他励直流电动机的接线图如图4-1所示。电动机的电磁转矩与转速之间的关系曲线便是电动机的机械特性,即 $n = f(T_e)$。为了推导机械特性的一般形式,在电枢回路中串入外接电阻 R。由转矩特性和转速特性可推导出机械特性的一般表达式为

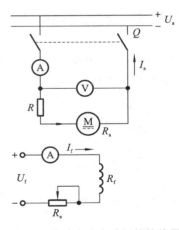

$$n = \frac{U_a - I_a(R_a + R)}{C_E\Phi} = \frac{U_a}{C_E\Phi} - \frac{R_a + RT_e}{C_E\Phi C_T\Phi}$$

$$= \frac{U_a}{C_E\Phi} - \frac{R_a + R}{C_E C_T\Phi^2}T_e = n_0 - \beta T_e \tag{4-1}$$

式中:n_0 为直流电动机的理想空载转速,$n_0 = \dfrac{U_a}{C_E\Phi}$;$\beta$ 为直流

电动机机械特性的斜率,$\beta = \dfrac{R_a + R}{C_E C_T\Phi^2}$。

图 4-1 他励直流电动机的接线图

4.1.2 固有机械特性

直流电动机在电枢电压、励磁电压均为额定值,电枢外串电阻为零时所得到的机械特性称为固有机械特性。他励直流电动机的固有机械特性曲线如图4-2所示,曲线满足下式

$$n = \frac{U_N}{C_E\Phi_N} - \frac{R_a}{C_E C_T\Phi_N^2}T_e \tag{4-2}$$

通过对他励直流电动机的机械特性方程的分析,可以看出其固有机械特性的主要特点为:

(1)$T_e = 0$ 时,$n = n_0 = \dfrac{U_N}{C_E\Phi_N}$ 是理想空载转速,这时 $I_a = 0$,$U_N = E_a$。

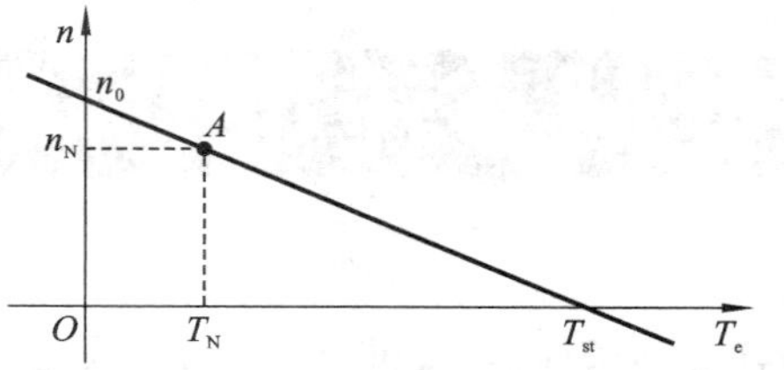

图 4-2   他励直流电动机的固有机械特性曲线

（2）机械特性呈下倾的直线，转速随转矩的增大而减小。因为下倾直线的斜率 β 较小，转速变化较小，所以又称固有机械特性为硬特性。

（3）电动机启动时，$n=0$，感应电动势 $E_a=C_E\Phi_N n=0$，这时电枢电流为启动电流，即 $I_a=U_N/R_a=I_{st}$，电磁转矩为启动转矩，$T_e=C_T\Phi_N I_a=T_{st}=C_T\Phi_N I_{st}$；又因为电枢电阻 R_a 很小，在额定电压的作用下，启动电流将非常大，远远超过电动机允许的最大电流，这样会烧坏换向器，因此直流电动机一般不允许全电压直接启动。

（4）若转矩 $T_e>T_{st}$，$n<0$，他励直流电动机的固有机械特性曲线在第四象限；若 $T_e<0$，$n>0$，则他励直流电动机的固有机械特性曲线在第二象限，电磁转矩的方向与转速的方向相反，形成制动转矩，电动机处于发电状态。

4.1.3　人为机械特性

由式（4-1）可知，当改变电动机的电枢电压 U_a、励磁电流 I_f、电枢外接电阻 R，即可改变电动机的机械特性，这种人为改变参数引起的机械特性称为人为机械特性。

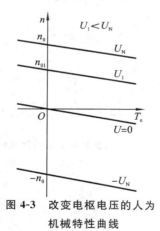

图 4-3   改变电枢电压的人为机械特性曲线

1. 改变电枢电压

当电动机的励磁电流为额定值，每条磁通为 Φ_N 并保持不变，电枢回路不外接电阻时，改变电动机的电枢电压 U_a，可得到一条与固有机械特性曲线平行的人为机械特性曲线。通过不断改变 U_a，可得到一组平行曲线，如图 4-3 所示，这组曲线的硬度均相同，仅仅是理想空载转速的大小不同。

2. 减小每极气隙磁通

当减小励磁电压或在励磁回路中串接电阻 R_e，使励磁电流 I_f 减小时，由于磁通与励磁电流在额定磁通以下时基本成正比，所以主极磁通就减小了。根据机械特性公式可知

$$n_0 \propto \frac{1}{\Phi}, \quad \beta \propto \frac{1}{\Phi^2}$$

当磁通减小后，理想空载转速 n_0 增大，斜率 β 增大，机械特性曲线的倾斜度增大，电动机的转速较原来有所提高，整个机械特性曲线均在固有机械特性曲线之上，如图 4-4 所示。

3. 电枢回路串接电阻

当保持电枢电压 U_a、励磁电流 I_f 不变时，改变电枢回路中的串接电阻 R，电动机的理想空载转速 n_0 不变，但机械特性曲线的斜率 β 增大，机械特性曲线的倾斜度增加，且串入的电阻越大，曲线越倾斜，如图 4-5 所示。

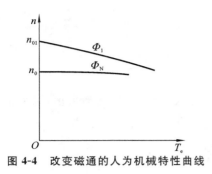

图 4-4　改变磁通的人为机械特性曲线

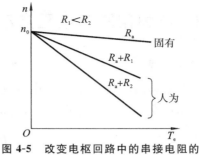

图 4-5　改变电枢回路中的串接电阻的
人为机械特性曲线

并励直流电动机的机械特性与他励直流电动机的机械特性类似,此处不再重复。

 ## *4.2*　他励直流电动机的启动

电动机的启动是指电动机接通电源后,由静止状态加速到稳定运行状态的过程。电动机在启动瞬间($n=0$)的电磁转矩称为启动转矩,用 T_{st} 表示;启动瞬间的电枢电流称为启动电流,用 I_{st} 表示。

对直流电动机的启动,一般有如下要求。

(1)有足够大的启动转矩。

(2)启动电流要小。

(3)启动设备要简单、可靠、经济。

直流电动机的启动方式有三种:直接启动、电枢回路串电阻启动、降压启动。无论采用哪种启动方法,启动时都应保证电动机的磁通达到最大值。由 $T_{st}=C_T\Phi I_{st}$ 可知,在同样的启动电流下,Φ 越大,则 T_{st} 越大;而在同样的启动转矩下,Φ 越大,则 I_{st} 越小。

4.2.1　直接启动

直接将额定电压加至电枢两端的启动方式,称为直接启动。启动初始时,$n=0$,电枢电动势 $E_a=C_E\Phi n=0$,此时电动机的启动电流为

$$I_{st}=\frac{U_N-E_a}{R_a}=\frac{U_N}{R_a} \tag{4-3}$$

由于电动机的电枢电阻 R_a 很小,若在额定电压下直接启动,则 I_{st} 会很大,可达到额定电流的 $10\sim20$ 倍。过大的启动电流会引起电网电压的波动,影响同一电网上其他电气设备的正常运行;会使电动机换向困难,换向器表面产生强烈的环火;从启动转矩方面看,过大的启动电流还会使启动转矩过大,造成机械冲击,易使设备受损。因此,除了微型直流电动机的电枢电阻 R_a 相对较大,电动机可以直接启动外,一般直流电动机是不允许直接启动的。

为了限制启动电流,他励直流电动机通常采用电枢回路串电阻启动或降低电枢电压启动的方法。

4.2.2 电枢回路串电阻启动

1.启动过程

电动机启动前,励磁回路调节电阻应调为零,使励磁电流 I_f 达到最大值,以保证磁通 Φ 最大。电枢回路串接启动电阻 R_{st},电动机加上额定电压,这时启动电流为

$$I_{st}=\frac{U_N}{R_a+R_{st}} \tag{4-4}$$

式中,R_{st} 值应使 I_{st} 不大于允许值,对于普通直流电动机,可取 $I_{st}\leqslant(1.5\sim2)I_N$。

在启动电流产生的启动转矩的作用下,电动机开始转动并逐渐加速。随着转速 n 的增大,电枢电动势($E_a=C_E\Phi n$)逐渐增大,使电枢电流 $\left(I_a=\dfrac{U_N-E_a}{R_a+R_{st}}\right)$ 逐渐减小,电磁转矩($T_{em}=C_T\Phi I_a$)也随之减小,这样转速的上升就逐渐缓慢下来。为了缩短启动时间,保证电动机在启动过程中的加速度不变,就要求在启动过程中电枢电流维持不变。因此,随着电动机转速的增大,应将启动电阻平滑地切除,最后使电动机转速达到运行值。

一般在电枢回路中串入多级电阻,在启动过程中逐级加以切除。启动电阻的级数越多,启动过程就越快且越平稳,但自动切除各级启动电阻的控制设备就越复杂,投资就越大。为此,一般空载启动时取 1~2 级,重载启动时取 3~4 级。下面对电枢回路串多级电阻的启动过程进行定性分析。图 4-6 所示是采用三级电阻启动时他励直流电动机的电路原理图及其机械特性曲线。

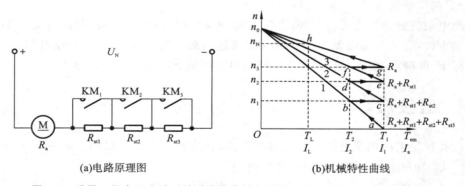

(a)电路原理图　　　　　　(b)机械特性曲线

图 4-6 采用三级电阻启动时他励直流电动机的电路原理图及其机械特性曲线

R_{st1}、R_{st2}、R_{st3} 为启动电阻,KM$_1$、KM$_2$、KM$_3$ 为接触器的动合触点,电枢回路电阻为 R_a。先给电动机加上励磁,把 KM$_1$、KM$_2$、KM$_3$ 断开,此时电枢回路总电阻为 R_3($R_3=R_a+R_{st1}+R_{st2}+R_{st3}$),接通电源电压 U_N,在 $n=0$ 时,启动电流 $I_1=U_N/R_3$,此时启动电流 I_1 和启动转矩 T_1 均达到最大值(通常取额定值的 2 倍左右)。接入全部启动电阻时的人为机械特性曲线如图 4-6(b)中的曲线 1 所示。启动瞬间对应于 a 点,因为启动转矩 T_1 大于负载转矩 T_L,所以电动机开始加速,电枢电动势 E_a 逐渐增大,电枢电流和电磁转矩逐渐减小,工作点沿曲线 1 的箭头方向移动。当转速升到 n_1、电流降至 I_2、转矩减小到 T_2(图 4-6(b)中的 b 点)时,接触器的动合触点 KM$_3$ 闭合,切除电阻 R_{st3}。I_2 称为切换电流,对应的转矩 T_2 称为切换转矩,一般取 $I_2=(1.1\sim1.2)I_N$ 或 $T_2=(1.1\sim1.2)T_N$。电阻 R_{st3} 切除后,电枢回路的电阻减小为 $R_2=R_a+R_{st1}+R_{st2}$,与之对应的人为机械特性曲线如图 4-6(b)中的曲线 2 所示。在切除电阻瞬间,由于机械惯性,转速不能突变,所以电动机的工作点由 b 点沿水平方向跃变到

曲线 2 上的 c 点。选择适当的各级启动电阻,可使 c 点的电流仍为 I_1,这样电动机在最大转矩 T_1 下进行加速,工作点沿曲线 2 的箭头方向移动。当到达 d 点时,转速升至 n_2,电流降至 I_2,转矩也减小到 T_2,此时接触器的动合触点 KM_2 闭合,切除电阻 R_{st2},电枢回路的电阻变为 $R_1 = R_a + R_{st1}$,工作点由 d 点平移到人为机械特性曲线 3 上的 e 点。e 点的电流和转矩仍为最大值,电动机又处在最大转矩 T_1 下进行加速,工作点沿曲线 3 的箭头方向移动。在转速升至 n_3,即 f 点时,接触器的动合触点 KM_1 闭合,切除最后一级电阻 R_{st1},电动机将过渡到固有机械特性上,并沿固有机械特性加速,到达 h 点时,电磁转矩与负载转矩相等,电动机便在 h 点稳定运行,启动过程结束。

2. 启动电阻的计算

以图 4-6 所示的启动系统为例,推导各级启动电阻的计算公式。设图中对应于转速为 n_1、n_2、n_3 时的电枢电动势分别为 E_{a1}、E_{a2}、E_{a3}。由图 4-6(b) 可以列出下列关系式

对于 b 点,$I_2 = \dfrac{U_N - E_{a1}}{R_3}$;对于 c 点,$I_1 = \dfrac{U_N - E_{a1}}{R_2}$;

对于 d 点,$I_2 = \dfrac{U_N - E_{a2}}{R_2}$;对于 e 点,$I_1 = \dfrac{U_N - E_{a2}}{R_1}$;

对于 f 点,$I_2 = \dfrac{U_N - E_{a3}}{R_1}$;对于 g 点,$I_1 = \dfrac{U_N - E_{a3}}{R_a}$。

将上述 6 个关系式两两相除,可得

$$\frac{I_1}{I_2} = \frac{R_3}{R_2} = \frac{R_2}{R_1} = \frac{R_1}{R_a} = \beta \tag{4-5}$$

式中,$\beta = \dfrac{I_1}{I_2} = \dfrac{T_1}{T_2}$ 为启动电流比或启动转矩比。

推广到 m 级启动情况,得

$$\frac{I_1}{I_2} = \frac{R_m}{R_{m-1}} = \frac{R_{m-1}}{R_{m-2}} = \cdots = \frac{R_2}{R_1} = \frac{R_1}{R_a} = \beta \tag{4-6}$$

各级启动总电阻可按以下各式计算

$$\begin{cases} R_1 = \beta R_a \\ R_2 = \beta R_1 = \beta^2 R_a \\ R_3 = \beta R_2 = \beta^3 R_a \\ \quad \vdots \\ R_m = \beta R_{m-1} = \beta^m R_a \end{cases} \tag{4-7}$$

式中,R_m,R_{m-1},$\cdots$ 为第 m,$m-1$,$\cdots$ 级电枢回路总电阻。

各级外串电阻为

$$\begin{cases} R_{st1} = R_1 - R_a \\ R_{st2} = R_2 - R_1 \\ R_{st3} = R_3 - R_2 \\ \quad \vdots \\ R_{stm} = R_m - R_{m-1} \end{cases} \tag{4-8}$$

由式(4-7)可知

$$\begin{cases} \beta = \sqrt[m]{\dfrac{R_m}{R_a}} \\ m = \dfrac{\lg \dfrac{R_m}{R_a}}{\lg \beta} \end{cases} \qquad (4\text{-}9)$$

式中,$R_m = \dfrac{U_N}{I_1}$ 为最大启动电阻。

现分两种情况介绍启动电阻的计算步骤。

1)启动级数 m 已知时启动电阻的计算

(1)根据电动机铭牌数据,估算电枢回路电阻 R_a。

(2)预选最大启动电流 I_1,根据公式 $R_m = U_N/I_1$ 算出 R_m,再将 m 和 R_m 的数值代入式(4-9),算出 β 值。

(3)根据公式 $I_2 = I_1/\beta$ 计算 I_2,并检验 I_2 是否满足 $I_2 = (1.1 \sim 1.2)I_N$ 或 $(1.2 \sim 1.5)I_L$。如果不满足,则需另选 I_1,重新按步骤计算,直到符合该条件为止。

(4)按式(4-7)和式(4-8)计算各级启动总电阻和各级外串电阻。

2)启动级数 m 未知时启动电阻的计算

(1)根据电动机铭牌数据,估算电枢回路电阻 R_a。

(2)预选 I_1 和 I_2,根据公式 $\beta = I_1/I_2$,初算 β;根据公式 $R_m = U_N/I_1$,计算 R_m。

(3)由式(4-9)求启动级数 m(四舍五入为整数),将 m 的整数值代入式(4-9),对 β 值进行修正,再用修正后的 β 值对 I_2 进行修正。修正后的 I_2 应满足取值范围要求,否则应另选启动级数 m,再重新修正 β 和 I_2 的值。

(4)按式(4-7)和式(4-8)计算各级启动总电阻和各级外串电阻。

例 4-1　他励直流电动机的铭牌数据为:$P_N = 22 \text{ kW}$,$U_N = 220 \text{ V}$,$I_N = 120 \text{ A}$,$n_N = 800 \text{ r/min}$。设负载转矩 $T_L = 0.8T_N$,启动级数 $m = 3$,求启动电阻。

解　(1)估算 R_a。

$$R_a = \frac{1}{2}\left(\frac{U_N I_N - P_N}{I_N^2}\right) = \frac{1}{2} \times \frac{220 \times 120 - 22 \times 10^3}{120^2} \ \Omega = 0.153 \ \Omega$$

(2)预选最大启动电流 I_1,计算 R_m 和 β。

由 $I_1 \leqslant (1.5 \sim 2)I_N$,预选 $I_1 = 2I_N = 2 \times 120 \text{ A} = 240 \text{ A}$。

$$R_m = \frac{U_N}{I_1} = \frac{220}{240} \ \Omega = 0.917 \ \Omega$$

$$\beta = \sqrt[m]{\frac{R_m}{R_a}} = \sqrt[3]{\frac{0.917}{0.153}} = 1.816$$

(3)求切换电流 I_2。

$$I_2 = \frac{I_1}{\beta} = \frac{240}{1.816} \text{ A} = 132.15 \text{ A}$$

$$I_L = 0.8I_N = 0.8 \times 120 \text{ A} = 96 \text{ A}$$

因为 $1.2I_L < I_2 < 1.5I_L$,故 I_2 符合要求。

(4)计算启动电阻。

各级启动总电阻分别为

$$R_1 = \beta R_a = 1.816 \times 0.153 \ \Omega = 0.278 \ \Omega$$

$$R_2 = \beta R_1 = 1.816 \times 0.278 \ \Omega = 0.505 \ \Omega$$

$$R_3 = \beta R_2 = 1.816 \times 0.505 \ \Omega = 0.917 \ \Omega$$

各级外串电阻分别为

$$R_{st1} = R_1 - R_a = (0.278 - 0.153) \ \Omega = 0.125 \ \Omega$$

$$R_{st2} = R_2 - R_1 = (0.505 - 0.278) \ \Omega = 0.227 \ \Omega$$

$$R_{st3} = R_3 - R_2 = (0.917 - 0.505) \ \Omega = 0.412 \ \Omega$$

4.2.3 降压启动

启动时,降低电源电压 U,使 $I_{st} = U/R_a = (1.5 \sim 2)I_N$,待电动机的转速增大,电枢电动势 E_a 增加,电枢电流 $I_a = (U - E_a)/R_a$ 减小,此时再逐步增大电源电压,使启动电流和启动转矩保持在一定的数值上,从而保证电动机按需要的加速度升速。这种方法适用于直流电源可调的电动机,启动过程中能量损耗小。

4.3 他励直流电动机的调速

在生产实践中,由于电动机拖动的负载不同,电动机对速度的要求也不同。例如,车床切削工件时,精加工用高转速,粗加工用低转速;轧钢机在轧制不同品种和不同厚度的钢材时,必须有不同的工作速度。

电力拖动系统通常采用两种调速方法:一种是电动机的转速不变,通过改变机械传动机构(如齿轮、皮带轮等)的速比来实现调速,工程上称为机械调速;另一种是通过改变电动机的参数来调节电动机的转速,工程上称为电气调速。此外,还可以将机械调速和电气调速配合来满足调速要求。本节只介绍他励直流电动机的电气调速。

必须指出,这里所讲的调速是指在任一负载(负载保持不变)下,用人为的方法改变电动机的参数,以得到不同的人为机械特性,使负载的工作点发生变化,转速随之变化的调速方法。而负载本身的变化使电动机在同一机械特性上发生的转速变化,不属于调速范畴。由此可见,在调速前后,电动机必须运行在不同的机械特性上。

由他励直流电动机的机械特性可得

$$n = \frac{U}{C_E \Phi} - \frac{R_a + R_\Omega}{C_E C_T \Phi^2} T_{em} \tag{4-10}$$

可以看出,当电动机带一定负载时,人为改变电枢电压 U、电枢回路串入电阻 R_Ω 及励磁磁通 Φ 三者之中的任意一个量,就可改变转速 n。因此,他励直流电动机的调速方法有三种:电枢回路串电阻调速、降低电枢电压调速和弱磁调速。为了评价各种调速方法的优缺点,对调速方法提出了一定的技术经济指标,称为调速指标。下面先介绍调速指标,然后再讨论他励直流电动机的三种调速方法及其与负载类型的配合问题。

4.3.1 调速指标

1. 调速范围

在额定负载下,电动机可能运行的最高转速 n_{max} 与最低转速 n_{min} 之比称为调速范围,通

常用 D 表示,即

$$D=\frac{n_{\max}}{n_{\min}} \tag{4-11}$$

不同的生产机械对电动机的调速范围有不同的要求。要扩大调速范围,必须尽可能地提高电动机的最高转速和降低电动机的最低转速。电动机的最高转速受电动机换向及力学强度的限制,而最低转速则受低速运行时转速的相对稳定性的限制。

2. 静差率

转速的相对稳定性是指负载变化时转速变化的程度,工程上常用静差率来衡量。所谓静差率,是指电动机在某一机械特性上运行时,由理想空载增加到额定负载,电动机的转速降 $\Delta n = n_0 - n$ 与理想空载转速 n_0 之比,用 δ 表示,即

$$\delta=\frac{n_0-n}{n_0}=\frac{\Delta n}{n_0} \tag{4-12}$$

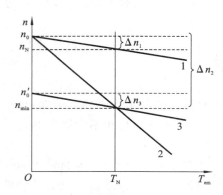

图 4-7 不同机械特性下的静差率

由式(4-12)可知,当 n_0 相同时,机械特性越硬,δ 就越小,转速的相对稳定性就越高。如图 4-7 所示的三条机械特性曲线,在额定负载转矩 T_N 不变时,曲线 1 比曲线 2 硬。对于曲线 1,$\delta_1 = \Delta n_1/n_0$;对于曲线 2,$\delta_2 = \Delta n_2/n_0$。由于 $\Delta n_1 < \Delta n_2$,所以 $\delta_1 < \delta_2$。

静差率除了与机械特性的硬度有关外,还与理想空载转速 n_0 有关。同样由式(4-12)可知,在机械特性硬度相同的情况下,n_0 越小,δ 越大;n_0 越大,δ 越小。如图 4-7 所示,曲线 1 和曲线 3 具有相同的硬度,即 $\Delta n_1 = \Delta n_3$,而 $\delta_1 = \Delta n_1/n_0$,$\delta_3 = \Delta n_3/n_0'$,由于 $n_0' < n_0$,所以 $\delta_3 > \delta_1$。

静差率与调速范围也是相互联系的。由于最低转速取决于低速时的静差率,因此调速范围 D 必然受到低速时的静差率 δ 的制约。设图 4-7 所示的曲线 1 和曲线 3 分别为电动机最高转速和最低转速时的机械特性,则电动机的调速范围 D 与最低转速时的静差率 δ 的关系为

$$D=\frac{n_{\max}}{n_{\min}}=\frac{n_{\max}\delta}{\Delta n(1-\delta)} \tag{4-13}$$

式中:Δn 为最低转速机械特性上的转速降;δ 为最低转速时的静差率,即系统的最大静差率。

由式(4-13)可知,若对静差率要求越高,即 δ 越小,$n_{\min}$ 就越大,则调速范围 D 就越小;若对静差率要求越低,即 δ 越大,$n_{\min}$ 就越小,则调速范围 D 才会越大。

不同的生产机械,对静差率的要求不同。普通车床要求 $\delta \leqslant 0.3$,而高精度的造纸机则要求 $\delta \leqslant 0.001$。在保证一定静差率指标的前提下,要扩大调速范围,就必须减小转速降 Δn,即必须提高机械特性的硬度。由此可知,当 δ 一定时,降低电枢电压调速比电枢回路串电阻调速的调速范围要大。

3. 调速的平滑性

调速时,相邻两级转速的接近程度称为调速的平滑性,可用平滑系数 φ 来衡量。φ 是相邻两级转速之比,即

$$\varphi = \frac{n_i}{n_{i-1}} \qquad (4\text{-}14)$$

φ 值越接近 1，相邻两级转速就越接近，则调速的平滑性就越好。$\varphi = 1$ 时，称为无级调速，即转速连续可调。

4. 调速的经济性

调速的经济性主要指调速设备的投资、运行效率及维修费用等。

■ 例 4-2 某直流调速系统，直流电动机的额定转速 $n_N = 900$ r/min，其固有机械特性的理想空载转速 $n_0 = 1000$ r/min，生产机械要求的静差率为 0.2。求：(1)采用电枢串电阻调速时的调速范围；(2)采用降低电枢电压调速时的调速范围。

■ 解 (1)采用电枢串电阻调速时调速范围的计算。

最低转速为

$$0.2 = \frac{n_0 - n_{\min}}{n_0}$$

$$n_{\min} = 800 \text{ r/min}$$

调速范围为

$$D = \frac{n_{\max}}{n_{\min}} = \frac{900}{800} = 1.125$$

(2)采用降低电枢电压调速时调速范围的计算。

转速降为

$$\Delta n = n_0 - n_N = (1000 - 900) \text{ r/min} = 100 \text{ r/min}$$

调速范围为

$$D = \frac{n_{\max}\delta}{\Delta n(1-\delta)} = \frac{900 \times 0.2}{100 \times (1-0.2)} = 2.25$$

4.3.2 调速方法

1. 电枢回路串电阻调速

以他励直流电动机拖动恒转矩负载为例，保持电源电压及主磁通为额定值不变，在电枢回路串入不同电阻时，电动机将稳定运行于较低转速状态，转速变化如图 4-8 所示。电枢回路串电阻调速时，所串入的电阻越大，稳定运行的转速越低。所以，这种方法只能在低于额定转速的范围内使用，一般称为由基速（额定转速）向下调速。

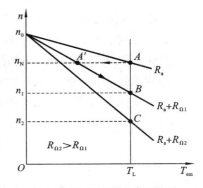

图 4-8 电枢回路串电阻调速

转速由 n_N 降至 n_1 的调速过程为：调速前，电动机拖动恒转矩负载在 A 点稳定运行，此时 $T_{em} = T_L$，$n = n_N$；当电枢回路串入调节电阻 $R_{\Omega1}$ 后，电动机的机械特性曲线变为直线 $n_0 B$，因串入电阻瞬间转速不能突变，故 $E_a = C_E\Phi n_N$ 不变，于是电枢电流 $(U_N - E_a)/(R_a + R_{\Omega1})$ 减小，T_{em} 也减小，工作点由固有机械特性曲线上的 A 点平移到人为机械特性曲线上的 A' 点；在 A' 点，$T_{em} < T_L$，所以电动机开始减

速;随着 n 的减小,E_a 减小,I_a 及 T_{em} 增大,工作点沿 $A'B$ 方向移动,当到达 B 点时,$T_{em} = T_L$,达到新的平衡,电动机便以转速 n_1 稳定运行。调速前后,电动机的输出转矩不变,磁通不变,电枢稳态电流不变。

电枢回路串电阻调速的特点如下。

(1)实现简单,操作方便。

(2)低速时机械特性变软,静差率增大,相对稳定性变差。

(3)只能在基速以下调速,因而调速范围较小,一般 $D < 2$。

(4)由于电阻只能分段调节,所以调速的平滑性差。

(5)串接的电阻要消耗电功率,而且转速越低,需串入的电阻越大,能耗就越大,因此经济性差。

因此,电枢回路串电阻调速多用于对调速性能要求不高,而且不经常调速的设备上,如起重机及运输牵引机械等。

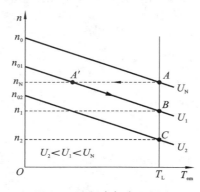

图 4-9　降低电枢电压调速

2. 降低电枢电压调速

以他励直流电动机拖动恒转矩负载为例,保持主磁通为额定值不变,电枢回路不串接电阻,降低电枢电压时,电动机将稳定运行于较低转速状态,转速变化如图 4-9 所示。从图 4-9 中可以看出,电压越低,稳态转速也越低。

转速由 n_N 降至 n_1 的调速过程为:调速前,电动机拖动恒转矩负载在 A 点稳定运行,此时 $T_{em} = T_L$,$n = n_N$;在电压降至 U_1 后,电动机的机械特性曲线变为直线 $n_{01}B$。在降压瞬间,转速 n 不能突变,故 E_a 不变,而电枢电流 $I_a = (U_1 - E_a)/R_a$ 减小,T_{em} 也减小,工作点由固有机械特性曲线上的 A 点平移到人为机械特性曲线上的 A' 点;在 A' 点,$T_{em} < T_L$,所以电动机开始减速,随着 n 的减小,E_a 减小,I_a 及 T_{em} 增大,工作点沿 $A'B$ 方向移动,当到达 B 点时,$T_{em} = T_L$,达到新的平衡,电动机便以转速 n_1 稳定运行。降低电枢电压调速与电枢回路串电阻调速类似,调速前后,电动机的输出转矩不变,磁通不变,电枢稳态电流不变。

降低电枢电压调速的特点如下。

(1)电源电压能够平滑调节,实现无级调速。

(2)调速前后机械特性硬度不变,因而相对稳定性较好。

(3)无论轻载还是重载,调速范围相同。

(4)调速过程中的能量损耗较小。

(5)需要一套可控的直流电源。

降低电枢电压调速多用于对调速性能要求较高的设备上,如造纸机、轧钢机、龙门刨床等。

3. 弱磁调速

以他励直流电动机拖动恒转矩负载为例,保持电枢电压不变,电枢回路不串接电阻,减小电动机的励磁电流,使主磁通减小,则电动机将稳定运行于较高转速状态,转速变化如图 4-10 所示。从图 4-10 中可以看出,磁通越小,稳态转速越高。

转速由 n_N 上升到 n_1 的调速过程为:调速前,电动机拖动恒转矩负载在 A 点稳定运行,

此时 $T_{em}=T_L$，$n=n_N$；当磁通减小到 Φ_1 后，电动机的机械
特性曲线变为直线 $n_{01}B$，在磁通减小的瞬间，转速 n 不能
突变，电动势 E_a 随 Φ 的减小而减小，又因电枢回路的电阻
R_a 很小，故电枢电流 $I_a=(U_N-E_a)/R_a$ 增大很多，电磁转
矩 $T_{em}=C_T\Phi I_a$ 总体是增大的，因此工作点由固有机械特
性曲线上的 A 点平移到人为机械特性曲线上的 A' 点；在
A' 点，$T_{em}>T_L$，电动机开始加速，随着 n 的增大，E_a 增大，
I_a 及 T_{em} 减小，工作点沿 $A'B$ 方向移动，当到达 B 点时，
$T_{em}=T_L$，达到新的平衡，电动机便以较高转速 n_1 稳定运
行。调速前后，电动机的输出转矩不变，但磁通减小，因此
电枢稳态电流增大。

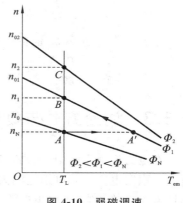

图 4-10 弱磁调速

弱磁调速的特点如下。

(1)由于励磁电流小于电枢电流，因此控制方便，能量损耗小。

(2)可连续调节励磁电流，以实现无级调速。

(3)弱磁升速，转速增大受到电动机换向能力和力学强度的限制，因而调速范围窄。

(4)人为机械特性曲线的斜率变大，特性变软，稳定性较差。

在实际生产中，通常把降低电枢电压调速和弱磁调速这两种方法结合起来，以电动机的
额定转速作为基速，在基速以下调压，在基速以上调磁，以实现双向调速，扩大调速范围。

例 4-3 一台他励直流电动机的额定数据为：$U_N=220\text{ V}$，$I_N=41.1\text{ A}$，$n_N=1500\text{ r/min}$，$R_a=0.4\ \Omega$。保持额定负载转矩不变，试问：

(1)欲使电动机转速降至 998 r/min，电枢回路应串入多大电阻？

(2)电源电压降为 110 V 时的稳态转速为多少？

(3)磁通减小为 $90\%\Phi_N$ 时的稳态转速为多少？

解 电动机的 $C_E\Phi_N$ 为

$$C_E\Phi_N=\frac{U_N-I_aR_a}{n_N}=\frac{220-41.1\times0.4}{1500}\text{ V}\cdot\text{min/r}=0.136\text{ V}\cdot\text{min/r}$$

(1)电枢回路串电阻调速时，调速前后电枢电流 $I_a=I_N$ 不变，有

$$n=\frac{U_N}{C_E\Phi_N}-\frac{R_a+R_\Omega}{C_E\Phi_N}I_a$$

即

$$998=\frac{220}{0.136}-\frac{0.4+R_\Omega}{0.136}\times41.1$$

解得电枢回路应串接的电阻为

$$R_\Omega=1.65\ \Omega$$

(2)降低电枢电压调速时，调速前后电枢电流 $I_a=I_N$ 不变，电压降至 110 V 的稳态转
速为

$$n=\frac{U}{C_E\Phi_N}-\frac{R_a}{C_E\Phi_N}I_a=\left(\frac{110}{0.136}-\frac{0.4}{0.136}\times41.1\right)\text{ r/min}=668\text{ r/min}$$

(3)弱磁调速时，调速前后电枢电流增大，有

$$T_{em}=C_T\Phi_N I_N=C_T\Phi_1 I_a{'}=T_N$$

$$I_a' = \frac{\Phi_N}{\Phi_1}I_N = \frac{1}{0.9} \times 41.1 \text{ A} = 45.7 \text{ A}$$

磁通减小为 $90\%\Phi_N$ 时的稳态转速为

$$n = \frac{U_N}{C_E\Phi_1} - \frac{R_a}{C_E\Phi_1}I_a' = \left(\frac{220}{0.9 \times 0.136} - \frac{0.4}{0.9 \times 0.136} \times 45.7\right) \text{ r/min} = 1648 \text{ r/min}$$

4.3.3 调速方式与负载类型的配合

在电力拖动系统中,他励直流电动机的最佳运行状态是满载运行时的状态,此时电枢电流等于额定电流。若电枢电流大于额定电流,则电动机过载,长期运行会导致电动机过热而损坏电动机的绝缘;若电枢电流小于额定电流,则电动机轻载,拖动能力没有得到充分发挥。不调速的电动机,通常都是满载运行的,其拖动能力能充分发挥;而当电动机调速时,在不同的转速下,电枢电流能否总保持为额定值,即电动机在不同转速下的拖动能力能否充分发挥,这就需要研究电动机的调速方式与负载类型的配合问题。

在采用电枢回路串电阻调速和降低电枢电压调速时,磁通 $\Phi = \Phi_N$ 保持不变,如果在不同转速下维持电流 $I_a = I_N$,则电动机的输出转矩 $T_N = T_{em} = C_T\Phi_N I_N = $ 常数,输出功率 $P = T_N\Omega = \frac{2\pi n}{60}T_N$。由此可见,电枢回路串电阻调速和降低电枢电压调速时,电动机的输出功率与转速成正比,而输出转矩为恒值,故这种方式称为恒转矩调速方式。

当采用弱磁调速时,磁通 Φ 是变化的,在不同转速下,若保持 $I_a = I_N$ 不变,则电动机的输出转矩 $T_N = T_{em} = C_T\Phi I_N = C_T\frac{U_N - I_N R_a}{C_E n}I_N$,输出功率 $P = \frac{2\pi n}{60}T_N = $ 常数。由此可见,弱磁调速时,电动机的输出转矩与转速成反比,而输出功率为恒值,故这种方式称为恒功率调速方式。

由上述分析可知,要充分发挥电动机的拖动能力,在拖动恒转矩负载时,就应采用电枢回路串电阻调速或降低电枢电压调速,即恒转矩调速方式;在拖动恒功率负载时,则应采用弱磁调速,即恒功率调速方式。

4.4 他励直流电动机的制动

根据电磁转矩 T_{em} 的方向与转速 n 的方向之间的关系,他励直流电动机有两种基本运行状态,即电动状态和制动状态。

电动机处于电动状态时,T_{em} 与 n 同向,T_{em} 为驱动转矩。按转速方向,电动状态可分为正向电动状态和反向电动状态两种情况。正向电动状态时,转速 n 和电磁转矩 T_{em} 都为正,机械特性位于第一象限;反向电动状态时,转速 n 和电磁转矩 T_{em} 都为负,机械特性位于第三象限。

电动机处于制动状态时,T_{em} 与 n 反向,T_{em} 为制动转矩,机械特性位于第二象限或第四象限。电动机的制动也有两种情况。一种是制动过程,指电动机从某一转速迅速减速到零的过程(包括只减小一段转速的过程),其目的就是使系统迅速减速停车。在制动过程中,电动机的电磁转矩 T_{em} 起制动的作用,缩短了停车时间,提高了生产率。另一种是制动运行,指电动机运行于机械特性曲线与负载特性曲线的交点上的一种稳定运行状态,其目的是限制位能性负载的下降速度,此时电动机的电磁转矩 T_{em} 起到与负载转矩 T_L 相平衡的作用。例如起重机下放重物时,若不采取措施,则重力作用会使重物下降速度越来越快,甚至超过允许的安全下放速度。为了防止这种情况发生,可以采用制动运行的方法,使电动机的电磁转矩与重物产生的负载转矩相平衡,从而使重物下放速度稳定在某一安全下放速度。

他励直流电动机的制动方法有能耗制动、反接制动和回馈制动三种,下面分别进行介绍。

4.4.1 能耗制动

1. 能耗制动的原理

图 4-11 所示是他励直流电动机能耗制动的接线图。当开关 S 接电源侧时,电动机处于电动状态,此时电枢电流 I_a、电枢电动势 E_a、转速 n 及驱动性质的电磁转矩 T_{em} 的方向如图 4-11 中的实线所示。当需要制动时,保持励磁电流不变,将开关 S 投向制动电阻 R_B 上。在这一瞬间,由于拖动系统的机械惯性的作用,电动机的转速 n 不能突变,仍保持原来的大小和方向,又由于磁通不变,于是 E_a 也保持为原来的大小和方向。因 $U=0$,E_a 将在电枢闭合回路中产生电流 I_a',且 $I_a' = -\dfrac{E_a}{R_a + R_B}$ 为负值,表明它的方向与电动状态时的方向相反,如图 4-11 中的虚线所示。由此而产生的电磁转矩 T_{em}' 的方向也与电动状态时的 T_{em} 的方向相反,T_{em}' 成为制动性质的转矩,对电动机进行制动。这时电动机因生产机械的惯性作用拖动而发电,将生产机械储存的动能转换成电能,消耗在电阻 $R_a + R_B$ 上,直到电动机停止转动为止,所以这种制动方式称为能耗制动方式。

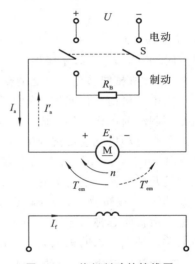

图 4-11   能耗制动的接线图

2. 能耗制动的机械特性

能耗制动的机械特性是在 $U=0$,$\Phi = \Phi_N$,$R = R_a + R_B$ 的条件下的一条人为机械特性曲线,即

$$n = -\frac{R_a + R_B}{C_E C_T \Phi_N^2} T_{em} = \beta T_{em} \tag{4-15}$$

或

$$n = -\frac{R_a + R_B}{C_E \Phi_N} I_a \tag{4-16}$$

式(4-15)中,$\beta = \dfrac{R_a + R_B}{C_E C_T \Phi_N^2}$ 为能耗制动机械特性曲线的斜率,与电枢回路串电阻 R_B 时的人为机械特性曲线的斜率相同。当 $T_{em} = 0$ 时,$n = 0$,说明能耗制动的机械特性曲线是一条通过坐标原点并与电枢回路串电阻 R_B 的人为机械特性曲线平行的直线,如图 4-12 所示。

能耗制动时,电动机工作点的变化情况可用机械特性曲线说明。下面分别以电动机拖动反抗性恒转矩负载和位能性恒转矩负载来分析。

当电动机拖动反抗性恒转矩负载时,能耗制动机械特性曲线如图 4-12(a)中的直线 BO 所示。设制动前工作点在固有机械特性曲线上的 A 点,此时 $n>0$,$T_{em}>0$,T_{em} 为驱动转矩。开始制动时,因 n 不能突变,工作点将沿水平方向跃变到能耗制动机械特性曲线上的 B 点。

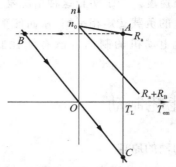

(a)拖动反抗性恒转矩负载　　　　(b)拖动位能性恒转矩负载

图 4-12　能耗制动的机械特性曲线

在 B 点，$n>0$，$T_{em}<0$，T_{em} 为制动转矩。于是电动机开始减速，工作点沿 BO 方向移动，到达 O 点时，$n=0$，$T_{em}=0$，系统停车。工作点从 $B \to O$ 的这一过程称为能耗制动过程，在这一过程中，惯性机械能转化为电能消耗在电枢回路总电阻上。

当电动机拖动位能性恒转矩负载时，能耗制动机械特性曲线如图 4-12(b)中的直线 BC 所示。制动前工作点仍在固有机械特性曲线的 A 点，制动开始后，工作点从 $A \to B \to O$ 的这一过程与电动机拖动反抗性恒转矩负载时的完全相同，属于能耗制动过程。当工作点到达 O 点时，由于 $n=0$，$T_{em}=0$，在位能性负载的作用下，$T_{em}<T_L$，电动机会继续减速，也就是说电动机开始反转。电动机的工作点沿 OC 方向移动，到达 C 点后，$T_{em}=T_L$，系统稳定运行于 C 点，恒速下放重物。在 C 点，由于电磁转矩 $T_{em}>0$，T_{em} 为制动转矩，而转速 $n<0$，因此，这种稳定运行状态称为能耗制动运行状态。在能耗制动运行中，位能性负载减少的位能转化为电动机轴上输入的机械能，然后转化成电能消耗在电枢回路总电阻上。

3. 能耗制动电阻 R_B 的计算

为满足不同的制动要求，可在电枢回路串接不同的制动电阻，从而改变能耗制动机械特性曲线的斜率，进而改变初始制动转矩的大小以及下放位能性负载时的稳定速度。R_B 越小，能耗制动机械特性曲线的斜率越小，初始制动转矩越大，下放位能性负载的速度越小。减小制动电阻，可以增大制动转矩，缩短制动时间，提高工作效率。但制动电阻太小，会造成制动电流过大，通常要限制最大制动电流不超过 2～2.5 倍的额定电流。选择制动电阻的原则是

$$I_a' = \frac{E_a}{R_a+R_B} \leqslant I_{max} = (2 \sim 2.5)I_N$$

即

$$R_B \geqslant \frac{E_a}{(2 \sim 2.5)I_N} - R_a \tag{4-17}$$

式中，E_a 为制动初始（制动前的电动状态）时的电枢电动势。

如果制动前电动机处于额定运行状态，则 $E_a = U_N - R_a I_N \approx U_N$。

例 4-4　一台他励直流电动机的铭牌数据为 $P_N=10$ kW，$U_N=220$ V，$I_N=53$ A，$n_N=1000$ r/min，$R_a=0.3$ Ω，电枢电流最大允许值为 $2I_N$。

(1)若该电动机带反抗性恒转矩负载在额定工作状态下进行能耗制动，求电枢回路应串接多大的制动电阻。

(2)若该电动机拖动起重机在能耗制动状态下以 300 r/min 的转速下放重物，电枢电流

为额定值,求电枢回路应串入多大的制动电阻。

解 （1）制动前的电枢电动势为

$$E_a = U_N - R_a I_N = (220 - 0.3 \times 53) \text{ V} = 204.1 \text{ V}$$

应串入的制动电阻为

$$R_B = \frac{E_a}{2I_N} - R_a = \left(\frac{204.1}{2 \times 53} - 0.3\right) \Omega = 1.625 \ \Omega$$

（2）因为磁通不变,则

$$C_E \Phi_N = \frac{E_a}{n_N} = \frac{204.1}{1000} \text{ V} \cdot \text{min/r} = 0.2041 \text{ V} \cdot \text{min/r}$$

下放重物时,转速 $n = -300$ r/min,根据能耗制动机械特性,有

$$n = -\frac{R_a + R_B}{C_E \Phi_N} I_a$$

$$-300 = -\frac{0.3 + R_B}{0.2041} \times 53$$

$$R_B = 0.855 \ \Omega$$

4.4.2 反接制动

反接制动分为电压反接制动和倒拉反转制动两种。

1. 电压反接制动

1）电压反接制动的原理

图 4-13 所示是他励直流电动机电压反接制动的接线图。当开关 S 投向"电动"侧时,电源电压正向加给电枢回路,电动机处于电动状态,此时电枢电流 I_a、电枢电动势 E_a、转速 n 及驱动性质的电磁转矩 T_{em} 的方向如图 4-13 中的实线所示。制动时,开关 S 投向制动侧,电源电压反向加给电枢回路。与此同时,在电枢回路串入了制动电阻 R_B。由于惯性,转速不能突变,而磁通又不变,因此电枢电动势 E_a 的方向不变。在电枢回路中,U_N 与 E_a 顺向串联,共同产生很大的反向电流,即

$$I_a' = \frac{-U_N - E_a}{R_a + R_B} = -\frac{U_N + E_a}{R_a + R_B} \tag{4-18}$$

式中的负号表明 I_a' 的方向与电动状态时的相反,如图 4-13 中的虚线所示。

反向的电枢电流 I_a' 产生反向的电磁转矩 T_{em}',T_{em}' 起制动作用,使转速迅速下降,这就是电压反接制动。

2）电压反接制动的机械特性

电压反接制动的机械特性是在 $U = -U_N$,$\Phi = \Phi_N$,$R = R_a + R_B$ 的条件下的一条人为机械特性曲线,即

$$n = -\frac{U_N}{C_E \Phi_N} - \frac{R_a + R_B}{C_E C_T \Phi_N^2} T_{em} \tag{4-19}$$

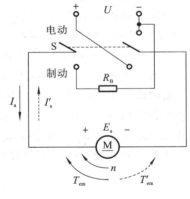

图 4-13　他励直流电动机电压
反接制动的接线图

或

$$n = -\frac{U_N}{C_E\Phi_N} - \frac{R_a+R_B}{C_E\Phi_N}I_a \tag{4-20}$$

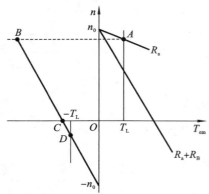

图 4-14　电压反接制动的机械特性曲线

可见，电压反接制动的机械特性曲线是一条通过 $(0,-n_0)$ 点，斜率为 $\dfrac{R_a+R_B}{C_EC_T\Phi_N^2}$，与电枢回路串电阻 R_B 的人为机械特性曲线相平行的直线，如图 4-14 所示。

电压反接制动时，电动机工作点的变化情况可用机械特性曲线说明。设电动机原来工作在固有机械特性曲线的 A 点，当反接制动时，由于转速不能突变，工作点沿水平方向跃变到电压反接的人为机械特性的 B 点，电动机的电磁转矩变为制动转矩，电动机开始反接制动，工作点沿 BC 方向移动，当达 C 点，即 $n=0$ 时，电动机立即断开电源，系统停车。工作点从 $B\rightarrow C$ 的这一过程称为电压反接制动过程。

在电压反接制动过程（见图 4-14 中的 BC 段）中，U、I_a、T_{em} 均为负值，n、E_a 均为正值。输入功率 $P_1=UI_a>0$，表明电动机从电源输入电功率；电动机轴上输出功率 $P_2=T_2\Omega<0$，表明电动机轴上输入了机械功率；电磁功率 $P_{em}=E_aI_a=T_{em}\Omega<0$，表明电动机轴上输入的机械功率在扣除空载损耗后，被电动机转换为电功率。由此可见，电压反接制动时，从电源输入的电功率和从电动机轴上输入的机械功率转变成的电功率全部消耗在电枢回路的电阻 R_a+R_B 上，其功率损耗是很大的。

如果电动机拖动的是反抗性恒转矩负载，那么当工作点到达 C 点时，$n=0$，$T_{em}\neq0$，此时，若电动机不立即断开电源，当 $T_{em}<-T_L$（或 $|T_{em}|>|-T_L|$）时，电动机在反向转矩的作用下将反向启动，并沿机械特性曲线加速到 D 点，进入反向电动状态并稳定运行。

3）电压反接制动电阻 R_B 的计算

电动机处于电动状态时，电枢电流的大小由 U_N 与 E_a 之差决定，而电压反接制动时，电枢电流的大小由 U_N 与 E_a 之和决定，因此电压反接制动时的电枢电流是非常大的。为了限制过大的制动电流，电压反接制动时必须在电枢回路中串接制动电阻 R_B。R_B 应使电压反接制动时的最大制动电流不超过 $2\sim2.5$ 倍的额定电流，因此应串入的制动电阻为

$$R_B \geqslant \frac{U_N+E_a}{(2\sim2.5)I_N} - R_a \tag{4-21}$$

式中，E_a 为电压反接制动开始时的电枢电动势。

2. 倒拉反转制动

倒拉反转制动又称为电动势反接制动，它只适用于拖动位能性恒转矩负载的情况。现以起重机下放重物为例来进行说明。

图 4-15（a）所示为正向电动状态（提升重物）时电动机各物理量的方向，此时电动机工作在固有机械特性曲线的 A 点，如图 4-15（c）所示，电枢电流 $I_a=\dfrac{U-E_a}{R_a}$。如果保持电源电压 U 不变，在电枢回路中串入一个较大的电阻 R_B，将得到一条斜率较大的人为机械特性曲线，如图 4-15（c）中的直线 n_0D 所示。在串入电阻的瞬间，由于系统的惯性，转速不能突变，而此时电枢电流 $I_a=\dfrac{U-E_a}{R_a+R_B}$ 减小，因此电磁转矩 T_{em} 将减小，工作点由固有机械特性曲线的 A

点沿水平方向跃变到人为机械特性曲线的 B 点。由图 4-15(c)可知,电动机产生的电磁转矩 T_B 小于负载转矩 T_L,电动机开始减速,工作点沿人为机械特性曲线由 B 点向 C 点移动,BC 段对应电动机减速提升重物阶段,但电动机仍为正向电动状态。当工作点到达 C 点时,$n=0$,电磁转矩 T_C 仍小于负载转矩 T_L,于是在负载位能性转矩的作用下,电动机被倒拉反转,其旋转方向变为重物下放的方向,工作点进入第四象限。此时 E_a 随 n 的反向而改变方向,如图 4-15(b)所示,电枢电流 $I_a=\dfrac{U+E_a}{R_a+R_B}$,其方向未变,电磁转矩的方向也不变。这样,电动机反转后,电磁转矩为制动转矩,电动机处于制动状态,如图 4-15(c)中的 CD 段所示。随着电动机反向转速的增加,E_a 增大,电枢电流 I_a 和电磁转矩 T_{em} 也相应增大,当到达 D 点时,电磁转矩与负载转矩平衡,电动机便以稳定的转速匀速下放重物。这种稳定运行状态称为倒拉反转制动运行状态。

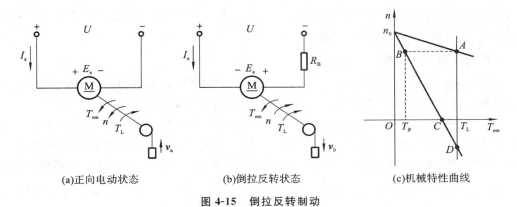

(a)正向电动状态   (b)倒拉反转状态   (c)机械特性曲线

图 4-15 倒拉反转制动

倒拉反转制动的机械特性方程就是正向电动状态时电枢回路串接电阻的人为机械特性方程,即

$$n=\frac{U_N}{C_E\Phi_N}-\frac{R_a+R_B}{C_E C_T\Phi_N^2}T_{em} \tag{4-22}$$

此时串接的电阻较大,使得 $\dfrac{R_a+R_B}{C_E C_T\Phi_N^2}T_{em}>n_0$,即 $n=n_0-\dfrac{R_a+R_B}{C_E C_T\Phi_N^2}T_{em}<0$。因此,倒拉反转制动的机械特性曲线是正向电动状态电枢回路串接电阻的人为机械特性在第四象限的延伸部分。

电动机倒拉反转制动时,电网仍向电动机输送功率,同时下放重物时的机械位能转变为电能,这两部分电能都消耗在电阻 R_a+R_B 上,其功率损耗也是很大的。

■ **例 4-5** 例 4-4 中的电动机运行在倒拉反转制动状态,仍以 300 r/min 的速度下放重物,轴上仍带额定负载,试求电枢回路应串入的电阻 R_B、从电网输入的功率 P_1、从轴上输入的功率 P_2 及电枢回路电阻消耗的功率。

■ **解** 倒拉反转制动时的转速特性为

$$n=\frac{U_N}{C_E\Phi_N}-\frac{R_a+R_B}{C_E\Phi_N}I_a$$

即

$$-300=\frac{220}{0.204\ 1}-\frac{0.3+R_B}{0.204\ 1}\times 53$$

解得

$$R_B = 5 \ \Omega$$

从电网输入的功率为

$$P_1 = U_N I_N = 220 \times 53 \ W = 11 \ 660 \ W$$

由于忽略了空载损耗，因此从轴上输入的功率即为电动机的电磁功率，即

$$P_2 = E_a I_a = C_E \Phi_N n I_a = 0.204 \ 1 \times 300 \times 53 \ W = 3245.2 \ W$$

电枢回路电阻消耗的功率为

$$P_{Cua} = (R_a + R_B) I_N^2 = (0.3 + 5) \times 53^2 \ W = 14 \ 887.7 \ W$$

4.4.3　回馈制动

当电动机转速高于理想空载转速，即 $n > n_0$ 时，$E_a > U$，致使电枢电流 I_a 改变方向，由电枢流向电源，电动机运行于回馈制动状态。

1. 正向回馈制动过程

在采用降低电枢电压调速的电力拖动系统中，如果降压过快或降压幅度稍大，由于感应电动势来不及变化，因此可能出现 $E_a > U$ 的情况，从而发生短暂的回馈制动过程。

在图 4-16 中，A 点是正向电动状态运行工作点，对应的电压为 U_N。若电压由 U_N 突降为 U_1，因转速不能突变，工作点由 A 点平移到 B 点，此后工作点在降低电枢电压调速的人为机械特性曲线的 $B n_{01}$ 段的变化过程即为正向回馈制动过程。在从 B 点到 C 点的过程中，电动机的转速 $n > n_{01}$，相应的电枢电动势 $E_a > U_1$，$I_a = \dfrac{U_1 - E_a}{R_a} < 0$，即有电流回馈给电网。此时 $T_{em} < 0$，该制动转矩使电动机的转速减小。当工作点到达 C 点时，$n = n_{01}$，$E_a = U_1$，电枢电流和相应的制动转矩均为零，正向回馈制动过程结束。当然，经过 B 点后，仍有 $T_{em} < T_L$，所以运行点进入第一象限后，电动机在电动状态下继续减速，直到 $T_{em} = T_L$，电动机稳定运行于 D 点。

此外，在采用弱磁调速的电力拖动系统中，如果突然增加磁通，使转速降低，那么在转速降低的过程中，也会出现这种类似的回馈制动过程。在图 4-17 中，磁通由 Φ_1 增加到 Φ_N 时，工作点的变化情况与图 4-16 所示的相同，$B n_0$ 段属于正向回馈制动过程。

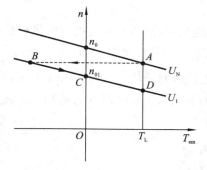

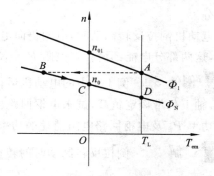

图 4-16　降低电枢电压调速时的回馈制动过程　　　图 4-17　增磁调速时的回馈制动过程

2. 正向回馈制动运行

当他励直流电动机带反抗性负载，其位能起作用时，可能出现正向回馈制动运行。

如图 4-18(a)所示，一电车由直流电动机驱动，在一段水平路面及下坡路段行驶。在水

平路面行驶时,摩擦力产生的摩擦转矩为 T_F,电动机的电磁转矩仅与摩擦转矩相平衡,系统作匀速直线运动,稳定运行在固有机械特性曲线的 A 点,如图 4-18(b)所示。当电车在下坡路段行驶时,电动机轴上出现新的位能性拖动转矩 T_W,其方向与前进方向相同,与 T_F 的方向相反,且在数值上要大于 T_F,这时电车的合成负载转矩为 $-T_W+T_F<0$,对应的负载特性曲线位于第二象限。在电动机电磁转矩和合成负载转矩的共同作用下,电动机开始加速。当转速 $n>n_0$ 时,$E_a>U$,这时电枢电流 I_a 及电磁转矩 T_{em} 均为负值,电磁转矩变为制动转矩,对下坡起抑制作用,电动机转变为发电机,输出电能,回馈到电网中去。当工作点到达 B 点时,电动机的电磁转矩与负载转矩平衡,电车以 n_B 的稳定速度下坡。这种回馈制动能使电车恒速下坡,故称这种运行方式为正向回馈制动运行方式。

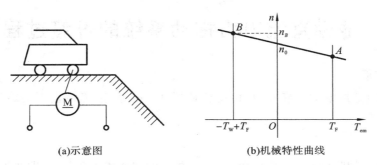

(a)示意图   (b)机械特性曲线

图 4-18 正向回馈制动运行

正向回馈制动运行时的机械特性与正向电动状态时的完全相同。

3. 反向回馈制动运行

他励直流电动机进行电压反接制动时,如果拖动位能性负载,则系统进入反向回馈制动稳定运行状态。

如图 4-19 所示,设开始时电动机带位能性恒转矩负载正向稳定运行于第一象限的 A 点。进行电压反接制动时,转速迅速降到 $n=0$,工作点到达 C 点。此时,如不立即切断电源,由于 $T_{em}<T_L$,系统将继续降速,即电动机开始反转,工作点沿机械特性曲线继续向下移动,经过 CD 段的反向电动状态后,越过 $n=-n_0$ 的 D 点进入第四象限,此时 $T_{em}>0$,$n<0$,电磁转矩变为制动转矩。因为 T_{em} 仍小于 T_L,系统将继续反转加速,直到 E 点时,$T_{em}=T_L$,系统以 n_E 的速度匀速下放重物,此时 $|n|>|-n_0|$。故将这种运行状态称为反向回馈制动运行状态,它适用于高速下放位能性负载的场合。

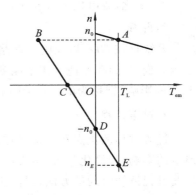

图 4-19 反向回馈制动运行的机械特性曲线

反向回馈制动运行的机械特性与电压反接制动的机械特性相同。

由以上两种回馈制动的分析可知,回馈制动时,由于有功率回馈到电网,因此与能耗制动和电压反接制动相比,回馈制动是比较经济的。

例 4-6 一台他励直流电动机的铭牌数据为 $U_N=220$ V,$I_N=12.5$ A,$n_N=1500$ r/min,$R_a=0.8$ Ω,该电动机拖动位能性负载,在回馈制动状态下,以 1750 r/min 的转速下放重物,求电枢回路应串入多大电阻。

解

$$C_E \Phi_N = \frac{U_N - I_N R_a}{n_N} = \frac{220 - 12.5 \times 0.8}{1500} \text{ V} \cdot \text{min/r} = 0.14 \text{ V} \cdot \text{min/r}$$

$$n = -\frac{U_N}{C_E \Phi_N} - \frac{R_a + R_B}{C_E \Phi_N} I_a$$

$$-1750 = -\frac{220}{0.14} - \frac{0.8 + R_B}{0.14} \times 12.5$$

解得

$$R_B = 1.2 \ \Omega$$

4.5 他励直流电力拖动系统的过渡过程

1. 稳态(静态)

稳态(静态)是指电动机转矩 T 和负载转矩 T_L 相等,系统静止不动或以恒速运动的状态。

2. 动态

动态是指电动机转矩 T 与负载转矩 T_L 不相等的加速或减速状态,即非平衡状态($\mathrm{d}n/\mathrm{d}t \neq 0$)。动态也称过渡过程。转速由 $n=0$ 升至某一转速或从某一转速升至另一转速的变化过程均称为过渡过程。

3. 产生过渡过程的原因

1)外因

T_L 变化,或电机参数变化,引起 T 变化。

2)内因

系统存在 GD^2 以及励磁回路中存在 L(电感)等机械原因和电磁原因。GD^2 的存在使 n 不能突变,L 的存在使电流不能突变。若只考虑 GD^2 的影响,则称为机械过渡过程;若只考虑 L 的影响,则称为电磁过渡过程;若两者都考虑,则称为机电过渡过程。

4. 过渡过程

过渡过程的重点在于机械过渡过程。因为在多数情况下,机械惯量的影响远大于电磁惯量的影响,为简化分析,略去电磁惯量的影响。研究过渡过程的实际意义在于:找出缩短过渡过程持续时间的方法,提高生产率;探讨减小过渡过程损耗功率的途径,提高电机利用率和力能指标;改善系统动态或稳定运行品质,使设备能安全、可靠地运行。

4.5.1 过渡过程的数学分析

我们分析过渡过程时忽略了电磁过渡过程,只考虑机械过渡过程。同时,还应满足以下条件。

(1)电源电压在过渡过程中恒定不变。

(2)磁通 Φ 恒定不变。

(3)负载转矩为常数。

过渡过程在机械特性上表现为电动机的运行点从起始点开始沿着电动机机械特性曲线向着稳态点变化。起始点是机械特性曲线上的一个点,对应过渡过程开始瞬间的转速;稳态点是过渡过程结束后的工作点。

在图 4-20 中,曲线 1 为他励直流电动机任意一条机械特性曲线,曲线 2 为恒转矩负载的转矩特性曲线。起始点为 A 点,其转速为 n_{F0},电磁转矩为 T_{F0}。稳态点为 B 点,其转速为 n_L,电磁转矩为 T_L,也等于负载转矩。下面分析从起始点 A 到稳态点 B 沿着曲线 1 进行的过渡过程。

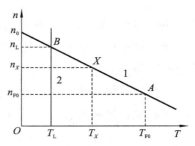

图 4-20　机械特性上的过渡过程

1. 转速变化规律

定量分析过渡过程的依据是电力拖动系统的转动方程。已知电动机的机械特性、负载机械特性、起始点、稳态点及系统的飞轮矩,求解过渡过程中的转速 $n=f(t)$、转矩 $T=f(t)$ 和电枢电流 $I_a=f(t)$。

针对转速 n,先建立微分方程。负载转矩 T_L 和 GD^2 为常数时,转动方程描述了电磁转矩与转速变化的关系,即

$$T-T_L=\frac{GD^2}{375}\cdot\frac{\mathrm{d}n}{\mathrm{d}t}$$

他励直流电动机的机械特性描述了转速与转矩的关系,即

$$n=n_0-\beta T$$

将上述两式联立,消去 T,得到微分方程为

$$n=n_0-\beta\left(T_L+\frac{GD^2}{375}\cdot\frac{\mathrm{d}n}{\mathrm{d}t}\right)=n_0-\Delta n_B-\beta\cdot\frac{GD^2}{375}\cdot\frac{\mathrm{d}n}{\mathrm{d}t}=n_L-T_M\cdot\frac{\mathrm{d}n}{\mathrm{d}t} \quad (4-23)$$

式中,Δn_B 为 B 点的转速降,$\Delta n_B=\beta T_L$。

式(4-23)为非齐次常系数一阶微分方程,用分离变量法求通解得

$$n-n_L=(n_{F0}-n_L)\mathrm{e}^{-t/T_M}$$

或

$$n=n_L+(n_{F0}-n_L)\mathrm{e}^{-t/T_M} \quad (4-24)$$

显然,转速 n 包含两个分量:一个是强制分量 n_L,也就是过渡过程结束时的稳态值;另一个是自由分量 $(n_{F0}-n_L)\mathrm{e}^{-t/T_M}$,它按指数规律衰减至零。因此,过渡过程中,转速 n 是从起始值 n_{F0} 开始,按指数规律逐渐变化至过渡过程终止的稳态值 n_L,如图 4-21(a)所示。

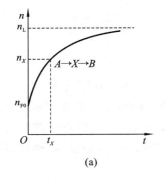

(a)

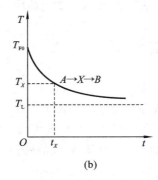

(b)

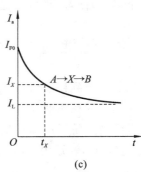

(c)

图 4-21　过渡过程曲线

曲线 $n=f(t)$ 与一般的一阶过渡过程曲线一样,主要应掌握三个要素:起始值、稳态值

与时间常数。这三个要素确定了，过渡过程也就确定了。起始值 n_{F0} 与稳态值 n_L 已经确定了，需要确定的是时间常数 T_M（单位为 s），已知其大小为

$$T_M = \beta \cdot \frac{GD^2}{375} = \frac{R_a + R}{C_E C_T \Phi^2} \cdot \frac{GD^2}{375} \tag{4-25}$$

显然，尽管 T_M 是表征机械过渡过程快慢的量，但是其大小除了与 GD^2 成正比之外，还与机械特性曲线的斜率成正比，也与 $R_a + R$ 和 Φ 等有关系。因此，称 T_M 为电力拖动系统的机电时间常数。

2. 转矩变化规律

由机械特性曲线可知，T 与 n 的关系为

$$\begin{cases} n = n_0 - \beta T \\ n_L = n_0 - \beta T_L \\ n_{F0} = n_0 - \beta T_{F0} \end{cases} \tag{4-26}$$

将式(4-26)代入式(4-24)中，得

$$T = T_L + (T_{F0} - T_L)e^{-t/T_M} \tag{4-27}$$

式(4-27)为 $T = f(t)$ 的具体形式。显然，T 也包括一个稳态值与一个按指数规律衰减的自由分量，时间常数亦为 T_M。T 的变化是从 T_{F0} 按指数规律逐渐变为 T_L 的，如图 4-21(b)所示。

3. 电枢电流变化规律

电枢电流与电磁转矩的关系用转矩的基本方程表示，即

$$\begin{cases} T = C_T \Phi I_a \\ T_L = C_T \Phi I_L \\ T_{F0} = C_T \Phi I_{F0} \end{cases} \tag{4-28}$$

将式(4-28)代入式(4-27)中，得

$$I_a = I_L + (I_{F0} - I_L)e^{-t/T_M} \tag{4-29}$$

由式(4-29)可以看出，电枢电流包括强制分量 I_L 与自由分量 $(I_{F0} - I_L)e^{-t/T_M}$，时间常数亦为 T_M。I_a 的变化是从 I_{F0} 按指数规律逐渐变为 I_L 的，如图 4-21(c)所示。

从以上对过渡过程中的 $n = f(t)$、$T = f(t)$、$I_a = f(t)$ 的计算可以看出，这几个量均按照指数规律从起始值变为稳态值。可以按照分析一般一阶微分方程过渡过程三要素的方法找出三个要素，便可确定各量的数学表达式并画出变化曲线。

4.5.2 过渡过程时间的计算

从起始值到稳态值，理论上需要 $t = \infty$ 时间，但实际上 $t = (3 \sim 4)T_M$ 时各量便已达到 $95\% \sim 98\%$ 的稳态值，此时即可认为过渡过程结束了。在工程实际中，往往需要知道过渡过程进行到某一阶段所需的时间。图 4-20 中的 X 点为 AB 间的任意一点，所对应的时间为 t_X，转速为 n_X，转矩为 T_X。若已知 $n = f(t)$ 及 X 点的转速 n_X，如图 4-21(a)所示，则可以通过式(4-24)计算 t_X。把 X 点的数值代入式(4-24)，得

$$t_X = T_M \ln \frac{n_{F0} - n_1}{n_X - n_L} \tag{4-30}$$

同理,若已知 $T=f(t)$ 及 X 点的转矩 T_X,如图 4-21(b)所示,则 t_X 的计算公式为

$$t_X = T_M \ln \frac{T_{F0}-T_L}{T_X-T_L} \tag{4-31}$$

当然,若已知 $I_a=f(t)$ 及 X 点的电枢电流 I_X,如图 4-21(c)所示,则

$$t_X = T_M \ln \frac{I_{F0}-I_L}{I_X-I_L} \tag{4-32}$$

4.5.3 启动过渡过程

图 4-22(a)所示为他励直流电动机的一条启动时的机械特性曲线,S 点为启动过程开始点,其转矩 $T=T_S$,转速 $n=0$;A 点为启动过程结束点,其转矩 $T=T_L$,转速 $n=n_A$。

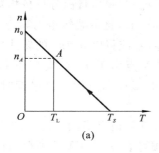 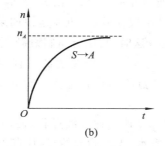 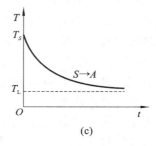

图 4-22 启动过渡过程

S 点与 A 点为启动过渡过程的起始点与稳态点,把这两点的具体数据代入式(4-24)与式(4-27),便可得到该过渡过程中的转速 $n=f(t)$ 与转矩 $T=f(t)$,即

$$n = n_A - n_A \mathrm{e}^{-t/T_M}$$

$$T = T_L + (T_S - T_L)\mathrm{e}^{-t/T_M}$$

其曲线分别如图 4-22(b)和图 4-22(c)所示。$I_a=f(t)$ 的关系式及曲线,读者可自行写出与绘制。

4.5.4 能耗制动过渡过程

计算能耗制动过渡过程的各变化量时,需要用到虚稳态点,我们首先介绍一下虚稳态点的概念。

在图 4-23(a)中,曲线 1 为他励直流电动机任意一条机械特性曲线,曲线 2 和曲线 3 为负载转矩特性曲线:当 $n \leqslant n_X$ 时,为曲线 2;当 $n \geqslant n_X$ 时,为曲线 3。已知曲线 1、曲线 2、曲线 3,系统的飞轮矩,点 A 和点 X,求解 $A \rightarrow X$ 的过渡过程。

当 $0 \leqslant n \leqslant n_X$ 时,负载转矩 T_L 为常数,GD^2 也为常数,因此电动机的转动方程和机械特性方程为

$$T - T_L = \frac{GD^2}{375} \cdot \frac{\mathrm{d}n}{\mathrm{d}t}$$

$$n = n_0 - \beta T$$

联立上述两式,消去 T,由初始条件 $T=0$,$n=n_{F0}$ 得

$$n = n_L + (n_{F0} - n_L)\mathrm{e}^{-t/T_M} \tag{4-33}$$

根据式(4-33)画出 $n=f(t)$ 曲线,如图 4-20(b)中的实线部分所示,它是 $A \rightarrow B$ 这个完

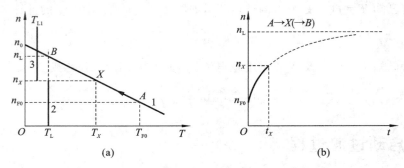

图 4-23 机械特性上 $A \to X$ 的过渡过程

整的过渡过程中的 $A \to X$ 段。

式(4-33)表明,转速 n 包含强制分量 n_L 和自由分量 $(n_{F0} - n_L) e^{-t/T_M}$,自由分量按指数规律衰减。如果 $0 \leqslant n \leqslant n_X$ 这个条件不成立的话,也就是说如果 $n \geqslant n_X$,且负载转矩仍等于 T_L,那么过渡过程将继续进行到 B 点。这时,自由分量将衰减至零,系统将以 $n = n_L$ 的转速恒速运行,即 B 点将成为稳态点。但是实际的 $A \to X$ 过渡过程,在 X 点由于 T_L 的突变而中断,并没有真正进行到 B 点,因此把 B 点称为虚稳态点。分析只有虚稳态点的过渡过程时,仍然可以按三要素法进行。

为了区别有稳态点与有虚稳态点这两种过渡过程,使用的符号稍有不同。对于图 4-23 所示的过渡过程,用 $A \to X (\to B)$ 表示,A 点为起始点,B 点为虚稳态点,$A \to X$ 为所分析的实际过程,括号中的 $(\to B)$ 段并没有真正进行。

下面利用虚稳态点的概念及对只有虚稳态点的过渡过程的分析方法,具体研究他励直流电动机拖动反抗性恒转矩负载的能耗制动过程。

他励直流电动机拖动反抗性恒转矩负载进行能耗制动的机械特性如图 4-24(a)所示,其中曲线 1 为固有机械特性,曲线 2 为能耗制动机械特性,曲线 3 为 $n \geqslant 0$ 时的负载转矩特性,曲线 4 为 $n \leqslant 0$ 时的负载机械特性。拖动反抗性恒转矩负载的能耗制动过渡过程就是一个制动停车的过程,从 B 点开始,到 O 点为止。

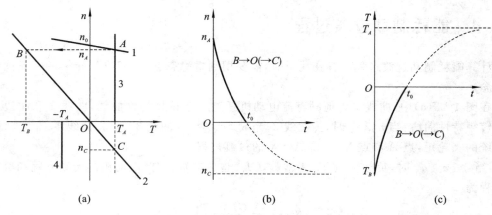

图 4-24 他励直流电动机拖动反抗性恒转矩负载时能耗制动过渡过程

显然,能耗制动过渡过程是 $B \to O (\to C)$ 这样一个过渡过程,其起始点为 B,虚稳态点为 C。把起始点与虚稳态点的有关数据代入转速与转矩的表达式(4-24)和式(4-27)中,便得到 $n = f(t)$ 及 $T = f(t)$,即

当 $n \geqslant 0$ 时有

$$n = n_C + (n_A - n_C)e^{-t/T_M}$$

当 $n < 0$ 时有

$$T = T_A + (T_B - T_A)e^{-t/T_M}$$

画出曲线,如图 4-24(b)与图 4-24(c)所示。

曲线 $n = f(t)$ 上 $n = 0$ 的点,其时间坐标值 t_0 就是能耗制动停车过程所用的时间。把起始点、稳态点的转速值及 $n = 0$ 代入式(4-30),得

$$t_0 = T_M \ln \frac{n_A - n_C}{-n_C}$$

或者也可以从 $T = f(t)$ 曲线上求出 t_0。t_0 为 $T = 0$ 这一点的时间坐标值,由式(4-31)可得

$$t_0 = T_M \ln \frac{T_B - T_A}{-T_A}$$

4.5.5 反接制动过渡过程

以他励直流电动机拖动位能性恒转矩负载为例,反接制动的机械特性如图 4-25(a)所示。负载的转矩特性:当 $n \geqslant 0$ 时,为曲线 3;当 $n \leqslant 0$ 时,为曲线 4。

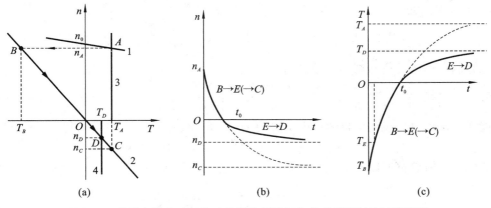

图 4-25 他励直流电动机拖动位能性恒转矩负载时反接制动过渡过程

若仅考虑反接制动停车,则过渡过程为 $B \to E(\to C)$,C 为虚稳态点,与拖动反抗性恒转矩负载时的情况是一样的。$n = f(t)$ 和 $T = f(t)$ 曲线如图 4-25(b)和图 4-25(c)中的 $B \to E$ $(\to C)$ 段所示,制动停车时间为 t_0。

若为从反接制动开始,经过反向启动,直到反向回馈制动运行为止的整个过渡过程,则其实际上是由两部分,即 $B \to E(\to C)$ 段和 $E \to D$ 段组成的全过渡过程。$B \to E(\to C)$ 段与拖动反抗性恒转矩负载的情况是相同的,其 $n = f(t)$ 和 $T = f(t)$ 曲线如图 4-25(b)和图 4-25(c)中的 $B \to E(\to C)$ 段所示。$E \to D$ 段过渡过程的起始点为 E,稳态点为 D,其转速与转矩分别为

$$n = n_D - n_D e^{-t/T_M}$$
$$T = T_D + (T_B - T_D)e^{-t/T_M}$$

$n = f(t)$ 与 $T = f(t)$ 曲线如图 4-25(b)与图 4-25(c)中的 $E \to D$ 段所示。

注意:公式与曲线中的 t 都是从 $t=t_0$ 开始的。

至此,对经常遇到的一些过渡过程均进行了具体的分析。实际上,电力拖动系统运行时,只要 $T \neq T_L$,就处于过渡过程,其遵循的规律都是一样的,只要找到起始点、稳态点(或虚稳态点)和时间常数,就可写出 $n = f(t)$、$T = f(t)$ 及 $I_a = f(t)$,进而即可确定整个过渡过程。

例 4-7 某台他励直流电动机的铭牌数据为 $P_N = 5.6 \text{ kW}$,$U_N = 220 \text{ V}$,$I_N = 31 \text{ A}$,$n_N = 1000 \text{ r/min}$,$R_a = 0.4 \text{ } \Omega$。如果系统总飞轮矩 $GD^2 = 9.8 \text{ N} \cdot \text{m}^2$,$T_L = 49 \text{ N} \cdot \text{m}$,在电动运行时进行制动停车,制动的起始电流为 $2I_N$,试就反抗性恒转矩负载与位能性恒转矩负载两种情况,求:

(1)能耗制动停车的时间;

(2)反接制动停车的时间;

(3)如果当转速制动到 $n = 0$,不采取其他停车措施,求转速达到稳定值时整个过渡过程的时间。

解 (1)能耗制动停车时,不论是反抗性恒转矩负载还是位能性恒转矩负载,制动停车时间都是一样的。

电动机的 $C_E \Phi_N$ 为

$$C_E \Phi_N = \frac{U_N - I_N R_a}{n_N} = \frac{220 - 31 \times 0.4}{1000} \text{ V} \cdot \text{min/r} = 0.208 \text{ V} \cdot \text{min/r}$$

能耗制动前的转速即制动初始转速为

$$n_{F0} = n = \frac{U_N}{C_E \Phi_N} - \frac{R_a}{9.55(C_E \Phi_N)^2} \cdot T_L = \left(\frac{220}{0.208} - \frac{0.4}{9.55 \times 0.208^2} \times 49 \right) \text{ r/min} = 1010.3 \text{ r/min}$$

能耗制动前电动机的电枢感应电动势为

$$E_a = C_E \Phi n = 0.208 \times 1010.3 \text{ V} = 210.1 \text{ V}$$

能耗制动时电枢回路总电阻为

$$R_a + R = \frac{-E_a}{-2I_N} = \frac{-210.1}{-2 \times 31} \text{ } \Omega = 3.39 \text{ } \Omega$$

虚稳态点的转速为

$$n_L = \frac{U}{C_E \Phi_N} - \frac{R_a + R}{9.55(C_E \Phi_N)^2} \cdot T_L = \left(\frac{0}{0.208} - \frac{3.39}{9.55 \times 0.208^2} \times 49 \right) \text{ r/min} = -402 \text{ r/min}$$

能耗制动时机电时间常数为

$$T_M = \frac{GD^2}{375} \cdot \frac{R_a + R}{9.55(C_E \Phi_N)^2} = \frac{9.8}{375} \times \frac{3.39}{9.55 \times 0.208^2} \text{ s} = 0.214 \text{ s}$$

能耗制动停车时间为

$$t_0 = T_M \ln \frac{n_{F0} - n_L}{-n_L} = 0.214 \times \ln \frac{1010.3 - (-402)}{-(-402)} \text{ s} = 0.269 \text{ s}$$

(2)反接制动时,无论是反抗性恒转矩负载还是位能性恒转矩负载,反接制动停车的时间都是一样的。制动起始点与能耗制动时的相同。

反接制动时电枢回路总电阻为

$$R_a + R' = \frac{-U_N - E_a}{-2I_N} = \frac{-220 - 210.1}{-2 \times 31} \text{ } \Omega = 6.94 \text{ } \Omega$$

虚稳态点的转速为

$$n_L' = \frac{-U_N}{C_E \Phi_N} - \frac{R_a + R'}{9.55(C_E \Phi_N)^2} \cdot T_L = \left(\frac{-220}{0.208} - \frac{6.94}{9.55 \times 0.208^2} \times 49 \right) \text{r/min} = -1880.7 \text{ r/min}$$

反接制动时机电时间常数为

$$T_M' = \frac{GD^2}{375} \cdot \frac{R_a + R'}{9.55(C_E \Phi)^2} = \frac{9.8}{375} \times \frac{6.94}{9.55 \times 0.208^2} \text{ s} = 0.439 \text{ s}$$

反接制动停车时间为

$$t_0' = T_M' \ln \frac{n_{F0} - n_L'}{-n_L'} = 0.439 \times \ln \frac{1010.3 - (-1880.7)}{-(-1880.7)} \text{ s} = 0.189 \text{ s}$$

(3)不采取其他停车措施,达到稳态转速时整个制动过程所用时间的计算。

①能耗制动时:

带反抗性恒转矩负载时,整个制动过程所用时间为

$$t_1 = t_0 = 0.269 \text{ s}$$

带位能性恒转矩负载时,整个制动过程所用时间为

$$t_2 = t_0 + 4T_M = (0.269 + 4 \times 0.214) \text{ s} = 1.125 \text{ s}$$

②反接制动时:

带反抗性恒转矩负载时,先计算制动到 $n=0$ 时的电磁转矩 T,看看电动机是否能反向启动。将该点的有关数据代入反接制动机械特性方程中求 T,得

$$n = \frac{-U_N}{C_E \Phi_N} - \frac{R_a + R'}{9.55(C_E \Phi_N)^2} \cdot T$$

$$0 = \frac{-220}{0.208} - \frac{6.94}{9.55 \times 0.208^2} \cdot T$$

解得

$$T = -62.97 \text{ N} \cdot \text{m}$$

因为 $T < T_L$($T_L = -49 \text{ N} \cdot \text{m}$),所以电动机反向启动,运行到反向电动运行状态,于是有

$$t_3 = t_0' + 4T_M' = (0.189 + 4 \times 0.439) \text{ s} = 1.945 \text{ s}$$

带位能性恒转矩负载时,整个制动过程所用时间为

$$t_4 = t_3 = 1.945 \text{ s}$$

可见,能耗制动停车过程与反接制动停车过程相比,尽管都是从同一个转速起始值开始制动到转速为零,但制动时间却不同,能耗制动停车比反接制动停车要慢。

例 4-8 某他励直流电动机的铭牌数据为 $P_N = 15 \text{ kW}$,$U_N = 220 \text{ V}$,$I_N = 80 \text{ A}$,$n_N = 1000 \text{ r/min}$,$R_a = 0.2 \text{ }\Omega$,$GD_D^2 = 20 \text{ N} \cdot \text{m}^2$,电动机拖动反抗性恒转矩负载,大小为 $0.8T_N$,运行在固有机械特性上。

(1)停车时采用反接制动,制动转矩为 $2T_N$,求电枢需串联的电阻值;

(2)当反接制动到转速为 $0.3n_N$ 时,为了使电动机不致反转,换成能耗制动,制动转矩仍为 $2T_N$,求电枢需串联的电阻值;

(3)取系统总的飞轮矩 $GD^2 = 1.25GD_D^2$,求制动停车所用的时间;

(4)画出上述制动停车的机械特性;

(5)画出上述制动停车过程中的 $n = f(t)$ 曲线,标出停车时间。

解 （1）反接制动电阻的计算。

反接制动前的电枢电流为

$$I_{a1} = \frac{0.8 T_N}{T_N} \cdot I_N = 0.8 \times 80 \text{ A} = 64 \text{ A}$$

反接制动前的电枢感应电动势为

$$E_{a1} = U_N - I_{a1} R_a = (220 - 64 \times 0.2) \text{ V} = 207.2 \text{ V}$$

反接制动开始时的电枢电流为

$$I_{a2} = \frac{-2 T_N}{T_N} \cdot I_N = -2 \times 80 \text{ A} = -160 \text{ A}$$

反接制动电阻为

$$R_1 = -\frac{-U_N - E_{a1}}{I_{a2}} - R_a = \left(\frac{-220 - 207.2}{-160} - 0.2 \right) \Omega = 2.47 \ \Omega$$

（2）转速降到 $0.3 n_N$ 时换为能耗制动，制动电阻的计算。

电动机的额定电枢感应电动势为

$$E_{aN} = U_N - I_N R_a = (220 - 80 \times 0.2) \text{ V} = 204 \text{ V}$$

能耗制动前的电枢感应电动势为

$$E_{a2} = \frac{0.3 n_N}{n_N} \cdot E_{aN} = 0.3 \times 204 \text{ V} = 61.2 \text{ V}$$

能耗制动电阻为

$$R_2 = \frac{-E_{a2}}{I_{a2}} - R_a = \left(\frac{-61.2}{-160} - 0.2 \right) \Omega = 0.183 \ \Omega$$

（3）制动停车时间的计算。

电动机的 $C_E \Phi_N$ 为

$$C_E \Phi_N = \frac{E_{aN}}{n_N} = \frac{204}{1000} \text{ V} \cdot \text{min/r} = 0.204 \text{ V} \cdot \text{min/r}$$

反接制动时机电时间常数为

$$T_{M1} = \frac{GD^2}{375} \cdot \frac{R_a + R_1}{9.55 (C_E \Phi_N)^2} = \frac{1.25 \times 20}{375} \times \frac{0.2 + 2.47}{9.55 \times 0.204^2} \text{ s} = 0.448 \text{ s}$$

能耗制动时机电时间常数为

$$T_{M2} = \frac{GD^2}{375} \cdot \frac{R_a + R_2}{9.55 (C_E \Phi_N)^2} = \frac{1.25 \times 20}{375} \times \frac{0.2 + 0.183}{9.55 \times 0.204^2} \text{ s} = 0.064 \ 2 \text{ s}$$

反接制动到 $0.3 n_N$ 时电枢电流为

$$I_{a3} = \frac{-U_N - E_{a2}}{R_a + R_1} = \frac{-220 - 61.2}{0.2 + 2.47} \text{ A} = -105.3 \text{ A}$$

反接制动到 $0.3 n_N$ 时所用的时间为

$$t_1 = T_{M1} \ln \frac{I_{a2} - I_{a1}}{I_{a3} - I_{a1}} = 0.448 \times \ln \frac{-160 - 64}{-105.3 - 64} \text{ s} = 0.13 \text{ s}$$

能耗制动从 $0.3 n_N$ 到 $n = 0$ 所用的时间为

$$t_2 = T_{M2} \ln \frac{I_{a2} - I_{a1}}{-I_{a1}} = 0.064 \ 2 \times \ln \frac{-160 - 64}{-64} \text{ s} = 0.08 \text{ s}$$

整个制动停车时间为

$$t_0 = t_1 + t_2 = (0.13 + 0.08) \text{ s} = 0.21 \text{ s}$$

（4）上述停车过程的机械特性如图 4-26（a）所示，其中反接制动的起始转速为

$$n_1 = \frac{U_N}{C_E\Phi_N} - \frac{I_{a1}R_a}{C_E\Phi_N} = \left(\frac{220}{0.204} - \frac{64 \times 0.2}{0.204}\right) \text{r/min} = 1016 \text{ r/min}$$

反接制动稳态转速（虚稳态点）为

$$n_2 = \frac{-U_N}{C_E\Phi_N} - \frac{I_{a1}(R_a+R_1)}{C_E\Phi_N} = \left(\frac{-220}{0.204} - \frac{64 \times (0.2+2.47)}{0.204}\right) \text{r/min} = -1916 \text{ r/min}$$

能耗制动稳态转速（虚稳态点）为

$$n_3 = \frac{-I_{a1}(R_a+R_2)}{C_E\Phi_N} = \frac{-64 \times (0.2+0.183)}{0.204} \text{r/min} = -120 \text{ r/min}$$

在上述过程中，电动机的运行点是 $B \to E \to D \to O$，经历的两个过渡过程为 $B \to E(\to C)$ 反接制动过程和 $D \to O(\to F)$ 能耗制动过程。其中，反接制动过程中断在 E 点，对应的转速为 $0.3n_N$，而不是制动到 $n=0$ 中断。

（5）过渡过程的 $n=f(t)$ 曲线如图 4-26（b）所示。

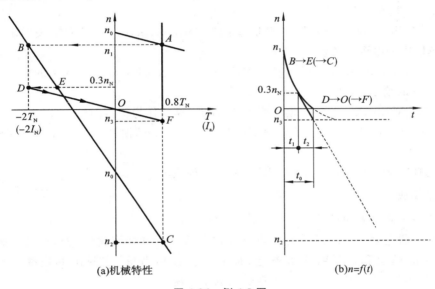

　　　　(a)机械特性　　　　　　　　　　　　　(b)$n=f(t)$

图 4-26　例 4-8 图

4.6　他励直流电动机的建模及仿真

下面以他励直流电动机为研究对象，讲解直流电动机启动、调速的建模及仿真过程。其中，他励直流电动机的铭牌数据为 $P_N = 185$ kW，$U_N = 220$ V，$I_N = 1.2$ A，$n_N = 1600$ r/min。他励直流电动机制动的建模及仿真学生可根据学习兴趣自学。

4.6.1　直流电动机的启动

由电机学理论知识可知，直流电动机的启动方式有两种：直接启动和串联电阻启动。

所谓直接启动，是指将电枢电压直接加载于电动机的电枢侧；而串联电阻启动是将电枢电压经过一个变阻器后再加载于电动机的电枢侧，当电动机启动后，将变阻器的阻值从最大值逐渐减小为零。本节以串联电阻启动为例讲解他励直流电动机启动的建模及仿真。

他励直流电动机串联电阻启动的建模及其仿真步骤如下。

1. 选择模块

首先建立一个新的 Simulink 模型窗口,然后根据系统的描述选择合适的模块添加至模型窗口中。建立模型所需的模块如下:

(1)选择"SimPowerSystems"模块库的"Machines"子模块库下的"DC Machine"模块作为他励直流励磁电动机。

(2)选择"SimPowerSystems"模块库的"Elements"子模块库下的"Breaker"模块作为断路器、"Series RLC Branch"模块作为电阻、"Ground"模块作为接地。

(3)选择"Sources"模块库下的"Step"模块作为串联电阻的定时开关。

(4)选择"SimPowerSystems"模块库的"Electrical Sources"子模块库下的"DC Voltage Source"模块作为直流电源。

(5)选择"SimPowerSystems"模块库的"Measurements"子模块库下的"Voltage Measurement"模块作为电压测量。

(6)选择"SimPowerSystems"模块库的"Power Electronics"子模块库下的"Ideal Switch"模块作为电源开关。

(7)选择"SimPowerSystems"模块库的"Control Blocks"子模块库下的"Timer"模块作为电源开关的给定信号。

(8)选择"Math Operation"模块库下的"Gain"模块作为比例因子。

(9)选择"Signal Routing"模块库下的"Bus Selector"模块作为直流电动机输出信号选择器。

(10)选择"Sinks"模块库下的"XY Graph"模块和"Scope"模块。

2. 搭建模块

1)搭建一个串联电阻子系统

首先将串联电阻子系统所需的模块放置在合适的位置并搭建好,如图 4-27 所示;然后将图 4-27 中的模块和信号线全部选定;最后单击鼠标右键,在弹出的快捷菜单中选择"Create Subsystem",建立一个单输入单输出的子系统。

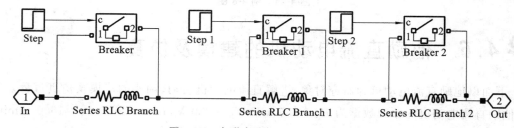

图 4-27 串联电阻 Subsystem 子系统

2)搭建串联电阻启动模型

将所需的模块放置在合适的位置,再将模块从输入端至输出端进行连接,搭建完整的串联电阻启动 Simulink 模型,如图 4-28 所示。

3. 设置模块参数

1)设置"DC Machine"模块参数

双击"DC Machine"模块,弹出模块参数设置对话框。直流电动机的"DC Machine"模块的具体参数设置如图 4-29 所示。

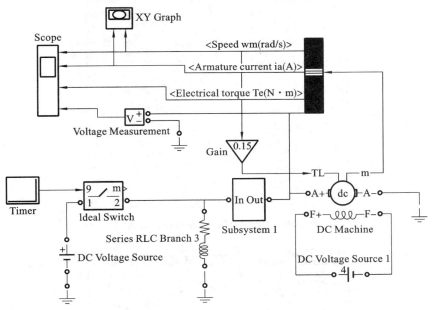

图 4-28　串联电阻启动 Simulink 模型

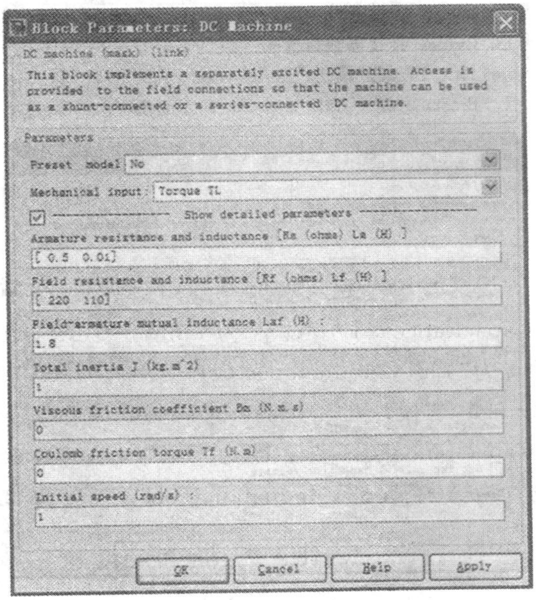

图 4-29　"DC Machine"模块参数设置对话框

2）设置"Breaker"模块参数

双击"Breaker"模块,弹出"Breaker"模块参数设置对话框。"Breaker"模块、"Breaker 1"模块和"Breaker 2"模块设置相同的参数,具体参数设置如图 4-30 所示。

3）设置"Series RLC Branch"模块参数

分别双击"Series RLC Branch"模块、"Series RLC Branch 1"模块、"Series RLC Branch 2"模块和"Series RLC Branch 3"模块,弹出图 4-31 所示的模块初始参数设置对话框。

其中:"Series RLC Branch"模块的"Resistance（Ohms）"设置为"9.5","Inductance

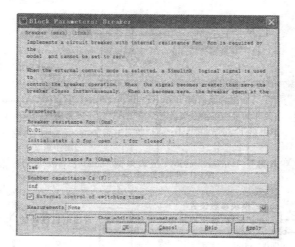

图 4-30 "Breaker"模块参数设置对话框

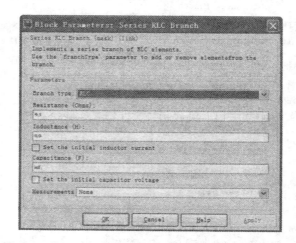

图 4-31 " Series RLC Branch "模块初始参数设置对话框

（H）"设置为"0.0"，"Capacitance（F）"设置为"inf"；"Series RLC Branch 1"模块的
"Resistance（Ohms）"设置为"4.5"，"Inductance（H）"设置为"0.0"，"Capacitance（F）"设置
为"inf"；"Series RLC Branch 2"模块的"Resistance（Ohms）"设置为"0.01"，"Inductance
（H）"设置为"0.0"，"Capacitance（F）"设置为"inf"；"Series RLC Branch 3"模块的
"Resistance（Ohms）"设置为"20000.0"，"Inductance（H）"设置为"0.0"，"Capacitance（F）"
设置为"inf"。

4）设置"Step"模块参数

分别双击"Step"模块、"Step 1"模块和"Step 2"模块，弹出图 4-32 所示的模块初始参数
设置对话框。

其中，"Step"模块的" Step time "参数设置为"2.0"，"Step 1"模块的" Step time "参数
设置为"5.0"，"Step 2"模块的" Step time "参数设置为"7.0"。

5）设置" DC Voltage Source "模块参数

双击" DC Voltage Source "模块，弹出模块参数设置对话框，模块的具体参数设置如
图 4-33所示。

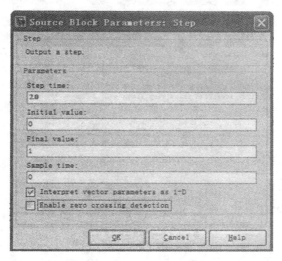

图 4-32 "Step"模块初始参数设置对话框

图 4-33 " DC Voltage Source "模块参数设置对话框

6)设置" Timer "模块参数

双击" Timer "模块,弹出模块参数设置对话框,模块的具体参数设置如图 4-34 所示。

图 4-34 " Timer "模块参数设置对话框 1

7)设置" Voltage Measurement "模块参数

双击" Voltage Measurement "模块,弹出模块参数设置对话框,模块的具体参数设置如图 4-35 所示。

8)设置" Ideal Switch "模块参数

双击" Ideal Switch "模块,弹出模块参数设置对话框,模块的具体参数设置如图 4-36 所示。

图 4-35 "Voltage Measurement"模块参数设置对话框

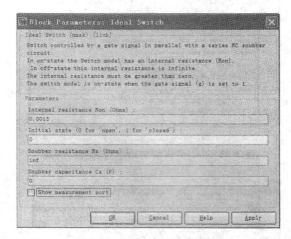

图 4-36 "Ideal Switch"模块参数设置对话框

9)设置"Gain"模块参数

双击"Gain"模块,弹出模块参数设置对话框,模块的具体参数设置如图 4-37 所示。

10)设置"Bus Selector"模块参数

双击"Bus Selector"模块,弹出模块参数设置对话框,如图 4-38 所示。设置参数前,先将"DC Machine"模块的输出端与"Bus Selector"模块的输入端相连,然后运行一次 Simulink,此时再双击"Bus Selector"模块,弹出图 4-39 所示的对话框,用户只需将待输入的信号从对话框左侧的"Signals in the bus"列表框内的信号选择到右侧的"Selected signals"列表框内即可。

11)设置"XY Graph"模块参数

双击"XY Graph"模块,弹出模块参数设置对话框,模块的具体参数设置如图 4-40 所示。

12)设置"Scope"模块参数

单击"Scope"示波器窗口中的"Parameters"属性图标,弹出"Scope"模块参数设置对话框,模块的具体参数设置如图 4-41 所示。用户也可以在该示波器窗口内的任意一个坐标系中单击鼠标右键,在弹出的快捷菜单中选择"Axes properties"命令,单独对每个坐标系 y 轴的范围进行设置。

4. 设置仿真参数及运行

设置仿真参数"Start time"(起始时间)为"0","Stop time"(终止时间)为"10","Solver Options"的步长选择变步长"Variable-Step",解算方法"Solve"选择"ode23s"解算器,然后保存该系统模型并进行仿真运行,仿真结果如图 4-42 和图 4-43 所示。

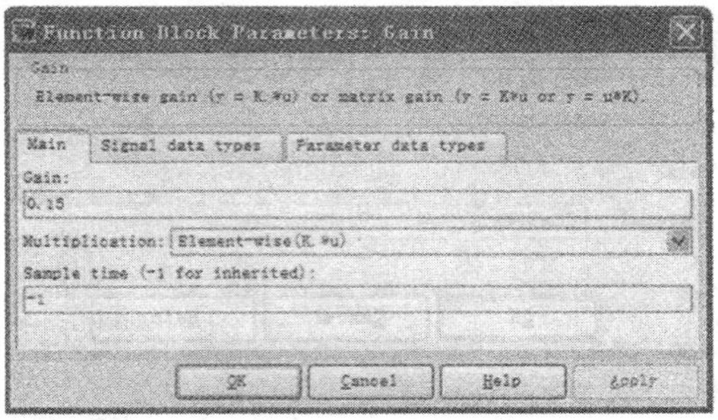

(a) "Main" 参数设置

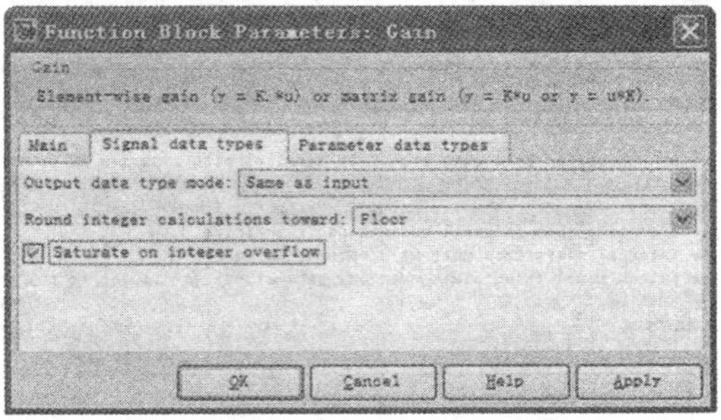

(b) "Signal data types" 参数设置

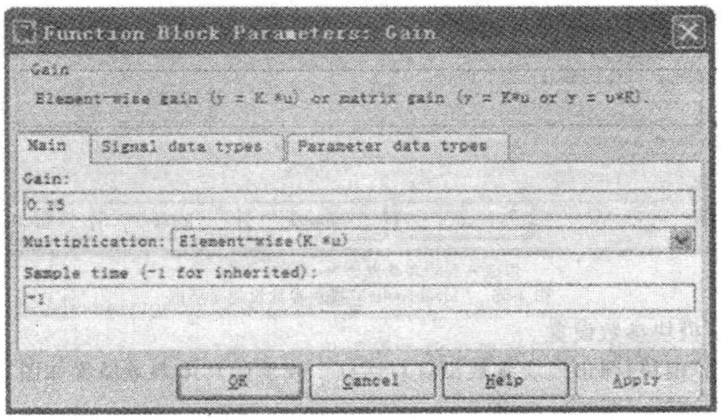

(c) "Parameter data types" 参数设置

图 4-37 "Gain"模块参数设置对话框

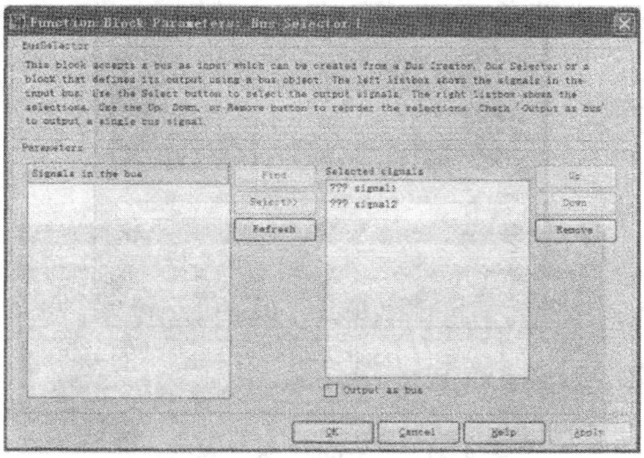

图 4-38 设置参数前" Bus Selector "模块参数设置对话框

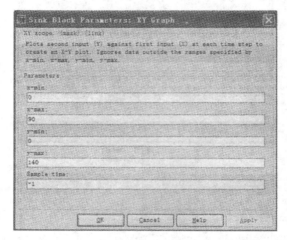

图 4-39　设置参数后" Bus Selector "模块参数设置对话框

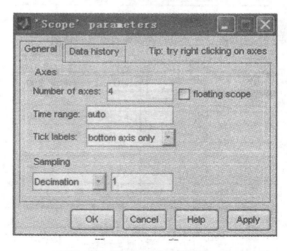

图 4-40　" XY Graph "模块参数设置对话框

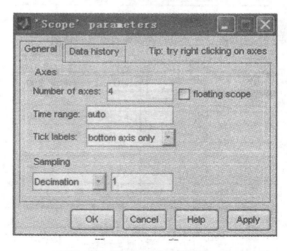

图 4-41　" Scope "示波器窗口

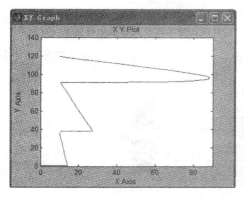

图 4-42 "XY Graph"显示的仿真结果

图 4-43 "Scope"显示的仿真结果 1

4.6.2 直流电动机的调速

直流电动机的调速方法可以分为两种:电枢电压调速和励磁电流调速。

所谓电枢电压调速,是指在保证直流电动机励磁侧接通电源的情况下,通过改变电动机电枢侧的电枢电压或者改变电动机电枢侧串联的电阻来改变电动机的转速,其中,电枢电压的大小与电动机的转速成正比。所谓励磁电流调速,是指通过改变直流电动机励磁侧通过的电流大小来改变电动机的转速。

对于不同励磁方式的直流电动机,其调速过程与变化规律基本相似。本节以他励直流电动机为例,分别讲解他励直流电动机电枢电压调速和励磁电流调速的建模及仿真。

1. 电枢电压调速

他励直流电动机电枢电压调速的建模及其仿真步骤如下。

1)选择模块

首先建立一个新的 Simulink 模型窗口,然后根据系统的描述选择合适的模块添加至模型窗口中。建立模型所需的模块如下:

(1)选择"SimPowerSystems"模块库的"Machines"子模块库下的"DC Machine"模块作为他励直流励磁电动机。

(2)选择"SimPowerSystems"模块库的"Elements"子模块库下的"Series RLC Branch"模块作为电阻、"Ground"模块作为接地。

(3)选择"SimPowerSystems"模块库的"Electrical Sources"子模块库下的"Controlled Voltage Source"模块作为可控直流电源。

(4)选择"SimPowerSystems"模块库的"Electrical Sources"子模块库下的"DC Voltage Source"模块作为直流电源。

(5)选择"SimPowerSystems"模块库的"Measurements"子模块库下的"Voltage Measurement"模块作为电压测量。

(6)选择"SimPowerSystems"模块库的"Control Blocks"子模块库下的"Timer"模块作为电源开关的给定信号。

(7)选择"Math Operation"模块库下的"Gain"模块作为比例因子。

（8）选择"Signal Routing"模块库下的"Bus Selector"模块作为直流电动机输出信号选择器。

（9）选择"Sinks"模块库下的"Scope"模块。

2）搭建模块

将所需模块放置在合适的位置，再将模块从输入端至输出端进行连接，搭建完整的电枢电压调速 Simulink 模型，如图 4-44 所示。

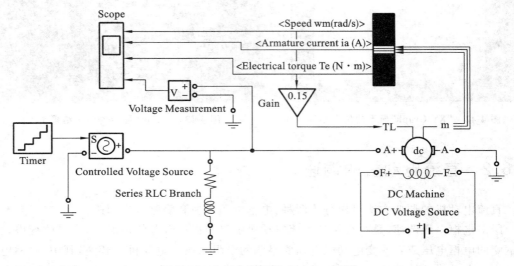

图 4-44　电枢电压调速 Simulink 模型

3）设置模块参数

（1）设置"Timer"模块参数。

双击"Timer"模块，弹出模块参数设置对话框，模块具体参数设置如图 4-45 所示。

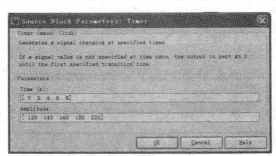

图 4-45　"Timer"模块参数设置对话框 2

（2）设置"Controlled Voltage Source"模块参数。

双击"Controlled Voltage Source"模块，弹出模块参数设置对话框，模块具体参数设置如图 4-46 所示。

（3）设置其他模块参数。

"DC Machine"模块、"Series RLC Branch"模块、"DC Voltage Source"模块、"Voltage Measurement"模块、"Gain"模块、"Bus Selector"模块和"Scope"模块的参数设置可以参照直流电动机启动仿真部分的内容，这里不再重复介绍。

4）设置仿真参数及运行

设置仿真参数"Start time"（起始时间）为"0"，"Stop time"（终止时间）为"10"，

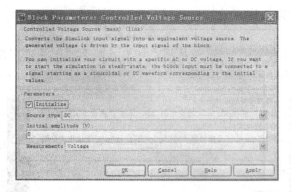

图 4-46 "**Controlled Voltage Source**"模块参数设置对话框

"SolverOptions"的步长选择变步长"Variable-Step",解算方法"Solve"选择"ode23s"解算器,然后保存该系统模型并进行仿真运行,仿真结果如图 4-47 所示。

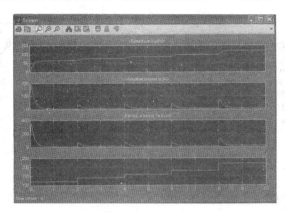

图 4-47 "Scope"显示的仿真结果 2

2. 励磁电流调速

他励直流电动机励磁电流调速的建模及其仿真步骤如下。

1)选择模块

首先建立一个新的 Simulink 模型窗口,然后根据系统的描述选择合适的模块添加至模型窗口中。建立模型所需的模块如下:

(1)选择"SimPowerSystems"模块库的"Machines"子模块库下的"DC Machine"模块作为他励直流励磁电动机。

(2)选择"Elements"子模块库下的"Series RLC Branch"模块作为电阻、"Ground"模块作为接地。

(3)选择"Electrical Sources"子模块库下的"Controlled Voltage Source"模块作为可控直流电源。

(4)选择"Electrical Sources"子模块库下的"DC Voltage Source"模块作为直流电源。

(5)选择"Measurements"子模块库下的"Voltage Measurement"模块作为电压测量。

(6)选择"Control Blocks"子模块库下的"Timer"模块作为电源开关的给定信号。

(7)选择"Math Operation"模块库下的"Gain"模块作为比例因子。

(8)选择"Signal Routing"模块库下的"Bus Selector"模块作为直流电动机输出信号选择器。

（9）选择"Sinks"模块库下的"Scope"模块。

2）搭建模块

将所需模块放置在合适的位置，再将模块从输入端至输出端进行连接，搭建完整的励磁电流调速 Simulink 模型如图 4-48 所示。

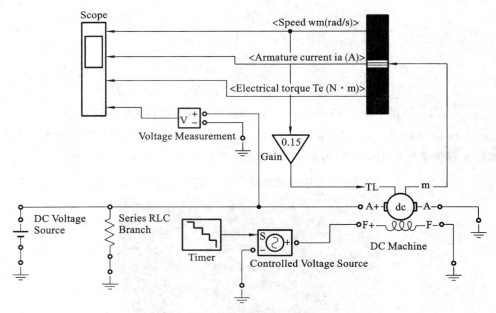

图 4-48　励磁电流调速 Simulink 模型

3）设置模块参数

（1）设置"Timer"模块参数。

双击"Timer"模块，弹出模块参数设置对话框，模块具体参数设置如图 4-49 所示。

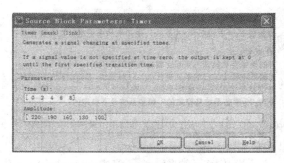

图 4-49　"Timer"模块参数设置对话框 3

（2）设置其他模块参数

"Controlled Voltage Source"模块的参数设置可以参照电枢电压调速部分的内容，而"DC Machine"模块、"Series RLC Branch"模块、"DC Voltage Source"模块、"Voltage Measurement"模块、"Gain"模块、"Bus Selector"模块和"Scope"模块的参数设置可以参照直流电动机启动仿真部分的内容，这里不再重复介绍。

4）设置仿真参数及运行

设置仿真参数"Start time"（起始时间）为"0"，"Stop time"（终止时间）为"10"，"Solver Options"的步长选择变步长"Variable-Step"，解算方法"Solve"选择"ode23s"解算器，然后

保存该系统模型并进行仿真运行,仿真结果如图 4-50 所示。

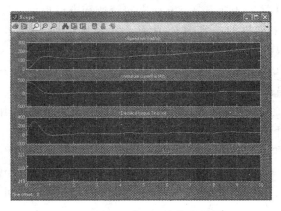

图 4-50 "Scope"显示的仿真结果 3

思考题与练习题

1.直流电动机为什么不能直接启动? 如果直接启动,会引起什么后果? 采用什么方法启动比较好?

2.为什么要考虑调速方法与负载类型的配合? 怎样配合才合理? 试分析恒转矩调速拖动恒功率负载以及恒功率调速拖动恒转矩负载两种情况的机械特性。

3.一台由他励直流电动机拖动的卷扬机,当电枢所接电源电压为额定电压、电枢回路串入电阻时拖动重物匀速上升,若将电源电压突然调换极性,电动机最后稳定运行于什么状态? 重物是提升还是下放? 画出机械特性曲线图,并说明中间经过了什么运行状态。

4.一台他励直流电动机的额定数据为 $P_N = 60$ kW,$U_N = 220$ V,$I_N = 305$ A,$n_N = 1000$ r/min,试估算电动机额定运行时的 E_{aN}、$C_E\Phi_N$、T_N、n_0,并画出固有机械特性曲线。

5.画出上题的电动机电枢回路串入 $R = 0.1R_a$ 的电阻和电枢电压降到 160 V 时的两条人为机械特性曲线。

6.怎样实现他励直流电动机的能耗制动? 试说明在反抗性恒转矩负载下,能耗制动过程中 n、E、I_a 及 T_{em} 的变化情况。

7.实现反转制动和回馈制动的条件各是什么?

8.当提升机下放重物时,要使他励直流电动机在低于理想空载转速的条件下运行,应采用什么制动方法? 若在高于理想空载转速的条件下运行,又应采用什么制动方法?

9.试说明电动状态、能耗制动状态、回馈制动状态及反接制动状态下的能量关系。

10.什么是静差率? 它与哪些因素有关? 为什么低速时的静差率较大?

11. 何谓恒转矩调速方式及恒功率调速方式? 他励直流电动机的三种调速方式各属于什么调速方式?

12.一台他励直流电动机的额定数据为 $P_N = 10$ kW,$U_N = 220$ V,$I_N = 53.8$ A,$n_N = 1500$ r/min,$R_a = 0.29$ Ω,试计算:

(1)直接启动时的启动电流。

(2)限制启动电流不超过 $2I_N$,采用电枢串电阻启动时,应串入多大的电阻;若采用降低电枢电压启动,电压应降到多大。

13. 一台他励直流电动机的额定数据为 $P_N = 7.5\ \text{kW}, U_N = 220\ \text{V}, I_N = 40\ \text{A}, n_N = 1000\ \text{r/min}, R_a = 0.5\ \Omega, T_L = 0.5T_N$，求电动机的转速和电枢电流。

14. 一台他励直流电动机的额定数据为 $P_N = 2.5\ \text{kW}, U_N = 220\ \text{V}, I_N = 12.5\ \text{A}, n_N = 1500\ \text{r/min}, R_a = 0.8\ \Omega$，试问：

(1) 当电动机以 1200 r/min 的转速运行时，采用能耗制动停车，若限制最大制动电流为 $2I_N$，则电枢回路中应串接多大的制动电阻？

(2) 若负载为位能性恒转矩负载，负载转矩为 $T_L = 0.9T_N$，采用能耗制动，使负载以 120 r/min 的转速稳速下降，则电枢回路应串接多大的电阻？

15. 一台他励直流电动机的额定数据为 $P_N = 10\ \text{kW}, U_N = 110\ \text{V}, I_N = 112\ \text{A}, n_N = 750\ \text{r/min}, R_a = 0.1\ \Omega$。设电动机带反抗性恒转矩负载处于额定运行状态，试问：

(1) 若采用电压反接制动，使最大制动电流为 $2.2I_N$，则电枢回路应串接多大的制动电阻？

(2) 在制动到 $n = 0$ 时不切断电源，电动机能否反转？若能反转，试求稳态转速，并说明电动机的工作状态。

16. 一台他励直流电动机的额定数据为 $P_N = 7.5\ \text{kW}, U_N = 220\ \text{V}, I_N = 41\ \text{A}, n_N = 1500\ \text{r/min}, R_a = 0.376\ \Omega$，电动机拖动恒转矩额定负载运行，现把电源电压降至 150 V，问：

(1) 电源电压降低的瞬间转速来不及变化，电动机的电枢电流及电磁转矩各是多大？电力拖动系统的动转矩是多大？

(2) 稳定运行时的转速是多少？

17. 一台他励直流电动机的额定数据为 $P_N = 17\ \text{kW}, U_N = 110\ \text{V}, I_N = 185\ \text{A}, n_N = 1000\ \text{r/min}, R_a = 0.036\ \Omega$，已知电动机的最大允许电流 $I_{amax} = 1.8I_N$，电动机拖动 $T_L = 0.8T_N$ 的负载电动运行，试问：

(1) 若采用能耗制动停车，电枢回路应串入多大的电阻？

(2) 制动开始瞬间及制动结束时的电磁转矩各为多大？

(3) 若负载为位能性恒转矩负载，采用能耗制动，使负载以 120 r/min 的转速匀速下放重物，此时电枢回路应串入多大的电阻？

18. 一台他励直流电动机的额定数据为 $P_N = 10\ \text{kW}, U_N = 110\ \text{V}, I_N = 112\ \text{A}, n_N = 750\ \text{r/min}, R_a = 0.1\ \Omega$，已知电动机的过载能力 $\lambda = 2.2$，电动机带反抗性恒转矩负载额定运行，试问：

(1) 若采用反接制动停车，则电枢回路应串入多大的电阻？

(2) 当制动结束时不切断电源，电动机是否会反转？若能反转，试求稳态转速，并说明电动机工作在什么状态。

第 5 章　变 压 器

变压器是一种静止的变电设备,其主要作用是通过磁场的作用,或者说是通过电磁感应,将一种等级的交流电压变成另一种等级的交流电压。传统的变压器仅用于交流电压的变换。随着电力电子技术和微处理器技术的进步,现代电力电子技术中也可通过电力电子开关的控制与变压器结合来实现直流电压的变换。

在电力系统中,变压器对电能的经济传输、灵活分配和安全使用起着重要作用。在电力拖动系统中,它又是变流设备及其控制系统不可缺少的变换装置。本章将阐述变压器的基本工作原理和分析方法,并介绍变压器的空载与负载的运行、变压器等效电路与参数的测定、电力拖动系统中的几种常用的特殊变压器。其中,变压器的数学模型——T 形等值电路将成为后续交流电动机原理与数学模型分析的重要基础。

5.1　变压器的基本结构、工作原理与额定数据

5.1.1　变压器的基本结构

变压器由两个或更多的缠绕在一个共同铁芯上的线圈绕组构成,其基本结构包括铁芯和绕组两大部分。电力变压器根据不同的运行需要,还有一些其他的附件。

变压作用的实现需要存在匝链各绕组的时变磁通。这一作用同样可以出现在通过空气耦合的绕组上,但用铁磁材料作为铁芯可使绕组间的耦合更加有效。这是因为铁磁材料的磁阻要比空气的小数千甚至上万倍,采用铁芯后磁通的绝大部分都将被限制在明确的、高导磁性的匝链绕组的路径中。

铁芯是变压器的磁路部分,为减少铁芯中涡流引起的损耗,铁芯通常由表面涂有绝缘漆的薄硅钢片叠压而成。为了减小磁路上的空气隙和方便安装,铁芯的装配均采用交错叠接式。变压器的两种常用结构如图 5-1 所示。在芯式结构中,绕组绕在矩形铁芯的两个铁芯柱上;在壳式结构中,绕组绕在中心柱上。低于数百赫兹运行的变压器,一般采用 $0.3 \sim 0.4$ mm 厚的硅钢片作为铁芯。

绕组是变压器的电路部分,由绝缘铜线或铝线绕制而成。实际的变压器,一、二次侧绕组是叠绕在一起的。通常高压绕组在外,低压绕组在内。这样的布置可使高压绕组易于与铁芯绝缘,并比那种将两种绕组单独绕在铁芯不同区段的方式产生的漏磁要小得多。在芯式结构中,每个绕组由两段组成,每段放在铁芯两个柱的其中之一上,一次侧绕组和二次侧绕组是同心线圈,即每个芯柱上均绕有一次侧绕组和二次侧绕组。在壳式结构中,采用同芯式绕组排列的变形,绕组由许多薄饼状线圈组成,一、二次侧绕组交错叠放。

变压器线圈通常相互间没有电的直接连接,相互绝缘,可有不同的匝数,它们之间唯一的联系是铁芯中共同作用于所有绕组的磁通。变压器中与电源连接的绕组称为一次侧(原边)绕组(输入绕组),剩下的绕组称为二次侧(副边)绕组(输出绕组)、二次侧(副边)第三绕组等。二次侧绕组与负载相连。一、二次侧绕组电路中电量的频率相同,但电压和电流的幅

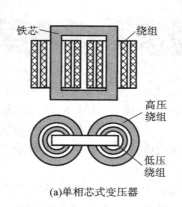
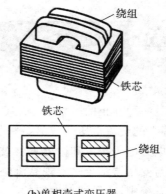

(a)单相芯式变压器　　　　　　(b)单相壳式变压器

图 5-1　变压器的基本结构

值和相位往往是不同的,也可以有不同的相数。在后续讨论中,属于一次侧的变量和参数,均以文字符号附下标"1"表示;属于二次侧的变量和参数,均以文字符号附下标"2"表示。

小容量变压器仅由铁芯和绕组构成,依靠自然风冷降温,通常称为干式变压器;容量较大的变压器,其铁芯和绕组均浸泡在变压器油中,通常称为油浸式变压器。油浸式变压器还附有油柜、安全气道及气体继电器等安全设备。变压器油是一种矿物油,有绝缘作用,同时通过变压器油的对流作用,能将铁芯和绕组产生的热量传给油箱壁,散往周围空气中。为了增强散热效果,有的油箱壁上焊有散热管,或装有散热器。

5.1.2　理想变压器的运行原理

在中学物理、大学物理、电路理论、模拟电子电路等课程中,都讨论过变压器的工作原理。在作为控制工程、自动化学科的电力拖动中,再次讨论变压器,并不是无意义的知识的简单重复,而是侧重点将和前述课程有所不同,讨论的重点将放在正确建立它的数学模型上。理解原理是建立模型的基础,正确的模型则是建立控制系统、制定控制策略的基础。模型的建立一般遵循由简单到复杂和完善的过程。下面首先讨论一种最简单、理想化的情况。

一个一次侧和二次侧各有一个绕组的变压器如图 5-2 所示。当一次侧绕组接正弦电压 u_1 时,交变电流 i_1 流入一次侧绕组,在图示假定正向和绕组缠绕方向的条件下,将在线圈中按右手螺旋法则生成磁通。其中,磁通的绝大部分沿铁芯按图示方向在铁芯中构成回路,称为变压器的主磁通 Φ;一小部分泄漏到一次侧绕组旁的空气中,形成一次侧漏磁通 $\Phi_{1\sigma}$。漏磁通又可分为两部分:一部分交链了线圈的每一匝,另一部分则没有交链线圈的每一匝。

若假定变压器:

(1)一、二次侧绕组完全耦合,无漏磁;

(2)忽略一、二次侧线圈电阻;

(3)忽略铁芯损耗;

(4)铁芯的磁导率为无穷大,磁阻为零。

即变压器本身完全没有损耗,磁通被完全聚集在铁芯内,则称此变压器为理想变压器。

现将理想变压器接入交流电网,则一次侧绕组电压 u_1 产生交流电流 i_1,将在铁芯内建立同频率的交变磁通 Φ,此磁通同时交链着一、二次侧绕组,并分别在其中产生感生电动势

e_1 和 e_2。为了正确地表示电压、电流、磁通等量之间的关系,在列写它们的关系方程之前,必须规定它们的假定正向。图 5-3 中的箭头表示有关各量的假定正向。由电路理论知识可知,这些箭头并不表示这些量的实际方向。在变压器中,为了用同一方程表示同一电磁现象,专业领域中规定采用习惯上通用的箭头方向选定方法,称为变压器惯例。图 5-3 中的假定正向即是按变压器惯例标注的。根据假定,线圈电阻为零,且一、二次侧绕组间完全耦合。在此条件下,有

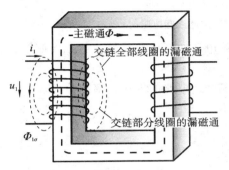

图 5-2 变压器的基本电路与磁路   图 5-3   变压器惯例的假定正向

$$\begin{cases} u_1 = -e_1 = N_1 \dfrac{\mathrm{d}\Phi}{\mathrm{d}t} \\ u_2 = e_2 = -N_2 \dfrac{\mathrm{d}\Phi}{\mathrm{d}t} \end{cases} \tag{5-1}$$

式中,N_1 为一次侧绕组匝数,N_2 为二次侧绕组匝数。

1. 一次侧感应电动势的符号

根据楞次定律,由 e_1 推动的电流应产生一个阻止主磁通变化的磁通,即这个电流的方向应与励磁电流的方向相反,表明一次侧感生电动势的实际方向应为高电位在上,图 5-3 中的假定正向与实际方向相反,故有

$$e_1 = -N_1 \frac{\mathrm{d}\Phi}{\mathrm{d}t} \tag{5-2}$$

2. 二次侧感应电动势的符号

同样,e_2 推动的电流也应产生一个阻止主磁通变化的磁通,即应产生与主磁通方向相反的磁通。按图 5-3 中二次侧绕组的缠绕方向,并根据右手螺旋法则,e_2 的实际方向应为高电位在上,图中的假定正向与实际方向相反,所以

$$e_2 = -N_2 \frac{\mathrm{d}\Phi}{\mathrm{d}t} \tag{5-3}$$

式(5-2)、式(5-3)表明:在图 5-3 所示的假定正向和线圈缠绕方向的条件下,一、二次侧感应电动势具有相同的相位。由上述三式可得到理想变压器的等效电路,如图 5-4 所示。

由式(5-2)和式(5-3),有

$$K_e = \frac{e_1}{e_2} = \frac{-N_1 \dfrac{\mathrm{d}\Phi}{\mathrm{d}t}}{-N_2 \dfrac{\mathrm{d}\Phi}{\mathrm{d}t}} = \frac{N_1}{N_2} = \frac{E_1}{E_2} = -\frac{u_1}{u_2} = \frac{U_1}{U_2}$$

式中:小写字母表示交流电量的瞬时值,大写字母表示交流电量的有效值;K_e 为变压器的电压变比。

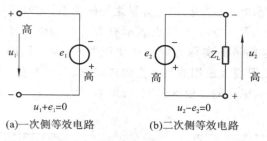

(a)一次侧等效电路　　(b)二次侧等效电路

图 5-4　理想变压器的等效电路(忽略线圈电阻时)

通过改变一、二次侧的匝数,可以将一次侧绕组电压变换成任何数值的二次侧绕组电压并输出,这就是变压器的主要功能。

由于理想变压器无损耗,故变压器的一、二次侧绕组电路的视在功率相等,即

$$U_1 I_1 = U_2 I_2$$

或

$$\frac{I_1}{I_2} = \frac{U_2}{U_1} = \frac{1}{K_e}$$

二次侧绕组电路的负载阻抗为

$$Z_L = \frac{U_2}{I_2}$$

如果从一次侧绕组电路来看 Z_L,则其大小为

$$Z_L' = \frac{U_1}{I_1} = \frac{K_e U_2}{I_2/K_e} = K_e^2 \frac{U_2}{I_2} = K_e^2 Z_L$$

上述分析表明,变压器在实现对电压有效值变换的同时,还实现了对电流有效值和阻抗大小的变换:正比变压,反比变流,平方变阻抗。上述结论和中学物理、大学物理、电路理论、模拟电子电路等课程中的结论是一致的。

5.1.3　变压器的额定数据

每一台变压器都有一个铭牌,上面记载了该变压器的型号、额定数据及其他数据。变压器的额定数据有以下几项。

1. 额定容量 S_N

额定容量指变压器的额定视在功率,单位为 V・A 或 kV・A。因变压器的效率极高,通常把一、二次侧绕组的容量设计得相等。因此,额定容量也代表变压器在额定工况下输出的视在功率保证值。

2. 额定电压 U_{1N}、U_{2N}

额定电压均指线电压。一次侧绕组的额定电压 U_{1N} 是指加到一次侧绕组上的电源线电压的额定值;二次侧绕组的额定电压 U_{2N} 是指一次侧绕组加上额定电压后,变压器处于无载状态时的二次侧线电压。U_{1N}、U_{2N} 的单位为 V 或 kV。

额定电压有一定的等级,我国所用的标准电压(单位为 kV)等级为:0.22、0.38、3、6、10、15、20、35、60、110、154、220、300 和 500 等。

3. 额定电流 I_{1N}、I_{2N}

额定电流为变压器额定运行时一、二次侧绕组中的线电流,单位为 A 或 kA。

已知变压器的额定容量和额定电压，可以求得它的额定电流。

对于单相变压器：

$$S_N = U_{1N}I_{1N} = U_{2N}I_{2N} \tag{5-4}$$

对于三相变压器：

$$S_N = \sqrt{3}U_{1N}I_{1N} = \sqrt{3}U_{2N}I_{2N} \tag{5-5}$$

例 5-1 某三相变压器的额定容量 $S_N = 180 \text{ kV} \cdot \text{A}$，$U_{1N}/U_{2N} = 10 \text{ kV}/0.4 \text{ kV}$，求一、二次侧绕组的额定电流。

解

$$I_{1N} = \frac{S_N}{\sqrt{3}U_{1N}} = \frac{180 \times 1000}{\sqrt{3} \times 10 \times 1000} \text{ A} = 10.4 \text{ A}$$

$$I_{2N} = \frac{S_N}{\sqrt{3}U_{2N}} = \frac{180 \times 1000}{\sqrt{3} \times 0.4 \times 1000} \text{ A} = 259.8 \text{ A}$$

4. 额定频率 f_N

额定频率即额定工况下的电网频率。我国规定工业用电标准额定频率 $f_N = 50 \text{ Hz}$，这一频率也称为工频。

此外，变压器的铭牌上还标有额定效率、额定温升、相数、漏阻抗标幺值或短路电压、接线图与连接组别等。有关内容将在后面的章节中介绍。

5.2 变压器的空载运行和负载运行

5.2.1 变压器的空载运行

如图 5-5 所示，变压器的一次侧绕组接在额定电压的交流电源上，而二次侧绕组开路，这种运行方式称为变压器的空载运行。

1. 变压器空载运行时的物理情况

由于变压器中的电压、电流、磁通及电动势的大小和方向都随时间做周期性变化，为了能正确表明各量之间的关系，因此要规定它们的正方向。

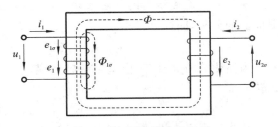

图 5-5 变压器的空载运行

一般采用电工惯例来规定其正方向（假定正方向）：

(1) 同一条支路中，电压 u 的正方向与电流 i 的正方向一致。

(2) 由电流 i 产生的磁动势所建立的磁通 Φ，其正方向符合右手螺旋法则。

(3) 由磁通 Φ 产生的感应电动势 e，其正方向与产生该磁通的电流 i 的正方向一致，则有 $e = -N \mathrm{d}\Phi/\mathrm{d}t$。

图 5-5 中各量的正方向就是根据上述规定来确定的。

当一次侧绕组加上交流电源电压 u_1 时，一次侧绕组中就有电流产生。由于变压器为空载运行，此时称一次侧绕组中的电流为空载电流 i_0。由 i_0 产生空载磁动势 $F_0 = N_1 i_0$，并建立空载时的磁场。由于铁芯的磁导率比空气（或油）的磁导率大得多，所以绝大部分磁通通过铁芯闭合，同时交链一、二次侧绕组，并产生感应电动势 e_1 和 e_2，如果二次侧绕组与负载接通，则在电动势的作用下向负载输出电功率，所以这部分磁通起着传递能量的媒介作用，

因此称之为主磁通 Φ_m；另有一小部分磁通（约为主磁通的 0.25%）主要经非磁性材料（空气或变压器油等）形成闭路，只与一次侧绕组交链，不参与能量传递，称之为一次侧绕组的漏磁通 $\Phi_{1\sigma}$，它在一次侧绕组中产生漏磁电动势 $e_{1\sigma}$。

2. 感应电动势和漏磁电动势

1）感应电动势

在变压器的一次侧绕组上加上电源频率为 $f_e = f_1$ 的正弦交流电压 u_1，则 e_1 和 Φ 也按正弦规律变化。假设主磁通为 $\Phi_m \sin\omega_1 t$，根据电磁感应定律，则一次侧绕组的感应电动势为

$$e_1 = -N_1\frac{d\Phi_m}{dt} = -\omega_1 N_1 \Phi_m \cos\omega_1 t = \omega_1 N_1 \Phi_m \sin(\omega_1 t - 90°) = E_{1m}\sin(\omega_1 t - 90°)$$

由上式可知，当主磁通按正弦规律变化时，由它产生的感应电动势也按正弦规律变化，但在时间相位上滞后于主磁通 90°，其有效值为

$$E_1 = \frac{E_{1m}}{\sqrt{2}} = \frac{\omega_1 N_1 \Phi_m}{\sqrt{2}} = \frac{2\pi f_1 N_1 \Phi_m}{\sqrt{2}} \tag{5-6}$$
$$= \sqrt{2}\pi f_1 N_1 \Phi_m = 4.44 f_1 N_1 \Phi_m$$

同理，二次侧绕组的感应电动势的有效值为

$$E_2 = \sqrt{2}\pi f_1 N_2 \Phi_m = 4.44 f_1 N_2 \Phi_m \tag{5-7}$$

这样，e_1 和 e_2 可用相量表示为

$$\begin{cases} \dot{E}_1 = -j4.44 f_1 N_1 \dot{\Phi}_m \\ \dot{E}_2 = -j4.44 f_1 N_2 \dot{\Phi}_m \end{cases} \tag{5-8}$$

式(5-8)表明，变压器一、二次侧绕组感应电动势的大小与电源频率 f_1、绕组匝数 N 及铁芯中的主磁通的最大值 Φ_m 成正比，而在相位上比产生感应电动势的主磁通滞后 90°。

2）漏磁电动势

变压器一次侧绕组的漏磁通 $\Phi_{1\sigma}$ 也将在一次侧绕组中感应产生一个漏磁电动势 $e_{1\sigma}$。根据前面的分析，同样可得出

$$\dot{E}_{1\sigma} = -j\sqrt{2}\pi f_1 N_1 \dot{\Phi}_{1\sigma} = -j4.44 f_1 N_1 \dot{\Phi}_{1\sigma}$$

为简化分析和计算，由电工基础知识，引入一次侧绕组的漏电感 $L_{1\sigma}$ 和漏电抗 X_1，将上式转换成

$$\dot{E}_{1\sigma} = -j\omega_1 L_{1\sigma} \dot{I}_0 = -jX_1 \dot{I}_0 \tag{5-9}$$

从物理意义上讲，漏电抗反映了漏磁通对电路的电磁效应。由于漏磁通的主要路径是非铁磁物质，磁路不会饱和，漏磁路是线性的，漏磁路的磁阻是常数，因此对于已制成的变压器，漏电感 $L_{1\sigma}$ 为一常数，当频率 f_1 一定时，漏电抗也是常数，即 $X_1 = \omega_1 L_{1\sigma}$。

3. 变压器空载运行时的电动势平衡式和电压比

按照图 5-5 规定的正方向，根据基尔霍夫第二定律，可以列出变压器空载运行时的一次侧电动势平衡式和二次侧电动势平衡式的相量形式为

$$\begin{cases} \dot{U}_1 = -\dot{E}_1 - \dot{E}_{1\sigma} + \dot{I}_0 R_1 = -\dot{E}_1 + j\dot{I}_0 X_1 + \dot{I}_0 R_1 = -\dot{E}_1 + \dot{I}_0 Z_1 \\ \dot{U}_{20} = \dot{E}_2 \end{cases} \tag{5-10}$$

式中：R_1 为一次侧绕组的电阻；Z_1 为一次侧绕组的漏阻抗，$Z_1 = R_1 + jX_1$。

变压器空载运行时，阻抗压降 $I_0 Z_1$ 很小（一般小于 $0.5\% U_1$），可近似认为 $U_1 \approx E_1$。

4. 变压器空载运行时的等效电路

在变压器中，电与磁之间的相互关系的问题，给变压器的分析、计算带来很大的麻烦。

如果将电与磁的相互关系用纯电路的形式"等效"地表示出来,就可以简化对变压器的分析和计算,这就是引出等效电路的目的。

漏磁通产生的漏磁电动势 $e_{1\sigma}$,可看作是空载电流 i_0 流过漏电抗 X_1 时所产生的电压降。同样,由主磁通产生的感应电动势 e_1,也可类似地看作是空载电流 i_0 流过电路中某一元件时所产生的电压降。设该电路元件的阻抗为 Z_f,其电阻表征主磁通在铁芯中所产生的铁芯损耗。因此,e_1 可用相量形式表示为

$$-\dot{E}_1 = \dot{I}_0 Z_f = \dot{I}_0 (R_f + jX_f) \tag{5-11}$$

式中:Z_f 为变压器的励磁阻抗,$Z_f = R_f + jX_f$;R_f 为励磁电阻,对应铁芯损耗 ΔP_{Fe} 的等效电阻;X_f 为励磁电抗,反映主磁通的作用。

将式(5-11)代入式(5-10),可得

$$\dot{U}_1 = -\dot{E}_1 + \dot{I}_0 Z_1 = \dot{I}_0 Z_f + \dot{I}_0 Z_1 = \dot{I}_0 (Z_1 + Z_f) \tag{5-12}$$

相应的等效电路及相量图如图 5-6 所示,其中,Z_f、R_f、X_f 之间有下列关系

$$Z_f = \frac{E_1}{I_0}, \quad R_f = \frac{\Delta P_{Fe}}{I_0^2}, \quad X_f = \sqrt{Z_f^2 - R_f^2} \tag{5-13}$$

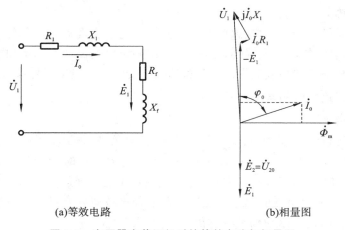

(a)等效电路   (b)相量图

图 5-6　变压器空载运行时的等效电路与相量图

需要注意的是,X_1 为常数,但 R_f 和 X_f 都不是常数,它们随外加电源电压 U_1 的变化而变化。当 U_1 增加时,R_f 和 X_f 都减小。通常,电源电压在额定值附近变化不大,所以定量计算时,可以认为 Z_f 基本上不变。变压器中由于漏磁路的磁阻比主磁路的磁阻大得多,因此有 $X_f \gg X_1$,一般来说 $R_f \gg R_1$,故有 $Z_f \gg Z_1$。

变压器空载运行时的空载电流 $\dot{I}_0$,主要用来建立空载时的磁场,同时还要补偿空载时的损耗。因此,空载电流 $\dot{I}_0$ 包含两个分量:一个为无功励磁分量,它与主磁通 Φ_m 同相位;另一个为很小的用来平衡铁芯损耗和空载时绕组损耗的有功分量,它超前于主磁通 90°。通常空载电流 $\dot{I}_0$ 近似称作励磁电流,$\dot{I}_0$ 与电源电压 $\dot{U}_1$ 之间的夹角为 φ_0,称作空载功率因数角。对于电力变压器,一般空载电流为额定电流的 $2\% \sim 10\%$,并随变压器容量的增大而减小。

5.2.2　变压器的负载运行

1. 变压器负载运行时的物理情况

变压器的一次侧绕组加上电源电压 u_1,二次侧绕组接上负载阻抗 Z_L,如图 5-7 所示,则

变压器处于负载运行状态。

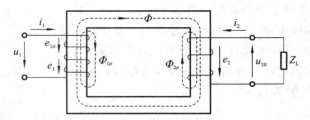

图 5-7 变压器的负载运行

变压器空载运行时，一次侧绕组由空载电流 i_0 建立了空载时的主磁通 Φ_m。当二次侧绕组接上负载阻抗 Z_L 时，在 e_2 的作用下，二次侧绕组流过负载电流 i_2，并产生二次侧绕组磁动势 $F_2 = N_2 i_2$。根据楞次定律，该磁动势试图削弱空载时的主磁通 Φ_m，因此引起 e_1 的减小。由于电源电压 u_1 不变，所以 e_1 的减小会导致一次电流的增加，即由空载电流 $\dot{I}_0$ 变为负载电流 $\dot{I}_1$，其增加的磁动势用来抵消 $N_2 \dot{I}_2$ 对空载主磁通的去磁影响，使负载时的主磁通基本回升至原来空载时的数值，使得电磁关系达到新的平衡。因此，负载时的主磁通由一、二次侧绕组的磁动势共同建立。

变压器负载运行时，通过电磁感应关系，将一、二次电流紧密地联系在一起，$\dot{I}_2$ 的增加或减小必然同时引起 $\dot{I}_1$ 的增加或减小；相应地，二次侧绕组输出功率的增加或减小，也将引起一次侧绕组输入功率的增加或减小。这样就达到了变压器通过电磁感应传递电能的目的。

2. 变压器负载运行时的基本方程

1）磁动势平衡方程

变压器负载运行时，一次电流由空载时的 $\dot{I}_0$ 变为负载时的 $\dot{I}_1$，由于 Z_1 较小，因此一次侧绕组的漏阻抗压降 $I_1 Z_1$ 也仅为 $(3\% \sim 5\%)U_{1N}$，当忽略不计时，有 $U_1 \approx E_1$，故当电源电压 U_1 和频率 f_1 不变时，产生 E_1 的主磁通 Φ_m 也应基本不变。即从空载到负载的稳定状态，主磁通基本保持不变，所以负载时建立主磁通所需的合成磁动势 $\dot{F}_1 + \dot{F}_2$ 与空载时所需的磁动势 $\dot{F}_0$ 也应基本相等，即有磁动势平衡方程

$$\dot{F}_0 = \dot{F}_1 + \dot{F}_2$$

或

$$N_1 \dot{I}_0 = N_1 \dot{I}_1 + N_2 \dot{I}_2 \tag{5-14}$$

将式（5-14）两边除以 N_1 并移项，可得

$$\dot{I}_1 = \dot{I}_0 + \left(-\frac{N_2}{N_1}\dot{I}_2\right) = \dot{I}_0 + \left(-\frac{\dot{I}_2}{k}\right) = \dot{I}_0 + \dot{I}_{1L} \tag{5-15}$$

式（5-15）表明，负载时一次电流 $\dot{I}_1$ 由两个分量组成：一个是励磁电流 $\dot{I}_0$，用于建立主磁通 Φ_m；另一个是供给负载的负载电流分量（$\dot{I}_{1L} = -\dot{I}_2/k$），用以抵消二次侧绕组磁动势的去磁作用，保持主磁通基本不变。

由于变压器的空载电流 $\dot{I}_0$ 很小，为方便分析问题，常将其忽略不计，则式（5-15）可近似为

$$\dot{I}_1 \approx -\frac{\dot{I}_2}{k}$$

上式表明，$\dot{I}_1$ 与 $\dot{I}_2$ 在相位上相差近 $180°$，考虑数值关系时，有

$$\frac{I_1}{I_2} \approx \frac{N_2}{N_1} = \frac{1}{k}$$

2)电动势平衡方程

根据前面的分析可知,负载电流 $\dot{I}_2$ 通过二次侧绕组时也产生漏磁通 $\Phi_{2\sigma}$,相应地产生漏磁电动势 $e_{2\sigma}$。类似 $e_{1\sigma}$ 的计算,$e_{2\sigma}$ 也可以用漏抗压降的形式来表示,即

$$\dot{E}_{2\sigma}=-\mathrm{j}\dot{I}_2 X_2 \tag{5-16}$$

参照图 5-6 所示的正方向的规定,根据基尔霍夫第二定律,变压器在负载时的一、二次侧绕组的电动势平衡方程为

$$\dot{U}_1=-\dot{E}_1+\dot{I}_1 Z_1$$
$$\dot{U}_2=\dot{E}_2-\dot{I}_2 Z_2$$

综上所述,变压器负载运行时的基本方程为

$$\begin{cases} N_1\dot{I}_0=N_1\dot{I}_1+N_2\dot{I}_2 \\ \dot{U}_1=-\dot{E}_1+\dot{I}_1 Z_1 \\ \dot{U}_2=\dot{E}_2-\dot{I}_2 Z_2 \\ \dot{E}_1=-\dot{I}_0 Z_f \\ E_1=kE_2 \\ \dot{U}_2=\dot{I}_2 Z_L \end{cases} \tag{5-17}$$

5.3 标幺值

在讲电压、电流和阻抗的数值时,都是指它们用伏(或千伏)、安(或千安)和欧为单位表示的数值,现在再介绍表示物理量大小的标幺值。这一节只简单地介绍一下标幺值的基本概念,因为必须用标幺值才能简单而又深刻地说明变压器的短路阻抗等问题。

所谓标幺值,就是某一个物理量,将它的实际数值与选定的一个同单位的固定数值进行比较,它们的比值就是这个物理量的标幺值。把选定的同单位的固定数值叫基值,即

$$标幺值=\frac{实际值(任意单位)}{基值(与实际值同单位)}$$

例如有两个电压,它们分别是 $U_1=99\ \mathrm{kV}$,$U_2=110\ \mathrm{kV}$,选 110 kV 作为电压的基值时,这两个电压的标幺值用符号 $\underline{U}_1$ 和 $\underline{U}_2$ 表示,即

$$\underline{U}_1=\frac{U_1}{U_2}=\frac{99}{110}=0.9$$

$$\underline{U}_2=\frac{U_2}{U_2}=\frac{110}{110}=1.0$$

这就是说,电压 U_1 是选定基值 110 kV 的 0.9,电压 U_2 是基值的 1 倍。

一般基值都选为额定值。变压器的基值是这样选取的:电压基值选一、二次侧绕组的额定电压 U_{1N} 和 U_{2N};电流基值选一、二次侧绕组的额定电流 I_{1N} 和 I_{2N};阻抗的基值则是电压基值除以电流基值,一次侧绕组是 $\frac{U_{1N}}{I_{1N}}$,二次侧绕组是 $\frac{U_{2N}}{I_{2N}}$。

采用标幺值有什么好处呢? 先看电压、电流采用标幺值的优点。

(1)采用标幺值表示电压和电流,便于直观地表示变压器的运行情况。比如,给出两台变压器,运行时一次侧绕组的端电压和电流分别为 6 kV、9 A 和 35 kV、20 A。这些都是实际值,若不知道它们的额定值,则判断不出什么问题。如果给出它们的标幺值分别为 $\underline{U}_1=1.0$,$\underline{I}_1=1.0$ 和 $\underline{U}_2=1.0$,$\underline{I}_2=0.6$,就可直观地判断出第一台变压器处于额定运行状态,而第

二台变压器一次侧绕组电压为额定值,但电流离额定值还差很多,是欠载运行状态。通常,我们称 $I_1=1$ 时为满载,$I_1=0.5$ 时为半载,$I_1=0.25$ 时为 1/4 负载,以此类推。

(2)三相变压器的电压和电流,在 Y 形连接或△形连接时,其线值与相值不相等,相差 $\sqrt{3}$ 倍。如果用标幺值表示,则线值与相值的基值同样也相差 $\sqrt{3}$ 倍,这样线值的标幺值与相值的标幺值相等。也就是说,只要给出电压和电流的标幺值即可,而不必指出是线值还是相值。

(3)一次电压和电流的数值,与它们折合到二次电压和电流的折合值的大小不同,二次电压和电流的数值,与它们折合到一次电压和电流的折合值的大小也不同,相差 k 倍或为原来的 $\frac{1}{k}$。采用标幺值表示电压和电流时,由于一、二次电压和电流的基值也相差 k 倍或为原来的 $\frac{1}{k}$,因此标幺值相等。以 U_2 为例来说明,用伏为单位表示时,有

$$U_2 = \frac{U_2{}'}{k}$$

用标幺值表示时,有

$$\underline{U_2} = \frac{U_2}{U_{2N}} = \frac{U_2{}'/k}{U_{1N}{}'/k} = \frac{U_2{}'}{U_{1N}} = \underline{U_2{}'}$$

这样,采用标幺值表示电压和电流大小时,不必考虑是折合到哪一侧。

(4)负载时,一次电流为二次电流的 $1/k$,而一次电流的基值也为二次电流的基值的 $1/k$,因此 $\underline{I_1}=\underline{I_2}=\beta$,其大小反映了负载的大小,$\beta$ 称为负载系数。

再看阻抗采用标幺值的优点。

变压器各阻抗参数折合到一次与折合到二次的数值相差 k^2 倍,用标幺值表示时,二者是一样的。以 R_1 为例说明,用欧为单位表示时,$R_1=k^2 R_1{}'$;用标幺值表示时,为

$$\underline{R_1} = \frac{R_1}{\dfrac{U_{1N}}{I_{1N}}} = \frac{k^2 R_1{}'}{\dfrac{kU_{2N}}{\dfrac{I_{2N}}{k}}} = \frac{k^2 R_1{}'}{k^2 \dfrac{U_{2N}}{I_{2N}}} = \frac{R_1{}'}{\dfrac{U_{2N}}{I_{2N}}} = \underline{R_1{}'}$$

这样,采用标幺值说明阻抗时,不必考虑是向哪一侧折合。对于每一个参数,如 R_1、R_2、X_1、X_2、R_m 及 X_m,其标幺值只有一个数值。

变压器的参数为相值,上面的阻抗基值当然为额定相电压与额定相电流之比,对于三相变压器,要特别加以注意。

对于电力变压器,其容量从几十千伏安到几十万千伏安,电压从几百伏到几百千伏,相差极其悬殊,它们的阻抗参数若以欧为单位来表示,相差也很悬殊;而采用标幺值表示时,所有的电力变压器的各个阻抗都在一个较小的范围内,例如 $\underline{Z_k}=0.04\sim0.14$,如表 5.1 所示。

变压器的 $\underline{X_k}$ 与 $\underline{R_k}$ 的比值,对于各种容量的变压器来说,也有个范围,如表 5.2 所示。大容量变压器的 $\underline{R_k}$ 相对较小,说明其铜损耗相对较小。

表 5.1　电力变压器短路阻抗的标幺值

容量/(kV·A)	额定电压/kV	$\underline{Z_k}$
10～6300	6～10	0.04～0.055
50～31 500	35	0.065～0.08
2500～12 500	110	0.105
3150～125 000	220	0.12～0.14

表 5.2　电力变压器的 X_k/R_k

容量/(kV·A)	X_k/R_k
50	1.3
630	3.0
6300	6.5

标幺值是一个相对值的概念,应用它还有其他好处,如使公式简化、使计算简化等,因此,在各种电机包括变压器中都采用标幺值。

5.4　变压器的等效电路和参数测定

5.4.1　变压器负载运行时的等效电路

根据式(5-17)给出的各变量之间的相互关系,可画出图 5-8 所示的变压器负载运行时的等效电路。从图中可看出,变压器的一、二次侧绕组之间是通过电磁耦合来联系的,它们之间并无直接的电路联系,因此利用基本方程计算负载时变压器的运行性能,就显得十分烦琐,尤其在电压比 k 较大时更为突出。为了便于分析和简化计算,引入与变压器负载运行时等效的纯电路模型,并采用折算法来消除电磁耦合,建立一种简化的等效电路。

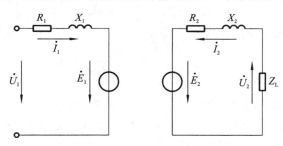

图 5-8　变压器负载运行时的等效电路

1. 绕组折算

为消除电磁耦合,使原先分离的一、二次侧电路合并为一个电路,可通过绕组折算将变压器的一、二次侧绕组折算成同样匝数。通常是将二次侧绕组折算到一次侧绕组,即取 $N_2' = N_1$,则 E_2 变为 E_2',并使 $E_2' = E_1$。折算仅是一种数学手段,它不改变折算前后的电磁关系,即折算前后的磁动势平衡关系、功率传递及损耗等均应保持不变。

对于一次侧绕组而言,折算后的二次侧绕组与实际的二次侧绕组是等效的。由于折算前后二次侧绕组的匝数不同,因此折算后的二次侧绕组的各物理量的数值与折算前的不同,但不改变其相位角。为了区别折算量,常在原来符号的右上角加"′"。

1)二次电动势和电压的折算

由于主磁通是不变的,而电动势与匝数成正比,则有

$$\frac{E_2'}{E_2} = \frac{N_2'}{N_2} = \frac{N_1}{N_2} = k$$

即
$$E_2' = kE_2 = E_1 \tag{5-18}$$

同理
$$E_{2\sigma}' = kE_{2\sigma}$$
$$U_2' = kU_2$$

2）二次电流的折算

根据折算前后二次侧绕组的磁动势不变的原则，有 $I_2'N_2' = I_2N_2$，即
$$I_2' = \frac{N_2}{N_2'}I_2 = \frac{N_2}{N_1}I_2 = \frac{1}{k}I_2 \tag{5-19}$$

3）二次侧阻抗的折算

根据折算前后消耗在二次侧绕组电阻及漏电抗上的有功、无功功率不变的原则，应有
$$I_2'^2 R_2' = I_2^2 R_2$$
$$I_2'^2 X_2' = I_2^2 X_2$$

即
$$R_2' = \frac{I_2^2}{I_2'^2}R_2 = k^2 R_2$$

$$X_2' = \frac{I_2^2}{I_2'^2}X_2 = k^2 X_2$$

因此，得到二次侧阻抗的折算公式为
$$Z_2' = R_2' + jX_2' = k^2 Z_2 \tag{5-20}$$

相应地，对于负载阻抗 Z_L，其折算公式为
$$Z_L' = \frac{U_2'}{I_2'} = \frac{kU_2}{\frac{1}{k}I_2} = k^2 \frac{U_2}{I_2} = k^2 Z_L \tag{5-21}$$

由以上推导过程可知，将变压器二次侧绕组折算为一次侧绕组时，电动势和电压的折算值等于实际值乘以电压比 k，电流的折算值等于实际值除以 k，而电阻、漏电抗及阻抗的折算值等于实际值乘以 k^2。这样，二次侧绕组经过折算后，变压器的基本方程变为

$$\begin{cases} \dot{I}_0 = \dot{I}_1 + \dot{I}_2' \\ \dot{U}_1 = -\dot{E}_1 + \dot{I}_1 Z_1 \\ \dot{U}_2' = \dot{E}_2' - \dot{I}_2' Z_2' \\ \dot{E}_1 = -\dot{I}_0 Z_f \\ E_1 = E_2' \\ \dot{U}_2' = \dot{I}_2' Z_L' \end{cases} \tag{5-22}$$

注意：折算后仅改变二次量的大小，而不改变其相位或幅角，否则将引起功率传递的变化。

2. T 形等效电路

经过绕组折算，变压器就可以用一个电路的形式（即等效电路）来表示原来的电磁耦合关系。根据式(5-22)，我们可以分别画出变压器的部分等效电路，其中变压器的一、二次侧绕组之间的磁耦合作用，反映在由主磁通在绕组中产生的感应电动势 E_1 和 E_2' 上，经过绕组

折算后,$E_1 = E_2{'}$,构成了相应主磁场的励磁部分的等效电路,得到一个由阻抗串并联的 T 形等效电路(见图 5-9(a))。

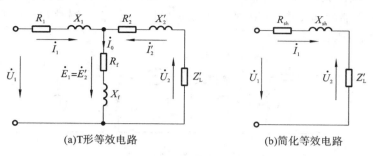

(a)T形等效电路   (b)简化等效电路

图 5-9 变压器等效电路的简化

3. 等效电路的简化

T 形等效电路虽然正确反映了变压器内部的电磁关系,但它属于混联电路,进行复数运算比较麻烦。由于一般电力变压器运行时,$I_0 = (2\% \sim 10\%) I_{1N}$,从工程计算的观点来看,当负载较大时,完全可以把 I_0 略去不计,即去掉励磁支路,得到一个更简单的阻抗串联的简化等效电路,如图 5-9(b)所示。此时接在电源与负载之间的变压器相当于一个串联阻抗,称为变压器的等效漏阻抗或短路阻抗,即

$$Z_{sh} = Z_1 + Z_2{'} = R_{sh} + jX_{sh} \tag{5-23}$$

式中:R_{sh} 为短路电阻,$R_{sh} = R_1 + R_2{'}$;X_{sh} 为短路电抗,$X_{sh} = X_1 + X_2{'}$。

如果不考虑变压器本身漏阻抗的影响,由图 5-9(b)可以看出,对于电源来说,经过变压器接入的负载阻抗 Z_L,相当于不用变压器而把折算后的负载阻抗 $Z_L{'}$ 直接接入电源,即二者是等效的。这说明,通过改变变压器的电压比就可改变一次侧、二次侧的阻抗比,达到阻抗变换的目的。在电子技术中,经常要用到变压器的阻抗变换作用,以获得所需的阻抗匹配或较大的功率。

4. 变压器负载运行时的相量图

变压器负载运行时的电磁关系,除了用基本方程和等效电路表示外,还可以用相量图直观地表示变压器负载运行时各物理量的大小及相位关系。图 5-10 所示为对应 T 形等效电路的感性负载时的相量图,它是根据基本方程式(5-22)画出的。

5.4.2 变压器的参数测定

如上所述,要用基本方程、等效电路或相量图分析和计算变压器的运行性能,必须先知道变压器的绕组电阻、漏电抗及励磁阻抗等参数。对于一台已制成的变压器,可通过试验的方法来求取各个参数,即采用空载试验和短路试验来测量并计算变压器的参数。

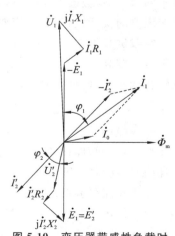

图 5-10 变压器带感性负载时的相量图

1. 空载试验

变压器的空载试验是在变压器空载运行的情况下进行测量的,其目的是测定变压器的

电压比 k、空载电流 I_0、空载损耗 P_0 和励磁参数 R_f、X_f、Z_f 等。

变压器的空载试验线路图如图 5-11 所示。空载试验时，调压器 TC 加上工频的正弦交流电源，调节调压器的输出电压，使其等于额定电压 U_{1N}，然后测量 U_1、I_0、U_{20} 及空载损耗（即空载输入功率）P_0。

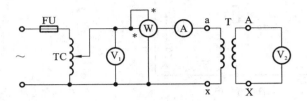

图 5-11　变压器的空载试验线路图

由于空载电流 I_0 很小，绕组损耗 $I_0^2 R$ 很小，所以认为变压器空载时的输入功率 P_0 完全用来平衡变压器的铁芯损耗，即 $P_0 = \Delta P_{Fe}$。

由等效电路可知，变压器空载时的总阻抗为

$$Z_0 = Z_1 + Z_f = (R_1 + jX_1) + (R_f + jX_f)$$

由于在电力变压器中，一般有 $R_f \gg R_1$，$X_f \gg X_1$，因此 $Z_0 \approx Z_f$，于是有

励磁阻抗
$$Z_f \approx Z_0 = \frac{U_1}{I_0} \qquad (5-24)$$

励磁电阻
$$R_f = \frac{\Delta P_{Fe}}{I_0^2} \approx \frac{P_0}{I_0^2} \qquad (5-25)$$

励磁电抗
$$X_f = \sqrt{Z_f^2 - R_f^2} \qquad (5-26)$$

电压比
$$k \approx \frac{U_1}{U_{20}} \qquad (5-27)$$

由于励磁参数 R_f、X_f 和 Z_f 与铁芯的饱和程度有关，当电源电压变化时，铁芯的饱和程度不同，这些参数会发生变化，且随铁芯饱和程度的增加而减小。因此，为使测定的参数符合变压器的实际运行情况，应取额定电压下的数据来计算励磁参数。

空载试验可在高压侧或低压侧进行，考虑到空载试验电压要加到额定电压，当高压侧的额定电压较高时，为了便于试验和安全起见，通常在低压侧进行试验，而高压侧开路。空载试验在低压侧进行时，测得的励磁参数是低压侧的，因此必须乘以 k^2，折算成高压侧的励磁参数。

2. 短路试验

变压器的短路试验是在二次侧绕组短路的条件下进行的，其目的是测定变压器的短路损耗（铜损耗）P_{sh}、短路电压 U_{sh} 和短路参数 R_{sh}、X_{sh}、Z_{sh} 等。

由于短路试验时的电流较大（加到额定电流），而外加电压却很低，一般为额定电压的 $4\% \sim 10\%$，因此为了便于测量，一般在高压侧试验，而低压侧短路。变压器的短路试验线路图如图 5-12 所示。

短路试验时，用调压器 TC 使一次电流从零升到额定电流 I_{1N}，分别测量短路电压 U_{sh}、短路电流 I_{sh} 和短路损耗（即短路时的输入功率）P_{sh}，并记录试验时的室温 $\theta(℃)$。

由于短路试验时外加电压很低，主磁通很小，所以铁耗和励磁电流均可忽略不计，这时的输入功率（短路损耗）P_{sh} 可认为完全消耗在绕组的电阻损耗上，即 $P_{sh} \approx \Delta P_{Cu}$。按照简化的等效电路，根据测量结果，取 $I_{sh} = I_{1N}$ 时的数据计算室温下的短路参数，即

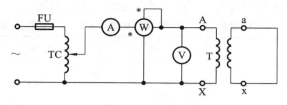

图 5-12　变压器的短路试验线路图

短路阻抗
$$Z_{\mathrm{sh}} = \frac{U_{\mathrm{sh}}}{I_{\mathrm{sh}}} = \frac{U_{\mathrm{sh}}}{I_{1N}} \tag{5-28}$$

短路电阻
$$R_{\mathrm{sh}} = \frac{\Delta P_{\mathrm{Cu}}}{I_{\mathrm{sh}}^2} \approx \frac{P_{\mathrm{sh}}}{I_{1N}^2} \tag{5-29}$$

短路电抗
$$X_{\mathrm{sh}} = \sqrt{Z_{\mathrm{sh}}^2 - R_{\mathrm{sh}}^2} \tag{5-30}$$

由于绕组的电阻随温度而变,而短路试验一般在室温下进行,故测得的电阻值应按国家标准换算为基准工作温度下的电阻值。对于 A、E、B 级的绝缘耐热等级,其参考温度为 75 ℃,则换算公式为

对于铜线变压器
$$R_{\mathrm{sh75\,℃}} = \frac{234.5 + 75}{234.5 + \theta} R_{\mathrm{sh}} \tag{5-31}$$

对于铝线变压器
$$R_{\mathrm{sh75\,℃}} = \frac{228 + 75}{228 + \theta} R_{\mathrm{sh}} \tag{5-32}$$

式中,θ 为试验时的室温(℃)。

这样,在 75 ℃时的短路阻抗为
$$Z_{\mathrm{sh75\,℃}} = \sqrt{R_{\mathrm{sh75\,℃}}^2 - X_{\mathrm{sh}}^2} \tag{5-33}$$

另外,短路电流等于额定电流时的短路损耗 P_{shN} 和短路电压(阻抗电压)U_{shN} 也应换算为 75 ℃时的数值,即
$$P_{\mathrm{shN75\,℃}} = I_{1N}^2 U_{\mathrm{sh75\,℃}} \tag{5-34}$$
$$U_{\mathrm{sh75\,℃}} = I_{1N} Z_{\mathrm{sh75\,℃}} \tag{5-35}$$

实际工作中,如果没有特别说明,则变压器的参数均指基准工作温度下的数值(不再标注下标 75 ℃)。

为了便于比较,常把 $U_{\mathrm{shN75\,℃}}$ 表示为与一次额定电压的相对值的百分数,即
$$u_{\mathrm{sh}} = \frac{U_{\mathrm{shN75\,℃}}}{U_{1N}} \times 100\% \tag{5-36}$$

一般,对于中小型变压器,$u_{\mathrm{sh}} = 4\% \sim 10.5\%$;对于大型变压器,$u_{\mathrm{sh}} = 12.5\% \sim 17.5\%$。如果变压器的绝缘耐热等级为其他绝缘耐热等级,则应校正的参考温度为 115 ℃。

短路电压(阻抗电压)U_{sh} 是变压器的一个重要参数,标注在变压器的铭牌上,它的大小反映了变压器在额定负载下运行时漏阻抗压降的大小。从运行的角度来看,希望 U_{sh} 的值小一些,使变压器输出电压波动受负载变化的影响小一些,但从限制变压器短路电流的角度来看,则希望 U_{sh} 的值大一些,这样可以使变压器在发生短路故障时的短路电流小一些。如电炉用变压器,由于短路的机会多,因此将它的 U_{sh} 设计得比一般电力变压器的 U_{sh} 要大得多。

以上分析的是单相变压器的计算方法,对于三相变压器而言,其参数是指一相的参数,因此只要采用相电压、相电流、一相的功率(或损耗),即每相的数值进行计算即可。

■ 例 5-2　　有一台三相铝线电力变压器,已知 $S_N = 100$ kV·A,$U_{1N}/U_{2N} = 6000$ V/400 V,$I_{1N}/I_{2N} = 9.63$ A/144.5 A,Y,yn0 接法,空载试验及短路试验(在室温 25 ℃)的实验

数据如表 5-3 所示,试求折算到高压侧的励磁参数和短路参数。

表 5-3　三相铝线电力变压器的空载试验及短路试验的实验数据

试 验 名 称	电压/V	电流/A	功率/W	备　注
空载	400	9.37	600	电源加在低压侧
短路	325	9.63	2014	电源加在高压侧

解　由于该变压器为三相变压器,因此应采用相值进行计算。根据空载实验数据,先求低压侧的磁参数,即

$$Z_f' \approx Z_0 = \frac{U_0}{I_0} = \frac{400}{\sqrt{3} \times 9.37} \ \Omega = 24.6 \ \Omega$$

$$R_f' = \frac{\Delta P_{Fe}}{I_0^2} \approx \frac{P_0}{I_0^2} = \frac{600}{3 \times 9.37^2} \ \Omega = 2.28 \ \Omega$$

$$X_f' = \sqrt{Z_f'^2 - R_f'^2} = \sqrt{24.6^2 - 2.28^2} \ \Omega = 24.5 \ \Omega$$

然后折算到高压侧的励磁参数。因为

$$k = \frac{\frac{6000}{\sqrt{3}}}{\frac{400}{\sqrt{3}}} = 15$$

所以

$$Z_f = k^2 Z_f' = 15^2 \times 24.6 \ \Omega = 5535 \ \Omega$$
$$R_f = k^2 R_f' = 15^2 \times 2.28 \ \Omega = 513 \ \Omega$$
$$X_f = k^2 X_f' = 15^2 \times 24.5 \ \Omega = 5513 \ \Omega$$

根据短路试验数据,计算高压侧室温下的短路参数,即

$$Z_{sh} = \frac{U_{sh}}{I_{sh}} = \frac{325}{\sqrt{3} \times 9.63} \ \Omega = 19.5 \ \Omega$$

$$R_{sh} = \frac{\Delta P_{Cu}}{I_{sh}^2} \approx \frac{P_{sh}}{I_{1N}^2} = \frac{2014}{3 \times 9.63^2} \ \Omega = 7.24 \ \Omega$$

$$X_{sh} = \sqrt{Z_{sh}^2 - R_{sh}^2} = \sqrt{19.5^2 - 7.24^2} \ \Omega = 18.1 \ \Omega$$

由于电力变压器一般为油浸式,属于 A 级的绝缘耐热等级,故短路电阻和短路阻抗应换算为基准工作温度 75 ℃时的数值。由于该变压器采用铝线,故有

$$R_{sh75\ ℃} = \frac{228 + 75}{228 + \theta} R_{sh} = 7.24 \times \frac{228 + 75}{228 + 25} \ \Omega = 8.67 \ \Omega$$

$$Z_{sh75\ ℃} = \sqrt{R_{sh75\ ℃}^2 - X_{sh}^2} = \sqrt{8.67^2 - 18.1^2} \ \Omega = -j15.89 \ \Omega$$

额定短路损耗为

$$P_{shN75\ ℃} = 3 I_{1N}^2 R_{sh75\ ℃} = 3 \times 9.63^2 \times 8.67 \ W = 2412 \ W$$

$$u_{sh} = \frac{U_{shN75\ ℃}}{U_{1N}} \times 100\% = \frac{9.63 \times 15.89}{6000/\sqrt{3}} \times 100\% = 1.47\%$$

5.5　变压器的运行特性

变压器的运行特性主要有外特性与效率特性,而表征变压器运行特性的主要指标有两

个:一是二次侧绕组电压的变化,即外特性;二是效率。

5.5.1 变压器的外特性与电压变化率

1.变压器的外特性

当电源电压和负载的功率因数等于常数时,二次侧绕组的电压随负载电流变化的规律 $[U_2 = f(I_2)$曲线]称为变压器的外特性(曲线)。

图 5-13 所示为带不同性质的负载时变压器的外特性曲线。由图可知,变压器二次侧绕组电压的大小不仅与负载电流的大小有关,而且与负载的功率因数有关。带纯电阻负载时,端电压变化较小;带感性负载时,端电压变化较大,但外特性都是下降的;带容性负载时,外特性可能上翘,上翘程度随容性的增大而增大。

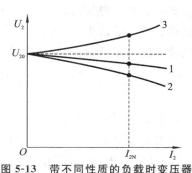

图 5-13 带不同性质的负载时变压器的外特性曲线

1—$\cos\varphi_2 = 1$;2—$\cos\varphi_2 = 0.8$(滞后);
3—$\cos\varphi_2 = 0.8$(超前)

2.变压器的电压变化率

对变压器做负载试验时,会发现变压器二次侧绕组端电压随着负载电流的改变而改变,而且当负载的性质或功率因数变化时,其二次侧绕组端电压变化的幅度也不一样。

变压器负载运行时,由于一、二次侧绕组都存在漏阻抗,故当负载电流通过时,变压器内部将产生阻抗压降,使二次侧绕组端电压随负载电流的变化而变化。为了表征 U_2 随负载电流 I_2 变化的程度,引进电压变化率的概念。所谓电压变化率,是指对变压器一次侧绕组施以额定电压,在负载及功率因数一定的情况下,二次侧绕组空载电压 U_{20} 与带负载时的二次侧绕组电压 U_2 之差与二次侧绕组额定电压 U_{2N} 的比值,用 ΔU 表示,即

$$\Delta U = \frac{U_{20} - U_2}{U_{2N}} \times 100\% = \frac{U_{2N} - U_2}{U_{2N}} \times 100\% = \frac{U_{1N} - U_2}{U_{1N}} \times 100\%$$

ΔU 的大小反映了供电电压的稳定性,是表征变压器运行特性的重要指标之一。

5.5.2 变压器的效率特性

1.变压器的损耗

变压器是静止的电气设备,因此在能量传递过程中没有机械损耗,故其效率比旋转电机的高,一般中小型电力变压器的效率在 95% 以上,大型电力变压器的效率可达 99% 以上。变压器产生的损耗主要包括铁损耗和一、二次侧绕组的铜损耗。

变压器的铁损耗为铁芯中的磁滞和涡流损耗,它决定于铁芯中磁通密度的大小、磁通交变的频率和硅钢片的质量。变压器的铁损耗近似与一次侧绕组外加电源电压 U_1^2 成正比,而与负载大小无关。当电源电压一定时,变压器的铁损耗就基本不变了,故铁损耗又称为"不变损耗"。

变压器铜损耗中的基本铜损耗是电流在一、二次侧绕组直流电阻上的损耗 $I_1^2 R_k$。变压器铜损耗的大小与负载电流的平方成正比,因此称其为"可变损耗"。

2. 变压器的效率特性

变压器在能量转换过程中会产生损耗,使输出功率小于输入功率。变压器的输出功率 P_2 与输入功率 P_1 之比称为效率,用百分数表示,即

$$\eta = \frac{P_2}{P_1} \times 100\% \tag{5-37}$$

效率的大小反映了变压器运行的经济性,是表征变压器运行特性的重要指标之一。

变压器的效率可用直接负载法,通过测量输出功率 P_2 和输入功率 P_1 来确定。但由于变压器的效率一般较高,P_2 与 P_1 相差很小,测量仪器本身的误差相对较大,故通过直接测量很难获得准确结果。工程上大多采用间接法来计算变压器的效率,即通过空载试验和短路试验求出变压器的铁损耗 P_{Fe} 和铜损耗 P_{Cu},然后按下式计算效率

$$\eta = \frac{P_2}{P_1} = \left(1 - \frac{\sum P}{P_1}\right) \times 100\% = \left(1 - \frac{P_{Fe} + P_{Cu}}{P_2 + P_{Fe} + P_{Cu}}\right) \times 100\% \tag{5-38}$$

式中,$\sum P = P_{Fe} + P_{Cu}$。

为简便起见,在用式(5-37)计算效率时,先做以下几个假设。

(1)计算输出功率时,由于变压器的电压变化率很小,因而带负载时可忽略二次侧绕组电压 U_2 的变化,则

$$P_2 = m U_{2N} I_2 \cos\varphi_2 = \beta m U_{2N} I_{2N} \cos\varphi_2 = \beta S_N \cos\varphi_2$$

式中:m 为变压器的相数;β 为变压器的负载系数,$\beta = I_2 / I_{2N}$;S_N 为变压器的额定容量,$S_N = m U_{2N} I_{2N}$。

(2)额定电压下空载损耗 $P_0 = P_{Fe} =$ 常数,即认为铁损耗不随负载变化,为不变损耗。

(3)将额定电流时的短路损耗 P_{kN} 作为额定负载电流时的铜损耗 P_{Cu},且认为铜损耗与负载电流的平方成正比,即 $P_{Cu} = \beta^2 P_{kN}$。

应用以上 3 个假设后,式(5-37)可写为

$$\eta = \left(1 - \frac{P_0 + \beta^2 P_{kN}}{\beta S_N \cos\varphi_2 + P_0 + \beta^2 P_{kN}}\right) \times 100\% \tag{5-39}$$

对于已制成的变压器,P_0 和 P_{kN} 是一定的,因此效率与负载大小及功率因数有关。

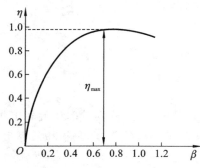

图 5-14 变压器的效率特性曲线

当功率因数一定时,变压器的效率与负载系数之间的关系 $\eta = f(\beta)$ 称为变压器的效率特性曲线,如图 5-14 所示。由图可见,空载时输出功率为零,$\beta = 0$,$\eta = 0$;负载较小时,β 较小,损耗相对较大,效率 η 较低;负载增加,效率 η 也随 β 的增加而增加。在某一负载时,效率 η 最大,然后又开始下降,这是因为铜损耗 P_{Cu} 与 β^2 成正比,在超过这一负载后,效率 η 随 β 的增大反而变小了。

将式(5-39)对 β 取一阶导数,并令 $\dfrac{d\eta}{d\beta} = 0$,可得变压器产生最大效率的条件为

$$\beta_m = \sqrt{\frac{P_0}{P_{kN}}} \tag{5-40}$$

式中,β_m 为最大效率时的负载系数。

式(5-39)说明,当铜损耗等于铁损耗,即可变损耗等于不变损耗时,效率最高,有

$$\eta_{max} = 1 - \frac{2P_0}{\beta_m S_N \cos\varphi_2 + 2P_0} \tag{5-41}$$

实际上,变压器常年接在电网上,铁损耗总是存在的,而铜损耗却随负载变化。一般变压器不可能总在额定负载下运行,因此为保证变压器的运行特性,提高全年的经济效益,设计变压器时,铁损耗应设计得小一些,一般取 $\beta_m = 0.5 \sim 0.6$,对应的 P_{kN} 与 P_0 之比为 $3 \sim 4$。

5.6　三相变压器

三相变压器用于实现三相制电网的电压隔离与变换。在三相对称条件下,三相变压器的每一相可视为一台独立的单相变压器。可以说,对单相变压器的讨论实际上已经包括了对三相变压器主要内容的讨论。对三相变压器的研究,与三相对称正弦电路一样,可利用一相来进行分析,求出一相的电量后,再根据对称关系直接获得其他两相的电量。因此,单相变压器的基本方程、等值电路和运行特性分析完全适用于三相变压器。但是,三相变压器也有其自身特殊的问题,即它的磁路、电路结构、线圈的连接方式及其对磁通、电势和电流波形的影响问题。理解这些问题,对三相变压器的正确使用是十分重要的。

当三相不对称时,不论是输入电压不对称还是输出负载不对称,其分析略显复杂,一般可采用对称分量法。本书主要讨论电力拖动问题,对三相变压器的不对称问题不展开讨论。对不对称问题感兴趣的读者可参阅相关专著和教材。

1. 三相变压器的磁路

三相变压器的磁路系统即三相变压器的铁芯,可以分为各相磁路独立和各相磁路相互联系两种类型。

1)三相组式

三相变压器可以采用三台相同的单相变压器组成,称为三相组式变压器,如图 5-15 所示。三相组式变压器的各相主磁通都有自己的磁路,彼此独立。若一次侧三相电压对称,则各相主磁通必然对称,各相空载电流也对称,因此单相分析方法可完全适用。

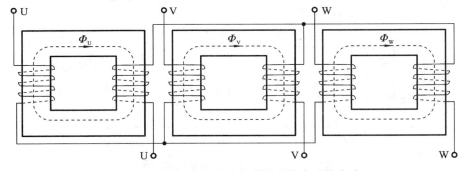

图 5-15　一种三相组式变压器的结构与连接方式

2)三相芯式

将三个单相变压器的铁芯并在一起,如图 5-16(a)所示。对称运行时,三相主磁通也是对称的,因此,与三相对称电压一样,三相主磁通的相量和在任意瞬时均等于零,即 $\dot{\Phi}_U + \dot{\Phi}_V + \dot{\Phi}_W = 0$。根据磁路定律,互相并在一起的中间铁芯柱中的磁通相量应为三相磁通相量之和,即等于零,如同对称三相电路电流不存在于对称三相电路的中线中一样。因此,中间铁

芯柱可以省去,如图 5-16(b)所示。为了便于制造、降低成本,把三相铁芯布置在同一平面内,就形成图 5-16(c)所示的形式。这样,三相磁路就变成相互联系的了。这种结构的三相变压器称为三相芯式变压器。

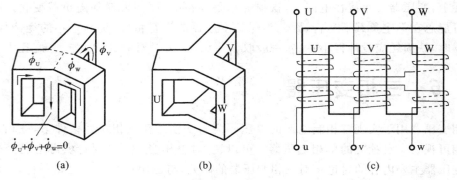

图 5-16 三相芯式变压器的磁路

2. 三相变压器绕组的连接方式和磁路系统对电动势波形的影响

1) 三相变压器绕组的连接方式

三相变压器的六个绕组可以按图 5-17 所示的四种方式中的任意一种来连接,各图中左侧的三个绕组为一次侧绕组,右侧的三个绕组为二次侧绕组。图中也显示了当一次侧加有三相对称的线电压 U 和线电流 I 时,对应的二次侧的线电压和线电流。注意,三相变压器中的一次侧绕组和二次侧绕组的额定电压及电流取决于所采用的连接方式,但不管怎样连接,三相变压器的额定容量是单台单相变压器的 3 倍。其中,D 形连接又称为三角形连接、△ 形连接,Y 形连接又称为星形连接;大写字母代表一次侧,小写字母代表二次侧。

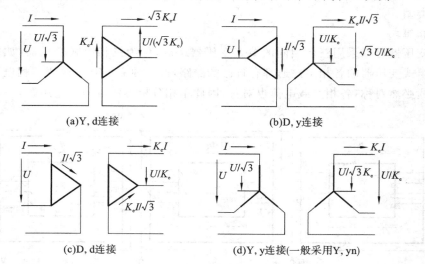

图 5-17 三相变压器的基本连接方式

Y,d 连接一般用于将高压降为中、低压,其理由之一是一次侧可提供中点,以便高压侧接地,许多场合都有这种需要。相反,D,y 连接一般用于升高电压。D,d 连接的优点是,可以将其中某一相变压器移出进行维修,而剩余的两相变压器仍可继续起到三相供电的作用,只是额定容量将下降为原来容量的 58% 左右。这是因为三角形连接时变压器的额定容量是 $\sqrt{3}U_N I_N$,电压、电流均为线电流,移去一相变压器后,变压器缺失端的两线电流将与相电流相等。为了保证变压器安全,只能将线电流控制在相电流的额定值范围内,三角形连接时相电流是线电流的 $1/\sqrt{3}=0.58$,这时称为三相变压器的开三角运行。Y,y 连接一般不予采用,其原因在后面章节将进行分析。在需要采用 Y,y 连接的场合,必须在任一侧加上中线。一次侧有中线,称为 Yn,y 连接或 Y0,y 连接,二次侧有中线则称为 Y,yn 连接或 Y,y0 连接。

  2)三相绕组的连接与输出电压相位的变化

  把三个单相绕组连接成三相绕组有许多种连接方法,其中最基本的是星形(Y)连接和三角形(D)连接两种。在进行连接时,必须十分注意变压器绕组的同名端。通常将绕组标有同名端符号的一端称为绕组的头端,另一端称为尾端。三相一、二次侧各绕组的头尾必须严格按规范连线,不可接错,否则可能使变压器不能正常运行,甚至造成事故。例如,将变压器二次侧接成三角形时,如果有一组绕组的同名端接反了,也就是极性反了,那么在闭合的三角形连接回路中,三相总电势就不等于零,而是相电势的两倍,如图 5-18 所示。这时如果一次侧加额定电压,二次侧三角形连接的绕组中将形成很大的短路环流,从而损坏变压器。

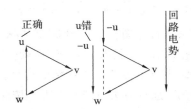

图 5-18 三角形连接时一组绕组的同名端接反时的电势

  三相变压器一、二次侧各有三个绕组,可以通过不同的连接方式来构成图 5-17 所示的基本连接,形成不同的连接组别。不同的连接组别使一次侧和二次侧相对应的线电压之间有不同的相位移。实践和理论证明,对于三相绕组,无论采用什么连接方法,一、二次侧线电势的相位差总是 30 的倍数。因此,采用时钟的 12 个数字来表明这种相位差是很简明的。这种表示方法为:以一次侧电势为钟表上的长针,始终指向 12,而以二次侧线电势为短针,它所指的数字即表示两侧线电势间的相位差,这个数字称为三相变压器连接组的组别,将它乘以 30°就得到两侧线电势相位相差的角度。指针移动的假定正向规定为:每当相位向滞后方向移动 30°,指针数加 1,并规定三相电压与电势的相位关系为 U 相超前于 V 相 120°、V 相超前于 W 相 120°。采用这种方法判断三相变压器两侧线电势相位关系的方法称为电位升位图法。现对三相变压器的基本连接方式分别进行介绍。

  (1)D,y 连接。

  决定三相变压器连接组别的作图方法为:用 E_{ij} 的下标表示由 i 到 j 电位升高。对于图 5-19 所示的连接,可根据以下步骤作图。

  ①作一次侧电位升位图:以 V-U 为垂线,V 在上,U 在下,这样电势 E_{UV} 就已固定在 12 点钟的方向,W 位于垂线右侧垂直平分线上;将这三个字母用直线连接成三角形,并约定一次侧大写字母所在位置为该相绕组的头。

  ②按要识别组别的变压器绕组接线图,如图 5-19 所示的一次侧各绕组头尾连接关系确定电压相量所在位置。对于图 5-19 所示的电路,一次侧绕组 U 的头连接 V 的尾,V 的头连接 W 的尾,W 的头连接 U 的尾。为了更加明确,可以在图上字母 U 附近加注 V_2,代表这个位置同时是 V 绕组的尾端。依次在 V 附近标注 W_2,在 W 附近标注 U_2。从而可以看出,U-W 间的连线是 U 相,V-U 间的连线是 V 相,V-W 间的连线是 W 相。分别在线上标注箭头,

箭头指向同名端,代表电位升高方向,即指向大写字母端,并标注 $\dot{E}_{UV}$ 相量。

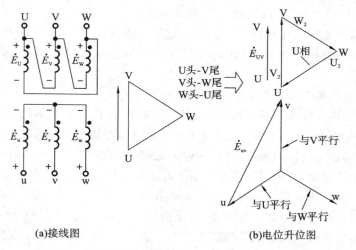

(a)接线图   (b)电位升位图

图 5-19 三相变压器的一种 D,y 连接方式和电位升位图

③二次侧相量按一次侧相量平行作图。对于图 5-19 所示的 Y 连接,当同名端在输出端字母侧时,平行移动各相量,连接成 Y 形,箭头均背离中心点。与一次侧相量平行的相量,相量名为电路图中位于一次侧绕组垂直下方绕组出线端的符号。例如,图 5-19 中为 u,故二次侧的相量 u 是与一次侧相量 U 平行的,箭头指向左下方。按此方法依次标注 v 和 w。

④在二次侧连接 u-v,即得到二次侧电势相量 $\dot{E}_{UV}$。这个电势指向 1 点钟的方向,可判定此变压器的连接组别为 D,y-1,即二次侧线电势滞后一次侧线电势 30°。

需要指出的是,根据约定,相位滞后方向为加指针方向。上述判断是按顺时针方向进行的,那么顺时针方向是相位滞后方向吗?观察图中字母排列的规律不难得到答案。顺时针方向旋转时,图中字母是按 UVW 的顺序排列的,因此顺时针方向正好是相位滞后的方向。

如果图 5-19 中的一次侧不变,二次侧输出定义的改变如图 5-20(a)所示,那么根据上述方法作图,结果如图 5-20(b)所示,连接组别变为 D,y-9,这说明按此连接时,二次侧线电势滞后一次侧线电势 270°。

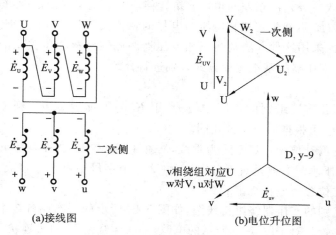

(a)接线图   (b)电位升位图

图 5-20 D,y-9 连接组别

星形连接的二次侧绕组也可以将三个绕组的同名端连在一起,从非同名端输出三相电压。这时,作二次侧电位升位图时,可将箭头反向,字母仍标注在箭头旁来对应这种各相电压反向输出的情况,如图 5-21(b)所示。为简化作图方法,也可以仍按前述同名端输出时的方法作图,考虑非同名端输出时相位相反,即相差 180°,故将结果加 6 或者减 6,即可得到非同名端输出时的组别,如图 5-21(c)所示。

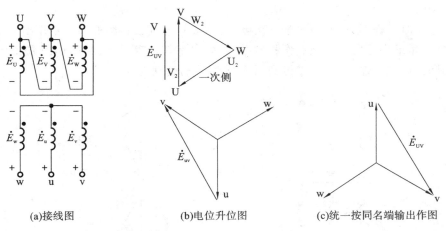

(a)接线图 (b)电位升位图 (c)统一按同名端输出作图

图 5-21 二次侧非同名端输出的 D,y 连接与电位升位图

改变二次侧出线端相序标志和一、二次侧绕组连接方式,可构成 D,y 连接的 6 种不同连接方式。将一次侧超前电压相量的头接到滞后电压相量的尾端,这种接法称为负相序接法。若将一次侧改接为 U 尾-V 头、V 尾-W 头、W 尾-U 头,这时滞后电压相量的头接在超前电压相量的尾,这种接法称为正相序接法。改接为正相序接法后,又可得到另外 6 种不同的 D,y 连接方式。

下面讨论逆相排列问题。

若在接线图中一次侧绕组的字母不是按 UVW 排列的,如图 5-22 所示,上述作图方法仍然有效。当采用上述作图方法时,得到的连接组别为 D,y-7。

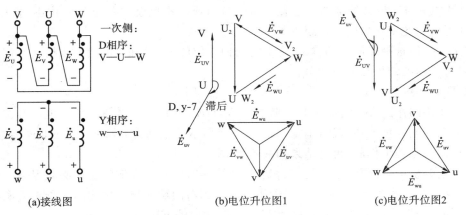

(a)接线图 (b)电位升位图1 (c)电位升位图2

图 5-22 变压器连接的逆排列组别判断

当作出一次侧三角形后,字母按接线图一次侧顺序仿照前述方法标注,第一个字母 V 标注在下,U 标注在上,W 标注在右。二次侧按前述方法作图,可得到的电位升位图如图 5-22(c)所示,这时仍按前述方法判断,似乎连接组别应为 D,y-5。这个结果并不是作图产生了错误,原因在于利用电位升位图判定连接组别时,曾定义每当二次侧线电势滞后一次侧线电势 30°时,时钟数加 1。当一次侧按图 5-22(b)绘出时,UVW 为顺时针旋转方向,即二次侧线电势相量以顺时针方向转动为滞后方向；而在图 5-22(c)中，一次侧三角形的 UVW 是按逆时针旋转方向排列的，这时二次侧线电势的滞后角度应该改为按逆时针旋转方向计算。这样，同样可以得到此变压器的连接组别是 D,y-7。

（2）Y,y 连接。

Y,y 连接时的作图方法为：对于一次侧，首先按 D,y 连接作图的第一步作出 UVW 三角形，然后在三角形中心向三个顶点作相量，箭头指向字母；二次侧绕组的作图方法与 D,y 连接时的相同。按照前述方法，不难得到图 5-23 所示的组别为 Y,y-12。

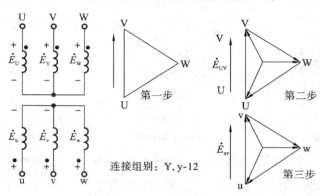

图 5-23　Y,y 连接时的电位升位图与组别

（3）Y,d 连接。

Y,d 连接时，一次侧的作图方法与 Y,y 连接的相同。二次侧相量平移时，为避免错误，可在相量尾端标注此处是哪一相量的尾端，它在接线图中是与哪相绕组相连，相量平移后组成三角形时就与代表该绕组的相量相连，如图 5-24 所示。图中，二次侧的 w 相量对应一次侧的 U 相量、u 相量对应 V 相量、v 相量对应 W 相量。U 相量平移作 w 相量，尾端标上 c，代表是 w 绕组的尾端，它应该与 v 连接，而 w 相量的头则应该与 u 相量的尾端 a 连接。相应地，u 相量的头与 v 相量的尾端 b 连接。这样就组成二次侧绕组的电位升位图，根据 E_{uv} 的方向，即可确定此变压器的连接组别是 Y,d-3。

如果二次侧选择非同名端输出，那么与前面介绍的方法类似，仍然可以按同名端输出来作图，再将得到的结果加减 6 即可。

（4）D,d 连接。

D,d 连接的作图方法与前述 D,y 连接和 Y,d 连接的一、二次侧三角形电位升位图的作图方法完全相同。按上述方法，不难判定图 5-25 所示的组别为 D,d-6。对于非同名端输出，也可先按同名端输出作图，再将结果加减 6，如图 5-26 所示。

在上述分析中，必须注意的是，三相变压器连接时，一、二次侧的相序必须保持一致。简单来说，就是在接线图上，一次侧的字母排列从左到右的顺序与二次侧的字母排列顺序必须一致。例如，如果一次侧的排列顺序为 UVW，二次侧按 uvw、vwu、wuv 排列；一次侧的排列顺序为 VUW，则二次侧只能按 vuw、uwv、wvu 排列。即一、二次侧的相序必须同为正相序或者同为负相序。如果一、二次侧的相序不一致，就会造成相序的错乱，这样的连接就没有组别可言。若用于某些需要进行相位控制的控制系统，如晶闸管可控变流系统，就会导致运行异常，甚至造成设备事故。

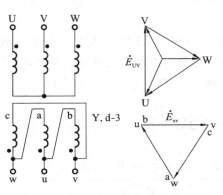

图 5-24　Y,d 连接时的电位升位图与组别

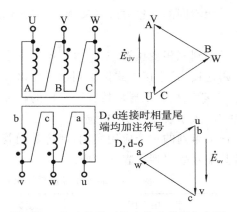

图 5-25　D,d 连接时的电位升位图与组别

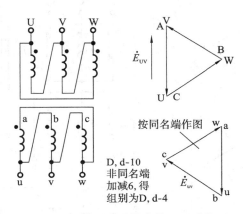

图 5-26　非同名端输出的 D,d 连接

图 5-27 中的三相变压器采用 D,y 连接,一次侧的字母排列为 VUW,二次侧为 uvw,两侧相序相反。这时如果按照前述方法作出电位升位图,可以发现,两侧线电势的相位差三相各不相同,其中 $\dot{E}_{uv}$ 滞后 $\dot{E}_{UV}$ 150°,$\dot{E}_{vw}$ 滞后 $\dot{E}_{VW}$ 270°,$\dot{E}_{wu}$ 滞后 $\dot{E}_{WU}$ 30°。这样,这种变压器连接就没有连接组别。从图 5-27 中的一、二次侧的电位升位图中的线电势的箭头方向也可以看出,两侧三相箭头形成的旋转方向是相反的。

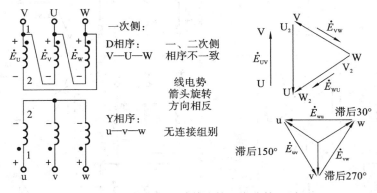

图 5-27　相序不一致的连接没有连接组别

对于各种连接,具有规律性的是:Y,y 连接和 D,d 连接只能有偶数组别,即 2、4、6、8、10、12;Y,d 连接和 D,y 连接则只能有奇数组别,即 1、3、5、7、9、11。

采用不同的连接方式可实现一、二次侧线电势的相位差在 360°范围内以 30°级差的有效调节。

考虑到三相变压器一、二次侧各有三个绕组,它们既可以从同名端也可以从非同名端与外电路连接,其连接方式按排列组合可以有很多种。为便于生产和现场安装调试,除特殊需要外,一般三相变压器均按我国采用的三种标准连接组别,即 Y,yn-12、Y,d-11 和 Yn,d-11(其中"n"表示有中线引出)设计。

作为组别的一个应用实例,现将晶闸管可控整流电路中的同步变压器的十二种连接方式按其编号顺序列于表 5-4 中。

表 5-4 晶闸管可控整流电路中的同步变压器的十二种连接方式

连　接　图	连接方式	连　接　图	连接方式
U V W；$\dot{E}_U$ $\dot{E}_V$ $\dot{E}_W$；$\dot{E}_{UV}$；$\dot{E}_u$ $\dot{E}_v$ $\dot{E}_w$；u v w n；D,y0-7 $\dot{E}_{uv}$	D,yn-7	U V W；$\dot{E}_U$ $\dot{E}_V$ $\dot{E}_W$；$\dot{E}_{UV}$；$\dot{E}_v$ $\dot{E}_w$ $\dot{E}_u$；v w u n；Y,yn-8 $\dot{E}_{uv}$	Y,yn-8
U V W；$\dot{E}_U$ $\dot{E}_V$ $\dot{E}_W$；$\dot{E}_{UV}$；$\dot{E}_v$ $\dot{E}_w$ $\dot{E}_u$；v w u n；D,y0-9 $\dot{E}_{uv}$	D,yn-9	U V W；$\dot{E}_U$ $\dot{E}_V$ $\dot{E}_W$；$\dot{E}_{UV}$；$\dot{E}_w$ $\dot{E}_u$ $\dot{E}_v$；w u n；Y,yn-10 $\dot{E}_{uv}$	Y,yn-10
U V W；$\dot{E}_U$ $\dot{E}_V$ $\dot{E}_W$；$\dot{E}_{UV}$；$\dot{E}_w$ $\dot{E}_u$ $\dot{E}_v$；w u v n；D,y0-11 $\dot{E}_{uv}$	D,yn-11	U V W；$\dot{E}_U$ $\dot{E}_V$ $\dot{E}_W$；$\dot{E}_{UV}$；$\dot{E}_u$ $\dot{E}_v$ $\dot{E}_w$；u v n；Y,yn-12 $\dot{E}_{uv}$	Y,yn-12

3. 磁路形式和绕组连接方式对电动势波形的影响

铁磁材料的磁滞与饱和非线性特性,决定了单相变压器主磁通与空载励磁电流之间呈现的非线性关系。当输入电网电压为正弦波时,磁通必定也是一个十分近似的正弦波,导致励磁电流只能为严重畸变的尖顶波。这种尖顶波含有较强的三次谐波分量(与基波对应,当三次谐波的第一半波为负时,其两个负的第一半波和第三半波将使基波第一半波的两侧幅值被削弱,而正的第二半波将使基波半波的中心幅值部分被增强,形成尖顶瘦腰的形状)。而在三相变压器中,若一次侧三相绕组采用星形连接,则励磁电流中的三次谐波电流因无通路而不可能存在。因为在对称的三相正弦电路中,三次谐波电压、三次谐波电流的相位是相同的,按照节点电流定律,它们不可能同时流进或流出星形连接的中点,这就迫使励磁电流只能近似变成正弦波,这必将对主磁通及一、二次侧绕组的相电势产生影响,其后果则与磁路形式和绕组接线方式有关。

1)当变压器采用 Y,y 连接时

对于三相组式变压器,三相磁路是独立的,当励磁电流为正弦波时,根据其磁化曲线,利用图解法容易证明各相磁通均为平顶波,其感应相电势则为尖顶波,如图 5-28 所示。感应相电势因三相中的 e_{u3}、e_{v3}、e_{w3} 同相,因此线电势中无三次谐波。忽略高次谐波,相电势的有效值为

$$E_1 = \sqrt{E_{11}^2 + E_{13}^2}$$

线电势的有效值为

$$E_L = \sqrt{3}E_{11} < \sqrt{3}E_1$$

相电势的增大可能危害绕组绝缘,所以三相组式变压器均不采用 Y,y 连接。若必须采用这种连接方式,则可将一次侧绕组改为带中线的星形连接,利用中线为励磁电流中的三次谐波电流提供通路。此时,三相变压器实际已变为三台独立的变压器,因而不再存在磁通及感应电动势波形畸变的问题。另一种方法是增加一个三角形连接的第三绕组(主绕组额定功率的 1/3)。它的作用将在下面的叙述中介绍。

对于三相芯式变压器,因三相磁通中的三次谐波分量的相位相同,与三相对称电路相似,它们无法从三相共用的铁芯中通过,只能以漏磁通的方式通过周围空气或变压器油构成磁路,如图 5-29 所示。这种磁路的磁阻很大,导致磁通三次谐波的幅值很小,主磁通及感应电动势实际上仍可近似保持为正弦波。因此,对于小容量的三相芯式变压器,可以采用 Y,y 连接。但当容量超过一定数额,如超过 1800 kV·A 时,因三次谐波磁通在漏磁回路铁体中会产生较大的涡流损耗,使功率降低,并引起局部发热,因此原则上也不采用 Y,y 连接方式。

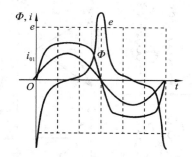

图 5-28 正弦励磁电流导致磁通与电动势畸变

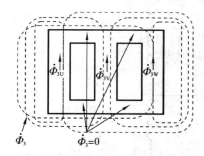

图 5-29 芯式变压器磁通的三次谐波路径

我国规定的标准连接 Y,yn-12,要求使用芯式变压器。

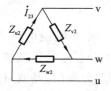

图 5-30 三角形连接时的三次谐波电流环流

2)当变压器采用 Y,d 连接时

变压器采用 Y,d 连接时,基于同样的原因,二次侧绕组的电动势可能畸变为尖顶波,但由于二次侧采用了三角形连接,由二次侧绕组的三次谐波电动势推动的三次谐波电流可以在三角形内以短路环流的形式流动,如图 5-30 所示,由此产生的三次谐波磁势叠加在一次侧绕组磁势上。根据楞次定律,这个三次谐波电流产生的三次谐波磁通将阻止主磁通中的三次

谐波磁通的变化,即对主磁通中的三次谐波起到去磁作用,主磁通中的三次谐波磁通被削弱时,由于一次侧为 Y 形连接,它并不能通过在一次侧从电网输入三次谐波电流来获得补偿,从而使主磁通平顶的三次谐波磁通分量在很大程度上被削弱。铁芯中的主磁通接近于正弦波,一、二次侧绕组相电势的波形均近似为正弦波。

3)当变压器采用 D,y 连接时

当一次侧绕组采用三角形连接时,显然可在三角形内以环流形式产生三次谐波电流,从而使主磁通和两侧相电势均近似为正弦波。

因此,三相变压器只要有一侧为三角形连接,即可改善一、二次侧电动势的波形,D,d 连接更是如此。这也说明了为什么在采用 Y,y 无中线连接时,可以通过增加一个三角形连接的第三绕组来防止主磁通和电动势的畸变。

在三角形连接的绕组侧,三次谐波电流仅在三角形内流动,即绕组的相电流中含有三次谐波分量,但不会出现在线电流中。

5.7 电力拖动系统中的特殊变压器

变压器的种类很多,除了主要的单相变压器和三相变压器之外,本节研究自耦变压器、电压互感器和电流互感器等特殊用途变压器的基本原理和特点。

5.7.1 自耦变压器

自耦变压器是由双绕组(指初、次级绕组)变压器演变而来的,它因用料省、效率高而得到广泛应用,航空上使用的有单相自耦变压器和三相自耦变压器,实验室中更普遍将它作为调压器使用。

图 5-31 所示为单相自耦变压器的电路图,图中铁芯没有画出,只有一个绕组,总匝数为 W_1,中间在匝数为 W_2 处有抽头点 a。当初级 AX 接电源电压 U_1 后,在次级 ax 端即可获得电压 U_2。与双绕组单相变压器一样,其变比为

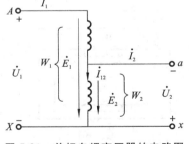

$$k = \frac{W_1}{W_2} = \frac{E_1}{E_2} = \frac{U_1}{U_2} \qquad (5\text{-}42)$$

其磁势平衡方程为 $I_1 W_1 + I_2 W_2 = I_0 W_1$,其中 $I_0 W_1$ 为建立主磁通所需的励磁磁势,由于它的数值很小,可以忽略,故

图 5-31 单相自耦变压器的电路图

$$\dot{I}_1 W_1 + \dot{I}_2 W_2 = 0 \qquad (5\text{-}43)$$

由自耦变压器的特点可知,在绕组的 W_2 段内实际流过的电流按节点电流平衡方程为

$$\dot{I} = \dot{I}_1 + \dot{I}_2 \qquad (5\text{-}44)$$

将式(5-44)代入式(5-43),经整理得

$$\dot{I} = \dot{I}_1 (1-k) \qquad (5\text{-}45)$$

式中,k 一般大于 1,电流 $\dot{I}$ 与 $\dot{I}_1$ 相位相反,k 愈接近 1,则电流 $\dot{I}$ 的数值愈小。上述分析说明,自耦变压器不仅比普通单相变压器少了一个低压绕组,而且保留的一个绕组的 W_2 部分

通过的电流小,因此可减少导线的用料(省铜)和减小铜耗。质量减轻、体积缩小是自耦变压器的优越之处。

自耦变压器除了通过 W_2 传递电磁功率以外,电源通过部分绕组(W_1-W_2)直接把部分功率传递给次级绕组,这部分功率称为传导功率。次级绕组的总功率为电磁功率和传导功率之和。

自耦变压器由于初、次级绕组之间有电的直接联系,高压边的高电位会传导到低压边,所以其低压边包括用电负载必须用与高压边同样等级的绝缘和过压安全保护装置。对于三相自耦变压器,三相的中点都必须可靠地接地,否则当出现单相短路故障时,另两相的低压边会引起过电压,危及用电设备。自耦变压器的这些缺点限制了它的使用范围。

5.7.2 电压互感器

电压互感器是一种特殊的降压变压器,如图 5-32 所示。它的功用是把高电压变换成便于直接检测的电压值。电压互感器普遍用于测量装置中,在控制系统和微机检测系统中也大量应用。

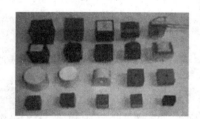  

(a)超小型微型精密电压互感器　　(b)供应10 kV户外抗谐振电压互感器　　(c)电容式电压互感器

图 5-32　电压互感器示例

图 5-33　电压互感器的电路图

如图 5-33 所示,将待测高电压 U_1 变换成合适的低电压信号 U_2,如在 110 V 以内,以便使用普通电压表测读。按降压需要,初级匝数 W_1 大于次级匝数 W_2。根据变压器基本原理可知

$$U_2 \approx \frac{U_1}{k} = U_1 \cdot \frac{W_1}{W_2} \tag{5-46}$$

式(5-46)不能严格成立,因为初、次级绕组有电阻漏抗,有工作电流就存在压降,从而使电压互感器产生误差。作为检测元件的电压互感器有两种误差:一种是电压数值误差,即输出电压偏离变比关系;另一种是电压相位误差,通常以 $\dot{U}_2$ 偏离 $\dot{U}_1$ 的相位角计。按实际误差大小的不同,电压互感器的准确级别分为五个等级:0.1、0.2、0.5、1.0、3.0。例如,常用的 0.5 级精度的电压互感器,在额定电压时,其数值误差不超过±0.5%,相位误差不超过±20′。使用电压互感器时,绝对不允许短路,因为当次级绕组短路(例如误接入电流表)时,将会在初、次级绕组中产生很大的短路电流,既影响被测系统,又会烧坏电压互感器。为此,常在次级绕组或在初、次级绕组中安装熔断器,起短路保护作用。当局部绝缘损坏时,初级绕组的高压会传到次级绕组,危及操作人员和设备。因此,为了保证安全,应将次级绕组和铁芯可靠地接地。

5.7.3　电流互感器

电流互感器是一种特殊的升压(减流)变压器,如图 5-34 所示。它的功用是把大电流变换成便于直接检测的电流值。电流互感器普遍用于测量装置中,同时在控制系统和微机检测系统中也被大量应用。

如图 5-35 所示,电流互感器匝数很少的初级绕组串联于待测大电流 I_1 的电路中,其匝数很多的次级绕组可产生合适的小电流信号 I_2,一般在 5 A 以内,以便使用普通电流表测读。

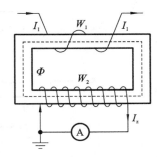

(a)高精度电流
互感器

(b)LGBJ-110　110 kV
干式电流互感器

(c)开启式电流
互感器

图 5-34　电流互感器示例　　　　　　图 5-35　电流互感器的电路图

注意:被测初级电流 I_1 是外加的,因此电流互感器是恒流源工作状态,这是它的特点。

根据磁势平衡方程 $\dot{I}_1 W_1 + \dot{I}_2 W_2 = \dot{I}_0 W_1$,当 I_0 很小,可以忽略时,$\dot{I}_1 W_1 + \dot{I}_2 W_2 = 0$,可得次级输出电流的数值为 $I_2 \approx k I_1 = I_1 (W_1 / W_2)$,因 $W_1 \leqslant W_2$,故 $k \leqslant 1$。

测量要求的理想条件是:数值上 I_2 与 I_1 应保持严格变比关系,相位上 $-\dot{I}_2$ 与 $\dot{I}_1$ 同相位。但实际上,由于有励磁电流 I_0 存在,所以必然引起误差。

电流互感器也有两种误差:一种为电流数值误差(偏离线性变比关系),另一种为电流相位误差($-\dot{I}_2$ 偏离 $\dot{I}_1$ 的相位角)。根据实际误差值的不同,电流互感器的准确级别分为五个等级:0.1、0.2、0.5、1.0、3.0。例如,常用的 0.5 级精度的电流互感器,在额定电流时,其数值误差不超过 $\pm 0.5\%$,相位误差不超过 $\pm 40'$。使用电流互感器时,绝对不允许次级绕组开路,因为当 $Z_1' = \infty$ 时,致使 $\dot{I}_0 = \dot{I}_1$,并通过很大的励磁阻抗 Z_m,在次级绕组两端会有很高的电压,将造成危险。从物理概念亦可以理解,当次级绕组开路时,$I_2 = 0$,因此励磁磁势 $\dot{I}_0 W_1 = \dot{I}_1 W_1$ 很大,使铁芯中的磁通很大并进入饱和段,从而使次级绕组的电压很高。为此,常在次级绕组中装保护开关,在不测量时保持次级绕组是闭路状态。当局部绝缘损坏,使初级绕组大电流所在的电网电压传到次级绕组时,将危及操作人员和设备,为此应将次级绕组和铁芯接地。

5.7.4　其他特殊用途变压器

电焊机在生产中的应用非常广泛,它是利用变压器的特殊外特性(二次侧可以短时短路)的性能来工作的,它实际上是一台降压变压器。

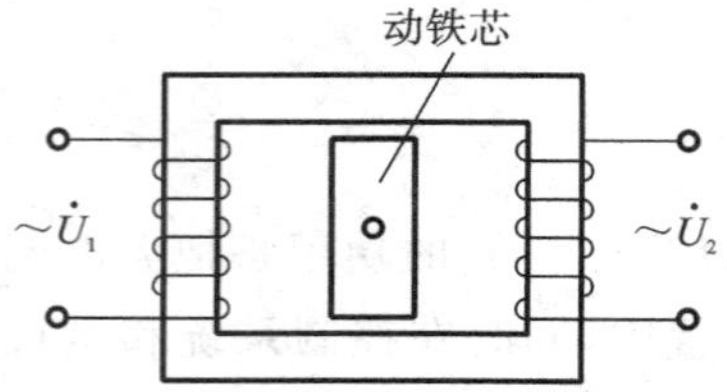

动铁芯

图 5-36 磁分路动铁芯电焊
变压器的电路图

1. 磁分路动铁芯电焊变压器

在图 5-36 所示的磁分路动铁芯电焊变压器电路中，原、副边绕组分装于两铁芯柱上，在两铁芯柱之间有一磁分路，即动铁芯，动铁芯通过一螺杆可以移动调节，以改变漏磁通的大小，从而改变电抗的大小。

2. 串联可变电抗器的电焊变压器

在普通变压器副绕组中串联一可变电抗器，电抗器的气隙 δ 通过一螺杆调节其大小。图 5-37 所示为串联可变电抗器的电焊变压器的电路图。

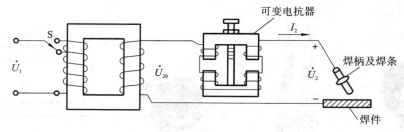

图 5-37 串联可变电抗器的电焊变压器的电路图

5.8 变压器的 MATLAB 仿真

5.8.1 变压器负载运行状态仿真

变压器在负载运行时，若忽略励磁阻抗和漏阻抗，其一次侧和二次侧电压、电流的关系仅取决于变压器的变比。在很多情况下，不能忽略励磁阻抗和漏阻抗，从而增加了分析难度，而借助于计算机仿真可以减轻分析的工作量。

例 5-3 有一台单相变压器，其额定参数为 $f_N = 50$ Hz，$S_N = 10$ kV·A，$U_{1N}/U_{2N} = 380$ V/220 V，一、二次侧绕组的漏阻抗分别为 $Z_1 = (0.17+0.22\text{j})$ Ω，$Z_2 = (0.03+0.05\text{j})$ Ω，励磁阻抗 $Z_m = (30+310\text{j})$ Ω，负载阻抗 $Z_L = (4+5\text{j})$ Ω。使用 Simulink 建立仿真模型，计算在高压侧施加额定电压时，一、二次侧的实际电流、励磁电流，以及二次侧的电压。

解 在用 Simulink 进行仿真时，可以采用变压器的等值电路模型，使用者不用列写变压器方程。使用 Simulink 的 Power System Blockset 中的模块能够很方便地构造变压器的仿真模型，对其特性及运行状态进行仿真。

1. 建立仿真模型

在 Simulink 仿真窗口中，从 Simulink/SimPowerSystems 模块库中分别拖入线性变压器(Linear Transformer)、单向电压源(AC Voltage Source)、电压测量(Voltage Measurement)、电流测量(Current Measurement)、万用表(Multimeter)、有效值(RMS)计算、RLC 串联支路(Series RLC Branch)、数值显示(Numeric Display of Input Values)等模块，按照图 5-38 进行连接，建立仿真模型。

为了以可视化方式显示仿真结果，需要对变量进行测量并显示。在 Simulink 中有两种

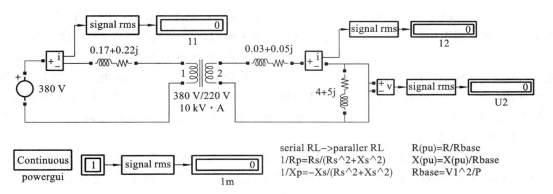

图 5-38 线性变压器负载运行仿真模型

测量方法：显式测量和隐式测量。显式测量是指测量的模块明显地直接连接在所需测量的位置，例如电流、电压测量模块采用的就是显式测量；隐式测量是指不和仿真模型显示的直接连接，通过内部变量传递，将所需测量的参数提取出来，进行后计算或者显示，例如万用表模块采用的就是隐式测量。

2. 设置模块参数

用鼠标双击各个模块可以对模块的参数进行设置。多数模块的参数设置对话框有Help 按钮，可以在线查看模块使用说明。一些模块的帮助说明中有实例（example），可以单击启用并且联机进行仿真。

1）线性变压器模块

线性变压器模块的参数设置如图 5-39 所示。各个参数说明依次为：

Nominal power and frequency[Pn(VA) fn(Hz)]——额定容量和额定频率。

Winding 1 parameters [V1(Vrms) R1(pu) L1(pu)]——绕组 1 参数、电压有效值、电阻标幺值、电抗标幺值。

Winding 2 parameters [V2(Vrms) R2(pu) L2(pu)]——绕组 2 参数、电压有效值、电阻标幺值、电抗标幺值。

Three windings transformer——变压器第三绕组选项。

Magnetization resistance and reactance[Rm(pu) Lm(pu)]——励磁电阻和励磁电抗。

Measurements——测量选项。

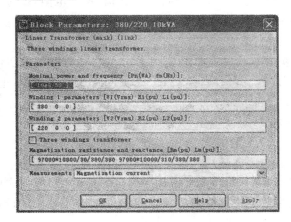

图 5-39 线性变压器模块的参数设置

按照图 5-39 中的数值设置各项参数。本例中绕组的漏阻抗在原理图中采用显示方式给出,即在原理图中使用串联 RLC 分支模块给出了漏阻抗的 $R+jX$ 模型,所以设置 $R_1=0$, $L_1=0$, $R_2=0$, $L_2=0$;测量(Measurements)一栏选择测量励磁电流(Magnetization current)。这样,在万用表(Multimeter)的参数中就会出现变压器的励磁电流参数 Imag,可以使用万用表进行测量。由于励磁电流不能直接通过电流测量模块测量,所以这里使用万用表模块进行测量。本例中使用的线性变压器模型为两绕组变压器,因此第三绕组变压器选择框为未选定状态。

需要特别说明的是,线性变压器的参数设置中的励磁阻抗值、电力系统模块库(SimPowerSystems)中的线性变压器模型采用的是并联等值电路模型,如图 5-40 所示。

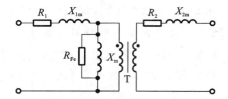

图 5-40　Simulink 中线性变压器模块的峰值电路

在图 5-40 中,励磁阻抗为电阻 R_{Fe} 和电抗 X_μ 并联模型,本例中给出的为电阻 R_m 和电抗 X_m 的串联模型,因此在计算和仿真时必须将 R_L 串联模型转换成 R_L 并联模型,转换公式为

$$\frac{1}{R_{Fe}}=\frac{R_m}{R_m^2+X_m^{2}}, \quad \frac{1}{X_\mu}=\frac{X_m}{R_m^2+X_m^2} \tag{5-47}$$

式中,R_m 为等值串联电阻,X_m 为电抗。

将本例中给出的串联阻抗模型转换成并联阻抗模型后,填写到励磁阻抗参数表中。在填写参数时,这里没有计算出相应的电阻和电抗结果,而是采用了表达式的方式给出相应的值。这样做的好处是,只要计算参数和方法正确,就可以避免由于手工计算而产生误差或者错误。

线性变压器模型中的一些电阻和电抗的参数为标幺值,标幺值的计算公式为

$$R(pu)=\frac{R}{R_{base}}=\frac{RP}{V_1^2}, \quad L(pu)=\frac{L}{L_{base}}=\frac{2\pi f_N RP}{V_1^2} \tag{5-48}$$

式中,$R(pu)$ 为电阻的标幺值,$L(pu)$ 为电抗的标幺值,R 为电阻,L 为电抗,P 为变压器额定功率,V_1 为变压器第一绕组的额定电压,f_N 为变压器的额定频率。

2)串联阻抗分支模块

串联阻抗分支模块的参数设置如图 5-41 所示。各个参数的说明依次为:

Branch type——分支类型选项,包括 R、L、C、RL、RC、LC、RLC 七个备选项,选项不同,随后的参数列表不同。

Resistance(Ohms)——分支电阻。

Inductance(H)——分支电抗。

本例选择了 RL 选项,因此随后出现电阻和电抗参数设定项。

注意:电抗的单位为亨(H),需要将本例中给定的单位(Ω)转换成相应的电抗值(H)。

按照图 5-41 中的参数设定相应的值,其他两个 RL 分支参数的设定可以参照进行。

3)电源模块

理想正弦电压模块的参数设置如图 5-42 所示。各个参数的说明依次为:

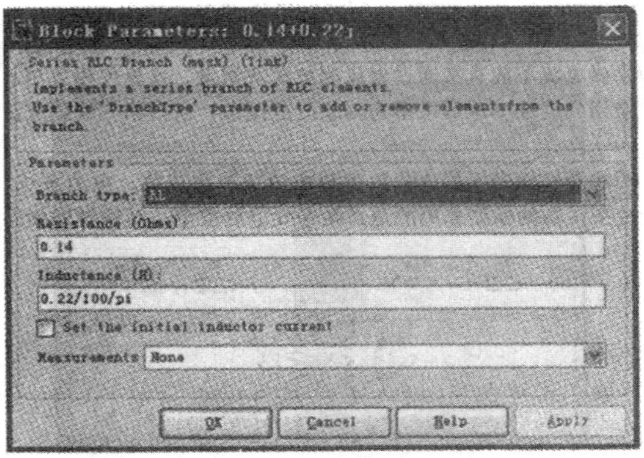

图 5-41 串联阻抗分支模块的参数设置

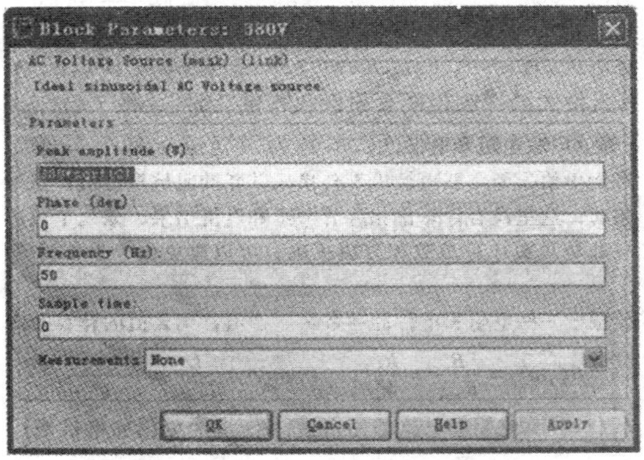

图 5-42 理想正弦电压模块的参数设置

Peak amplitude(V)——峰值电压。

Phase(deg)——初相位。

Frequency(Hz)——频率。

Sample time——采样时间。

Measurements——测量选项。

这里应该将本例中给定的电压有效值转换成电压峰值再填入参数表中,即峰值电压参数为"380 * sqrt(2)"。在 SimPowerSystems 中,模块参数默认的频率为 60 Hz,要将其更改为 50 Hz。

4)万用表模块

万用表模块的参数设置如图 5-43 所示,其中左边一列为已经在 Simulink 仿真模型中所有选中测量(Measurements)功能的参数(Available Measurements),右边一列为选择进行输出处理(例如显示等)的参数(Selected Measurements)。本例中只有线性变压器模型选择了测量励磁电流(Imag),所以左边一列只有一个参数,选择后单击中间最上面的按钮 >>,可以将选定的参数添加到右边一侧。中间的其他几个按钮分别为向上 Up 、向下 Down 、移除 Remove 和正负 +/- ,下面左侧的按钮为更新 Update ,用于设定左侧备选测量参数。

5)数值显示模块

数值显示模块的参数设置如图 5-44 所示。各个参数的说明依次为:

Format——数值格式,有 short、long、short_e、long_e、bank、hex、binary、decimal、octal

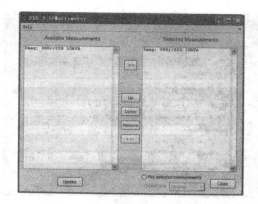

图 5-43　万用表模块的参数设置

等显示格式备选,各种显示格式的详细说明参考联机帮助。本例选择了短(short)格式显示。

　　Decimation——显示更新的采样因子,本例为"1",表示每个采样周期都更新数值显示模块的显示。

　　Floating display——浮空显示选项。

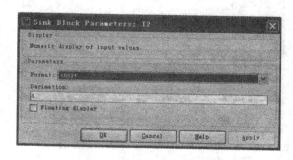

图 5-44　数值显示模块的参数设置

3. 设置仿真参数

　　在所有模块的参数设置完毕后,进行系统仿真参数设置。单击"菜单"→"Simulation"→"Configuration Parameter",弹出配置仿真参数对话框。一般 MATLAB 将仿真模型转换成微分方程组进行计算,因此模型的仿真参数设置中包括求解方法(Solver type)。本例采用了 ode23s 方法进行仿真,使用变步长技术求解微分方程组,这样仿真的速度较快。本书中的后续仿真实例如果未特殊说明,均采用 ode23s 求解方法。

4. 仿真

　　单击"菜单"→"Simulation"→"Start"进行仿真,也可以单击工具栏中的"Start Simulation"按钮,在数值显示模块中可以观察到仿真结果。将其与例 5-3 的计算结果进行对比,可知仿真结果和计算结果符合得非常好。

5.8.2　变压器连接组别仿真

　　变压器采用不同的连接组别时,将影响一次侧电压和二次侧电压之间的相位关系和幅值关系。本节学习使用信号汇总(Mux)模块将不同波形显示在一个示波器窗口。通过将变压器的一次侧和二次侧电压波形显示在同一个窗口,可以很好地比较一次侧和二次侧电压的相位和幅值之间的关系。

例 5-4　　使用 Simulink 建立仿真模型,验证三相变压器的"Yd11"连接组别的一次侧和二次侧电压的幅值和相位之间的关系。

解

1. 建立仿真模型

建立仿真模型,如图 5-45 所示,其中主要包括三相 12 端子的线性变压器(Three-phase Transformer 12 Terminals)模块、三相电压源(Three-phase Source)模块和增益(Gain)模块。为了能够更好地比较一次侧和二次侧电压的相位关系,将两个电压信号通过信号汇总(Mux)模块后输出给示波器,这样在示波器中两个波形能够在同一个窗口中显示。增益模块将一次侧的电压测量值按照变压器的电压比的比例缩小,便于在示波器中比较幅值。仿真模型中使用了一个 XY 显示(XY Graph)模块,输出图形以其中的 X 输入为横轴,以其中的 Y 输出为纵轴。

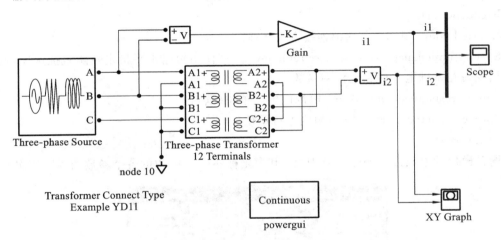

图 5-45　变压器连接组别仿真模型

2. 设置模块参数

1)三相变压器模块

三相变压器模块对外部电路提供了 12 个可用端子,可以连接成不同的连接组别。三相变压器模块的参数设置如图 5-46 所示,各个参数的说明依次为:

[Three-phase rated power(VA) Frequency(Hz)]——三相变压器的额定功率和频率。

Winding1:[phase voltage(Vrms) R(pu) X(pu)]——一次侧绕组参数、相电压有效值、电阻标幺值和电抗标幺值。

Winding2:[phase voltage(Vrms) R(pu) X(pu)]——二次侧绕组参数、相电压有效值、电阻标幺值和电抗标幺值。

Magnetizing branch:[Rm(pu) Xm(pu)]——励磁分支的阻抗参数。

按照图 5-46 中的参数进行设置,注意励磁分支阻抗要转换成阻抗并联模型。

2)三相电压源模块

三相电压源模块内部含有串联的阻抗分支,其参数设置如图 5-47 所示,各个参数的说明依次为:

图 5-46　三相变压器模块的参数设置　　图 5-47　三相电压源模块的参数设置

Phase-to-phase rms voltage(V)——线电压。

Phase angle of phase A(degrees)——A 相初相角。

Frequency(Hz)——频率。

Internal connection——内部连接方式选项。

Specify impedance using short-circuit level——使用短路水平指定短路阻抗选项,选择后会出现短路基础电压值和电抗率参数。

Source resistance(Ohms)——电源内电阻单位(欧姆)。

Source inductance(H)——电源内电抗单位(亨)。

3)增益模块

增益模块的参数设置如图 5-48 所示,其中主标签(Main)中的各个参数的说明依次为:

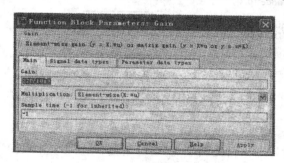

图 5-48　增益模块的参数设置

Gain——增益值。

Multiplication——增益计算方法,有 Element-wise(K. * u)(元素积)、Matrix(K. * u)(矩阵积)、Matrix(u. * K)(矩阵积)和 Matrix(K. * u)(u vector)(向量积)四个备选项,可以设定增益的计算方法。

Sample time(−1 for inherited)——采样时间使用默认值(−1),表示其采样时间继承输入数据的采样时间。

Signal data types 标签可设定信号类型;Parameter data types 标签可设定参数数据类型,一般无须设定,使用默认值即可。这两个标签中的各个参数的说明在这里不做详细介绍,请读者自行查阅相关参考书或者寻求在线帮助。

4)二维图形显示模块

二维图形显示模块的参数设置如图 5-49 所示,各个参数的说明依次为:

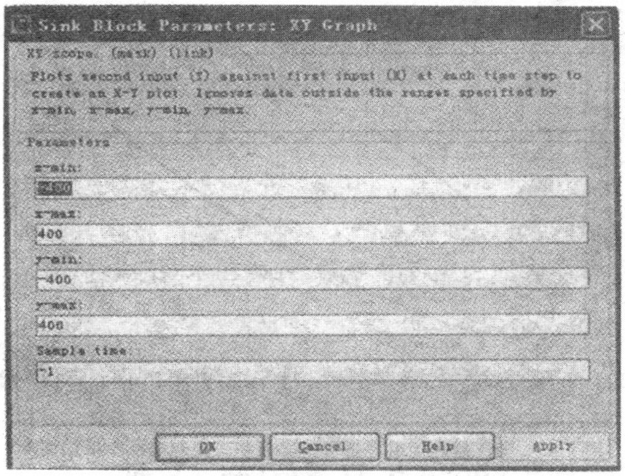

图 5-49　二维图形显示模块的参数设置

x-min——X 最小值。

x-max——X 最大值。

y-min——Y 最小值。

y-max——Y 最大值。

以上参数设定显示器界面的显示范围。

3.设置仿真参数

设定仿真时间为 0.2 s。

4.仿真

仿真结果如图 5-50 和图 5-51 所示。图 5-50 给出了变压器一次侧和二次侧电压的波形,通过一次侧和二次侧电压波形的对比,可以清楚地看出一次侧和二次侧电压的相位关系和幅值关系。图 5-51 给出了变压器的一次侧电压相对于二次侧电压的利萨如图形。不同连接组别的变压器,其一次侧和二次侧电压的相位差不同,其利萨如图形的形状也不同,读者可自行仿真验证。

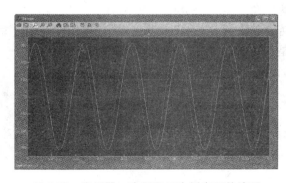

图 5-50　变压器一次侧和二次侧电压的波形

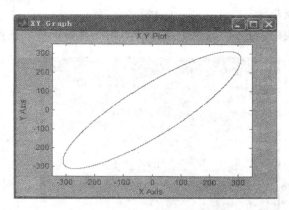

图 5-51　变压器的一次侧电压相对于二次侧电压的利萨如图形

5.9　变压器的维护及故障分析

为了保证变压器能安全、可靠地运行,在变压器发生异常情况时,能及时发现事故苗头,做出相应处理,将故障消除在萌芽状态,达到防止出现严重故障的目的。因此,对变压器应该做定期巡回检查,严格监察其运行状态,并做好数据记录。

5.9.1　变压器的维护

(1)检查变压器的音响是否正常。变压器的正常音响应是均匀的嗡嗡声。如果音响较正常时的重,说明变压器过负荷;如果音响尖锐,说明电源电压过高。

(2)检查油温是否超过允许值。油浸式变压器的上层油温一般应不超过 85 ℃,最高应不超过 95 ℃。油温过高可能是变压器过负荷引起的,也可能是变压器内部故障引起的。

(3)检查油枕及瓦斯继电器的油位和油色,检查各密封处有无渗油和漏油现象。油面过高,可能是冷却装置运行不正常或变压器内部故障等所引起的;油面过低,可能有渗油、漏油现象。变压器油正常时应为透明略带浅黄色。如油色变深变暗,则说明油质变坏。

(4)检查瓷套管是否清洁,有无破损、裂纹和放电痕迹;检查高低压接头的螺栓是否紧固,有无接触不良和发热现象。

(5)检查防爆膜是否完整无损;检查吸湿器是否畅通,硅胶是否吸湿饱和。

(6)检查接地装置是否正常。

(7)检查冷却、通风装置是否正常。

(8)检查变压器及其周围有无其他影响其安全运行的异物(如易燃易爆物等)和异常现象。

在巡视过程中发现异常情况,应记入专用记录本内,重要情况应及时汇报上级,请示处理。

5.9.2　变压器常见故障分析

在运行过程中,变压器可能发生各种不同的故障,而造成变压器故障的原因是多方面的,要根据具体情况进行细致分析,并加以恰当处理。变压器的常见故障主要有绕组故障、铁芯故障、分接开关故障及套管故障等。其中,变压器绕组的故障最多,占变压器故障的 60％～70％。绕组故障主要有匝间(或层间)短路、对地击穿和相间短路等。其次是铁芯故障,约占变压器故障的 15％。铁芯故障主要有铁芯片间绝缘损坏、铁芯片局部短路或局部熔毁、钢片有不正常的响声或噪声等。

1. 绕组故障

1)匝间短路

故障现象如下:

(1)变压器发热异常。

(2)气体继电器内的气体呈灰白色或蓝色,有跳闸回路动作。

(3)油温升高,油有时发出"咕嘟"声。

(4)一次电流增大。

(5)各相直流电阻不平衡。

(6)故障严重时,差动保护动作,供电侧的过电流保护装置也要动作。

故障产生的可能原因如下:

(1)变压器进水,水浸入绕组。

(2)由于自然损坏、散热不良或长期过负荷,造成绝缘老化,在过电流引起的电磁力作用下,造成匝间绝缘损坏。

(3)绕组绕制时导线有毛刺,导线焊接不良,导线绝缘不良,或线匝排列与换位、绕组压装等不正确,使绝缘受到损坏。

(4)由于变压器短路或其他故障,线圈受到振动与变形而损坏匝间绝缘。

检查与处理方法如下:

(1)吊出器身,进行外观检查。

(2)测量直流电阻。

(3)将器身置于空气中,在绕组上加 10％～20％的额定电压,如有损坏点,则会冒烟。

(4)一般需重绕绕组。

2)线圈断线

故障现象如下:

(1)断线处产生电弧,使变压器内有放电声。

(2)断线的相没有电流。

故障产生的可能原因如下:

(1)连接不良或安装套管时使引线扭曲断开。

(2)导线内部焊接不良或短路应力造成断线。

检查与处理方法如下:

吊出器身进行检查,若因短路造成,则应查明原因,清除故障,重新绕制线圈;若是引线断线,则重新接线。

3)对地击穿和相间短路

故障现象如下:

(1)过电流保护装置动作。

(2)安全气道爆破、喷油。

(3)气体继电器动作。

（4）无安全气道与气体继电器的小型变压器油箱变形受损。

故障产生的可能原因如下：

（1）主绝缘因老化而有破裂、折断等严重缺陷。

（2）绝缘油受潮，使绝缘能力严重下降。

（3）短路时造成绕组变形损坏。

（4）绕组内有杂物落入。

（5）由过电压引起。

（6）引线随导电杆转动而造成接地。

检查与处理方法如下：

（1）吊出器身进行检查。

（2）用绝缘电阻表（兆欧表）测绕组对油箱的绝缘电阻。

（3）将油进行简化试验（测试油的击穿电压）。

（4）应立即停止运行，重绕绕组。

2. 分接开关故障

1）触头表面熔化与灼伤

故障现象如下：

（1）油温升高。

（2）气体继电器动作。

（3）过电流保护装置动作。

故障产生的可能原因如下：

（1）分接开关在结构与装配上存在缺陷，造成接触不良。

（2）触点压力不够，短路时触点过热。

检查与处理方法为：测量各分接头的直流电阻，保证接触良好。

2）相间触点放电或各分接头放电

故障现象如下：

（1）高压熔丝熔断。

（2）气体继电器动作，安全气道爆破。

（3）变压器油发出"咕嘟"声。

故障产生的可能原因如下：

（1）由过电压引起。

（2）变压器有灰尘或受潮。

（3）螺钉松动，触点接触不良，产生爬电，烧伤绝缘。

检查与处理方法为：吊出器身，用绝缘电阻表进行检查，保证触头间接触良好。

3. 套管故障

1）对地击穿

故障现象为：高压熔丝熔断。

故障产生的可能原因如下：

（1）套管有裂纹或有碰伤。

（2）套管表面较脏。

检查与处理方法为：平时应注意套管的整洁，故障后必须更换套管。

2）套管间放电

故障现象为：高压熔丝熔断。

故障产生的可能原因为：套管间有杂物存在。

检查与处理方法为：更换套管。

4.变压器油故障

油质变坏。

故障现象为：油色变暗。

故障产生的可能原因如下：

（1）变压器故障引起放电，造成油分解。

（2）变压器油长期受热，氧化严重，使油质变坏。

检查与处理方法为：分析油质，进行过滤或换油。

第 5 章 变压器

思考题与练习题

1.变压器是根据什么原理工作的？它有哪些主要用途？

2.变压器能否用来直接改变直流电压的大小？

3.变压器中的主磁通与漏磁通的性质有什么不同？在等效电路中怎样反映它们的作用？

4.变压器的铁芯为什么要用硅钢片叠成？为什么要交错装叠？

5.额定容量为 S_N 的交流电流能源，若采用 220 kV 的输电电压来输送，则导线的截面积为 $A(\text{mm}^2)$；若采用 1 kV 的输电电压来输送，要保证导线电流密度不变，则导线的截面积应为多大？

6.变压器有哪些主要的额定值？它们是怎样定义的？

7.有一台单相变压器，其额定容量 $S_N = 250$ kV·A，额定电压 $U_{1N}/U_{2N} = 10$ kV/0.4 kV，试求原、副边的额定电流。

8.若抽掉变压器的铁芯，一、二次侧绕组完全不变，行不行？为什么？

9.变压器空载运行时，电源送入什么性质的功率？消耗在哪里？

10.为什么变压器空载运行时的功率因数很低？

11.变压器运行时，一次侧电流标幺值分别为 0.6 和 0.9，则二次侧电流标幺值应为多大？

12.变压器运行时，哪些量不随负载变化？哪些量随负载变化？

13.用 T 形等效电路对三相变压器进行计算时要注意什么？

14.变压器并联运行的条件是什么？哪一个条件要求绝对严格？

15.几台 Z_k 不等的变压器并联运行时，哪一台的负载系数最大？应使 Z_k 大的变压器的容量小还是大？为什么？

16.自耦变压器的绕组容量为什么小于额定容量？

17.有一台单相变压器，已知 $S_N = 10\ 500$ kV·A，$U_{1N}/U_{2N} = 35$ kV/6.6 kV，铁芯的有效截面面积 $S_{Fe} = 1580$ cm^2，铁芯中的最大磁通密度 $B_m = 1.415$ T，试求高、低压侧绕组匝数和电压比（不计漏磁）。

18.有一台单相变压器，已知 $r_1 = 2.19\ \Omega$，$X_1 = 15.4\ \Omega$，$r_2 = 0.15\ \Omega$，$X_2 = 0.964\ \Omega$，$N_1 =$

147

876，$N_2 = 260$，$U_2 = 6000$ V，$I_2 = 180$ A，$\cos\varphi_2 = 0.8$（滞后），用简化等效电路求 I_1 和 U_1。

19．变压器在出厂前要进行"极性"试验，如图 5-31 所示（交流电压表法）。若变压器的额定电压为 220 V/110 V，将 X 与 x 连接，在 A、X 端加电压 220 V，在 A 与 a 之间接电压表。如果 A 与 a 为同名端，则电压表的读数为多少？如果 A 与 a 为异名端，则电压表的读数又为多少？

20．变压器中的主磁通和漏磁通的性质和作用有什么不同？在等效电路中如何反映它们的作用？

21．变压器空载运行时，一次侧加额定电压，为什么空载电流 I_0 很小？如果一次侧加额定电压的直流电源，这时一次侧电流、铁芯中的磁通会有什么变化？二次侧绕组开路和短路对一次侧绕组的电流有无影响？

22．一台单相变压器，其额定电压为 220 V/110 V，如果不慎将低压侧误接到 220 V 的电源上，对变压器有何影响？

23．一台单相变压器，其额定容量为 5 kV·A，高、低压侧绕组均为两个匝数相同的线圈，高、低压侧每个线圈的额定电压为 1100 V 和 110 V。现将它们进行不同方式的连接，试问每种连接的高、低压侧额定电流为多少？可得到几种不同的电压比？

第6章 三相异步电动机

作为将电能高效率地转化为机械能的工具,直流电动机最早被设计出来,但这种电动机却存在一个固有的缺陷,就是它必须通过电刷和换向器不断变换电枢导体中电流的方向。受换向问题的困扰,直流电动机很难获得超高的旋转速度,以及在高转速下获得大的转矩输出。同时电刷和换向器在电动机运行过程中会不断磨损,增加了运行和维护的成本。因此,在直流电动机问世不久,人们就开始转而寻求构造出一种不需要电刷和换向器的电动机来取代直流电动机。

1871 年,凡·麦尔准发明了交流发电机;1885 年,意大利物理学家费拉利斯发现了两相电流可以产生旋转磁场;1886 年,费拉利斯和塞尔维亚裔美籍科学家尼古拉·特斯拉几乎同时发明了一种使用两相交流电的感应电动机模型,这种电动机没有电刷和换向器,依靠一个由交流电产生的旋转磁场产生转矩,从此交流电动机开始登上了电动机能量转化的舞台;1888 年,多里沃·多勃罗沃尔斯基提出了交流电三相制,从而奠定了三相交流电动机的基础。

传统的交流电动机可分为同步电动机和异步电动机两大类。其中,异步电动机结构简单,运行可靠,价格低廉,应用最广。异步电动机又分为单相异步电动机和三相异步电动机两大类。其中,三相异步电动机在工农业、交通运输、国防工业等的电力拖动装置中的应用非常广泛。这是因为三相异步电动机具有结构简单、使用方便、运行可靠、效率较高、成本低廉等优点,能满足各行各业大多数生产机械的传动要求。

6.1 三相异步电动机的基本结构和工作原理

6.1.1 三相异步电动机的基本结构

三相异步电动机的种类繁多,按其外壳防护方式的不同,可分为开启式、防护式和封闭式三类。由于封闭式结构能防止异物进入电动机内部,并能防止人与物触及电动机带电部位与运动部分,运行时安全性能好,因而成为目前使用最广泛的结构形式。

三相异步电动机由定子、转子两部分组成,定子和转子之间有气隙。三相异步电动机按转子结构的不同分为笼形异步电动机和绕线转子异步电动机两大类。笼形异步电动机由于结构简单、价格低廉、工作可靠、维护方便,已成为生产上应用最广泛的一种电动机。绕线转子异步电动机由于结构复杂、价格较高,一般只用在要求调速和启动性能好的场合,如桥式起重机。笼形异步电动机和绕线转子异步电动机的定子结构基本相同,所不同的只是转子部分。笼形异步电动机的主要部件如图 6-1 所示,绕线转子异步电动机的结构如图 6-2 所示。

1. 定子

三相异步电动机的定子,由定子铁芯、定子绕组、机座、端盖、罩壳等部件组成,机座一般

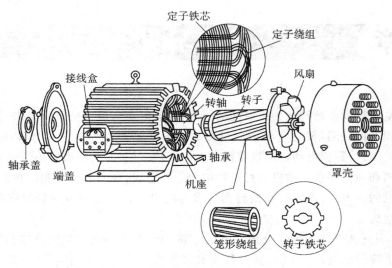

图 6-1　笼形异步电动机的主要部件

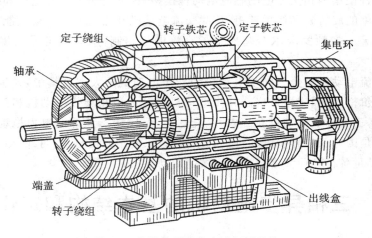

图 6-2　绕线转子异步电动机的结构

由铸铁制成。

（1）定子铁芯。定子铁芯是电动机磁通的通路，其材料既要有良好的导磁性能、剩磁小，又要尽量降低涡流损耗，一般用 0.5 mm 厚的表面有绝缘层的硅钢片叠压而成。定子铁芯内圆冲有均匀分布的槽，用于嵌放三相定子绕组。

（2）定子绕组。定子绕组是由绝缘铜线或铝线绕制、三相对称的绕组，按一定的规则连接嵌放在定子槽中。小型异步电动机的定子绕组一般采用高强度漆包圆铜线绕制，大中型异步电动机的定子绕组则用漆包扁铜线或玻璃丝包扁铜线绕制。三相定子绕组之间及绕组与定子铁芯之间均垫有绝缘材料。常用的薄膜类绝缘材料有聚酯薄膜青壳纸、聚酯薄膜、聚酯薄膜玻璃漆布箔及聚四氟乙烯薄膜。

三相定子绕组的结构完全对称，一般有 6 个出线端。按国家标准，三相定子绕组的始端标以 U_1、V_1、W_1，末端标以 U_2、V_2、W_2，6 个端子均引出至机座外部的接线盒，并根据需要接成星形（Y）或三角形（△）连接，如图 6-3 所示。

（3）机座。机座的作用是固定定子绕组和定子铁芯，并通过两侧的端盖和轴承来支承电动机转子，同时构成电动机的电磁通路并散发电动机运行中产生的热量。

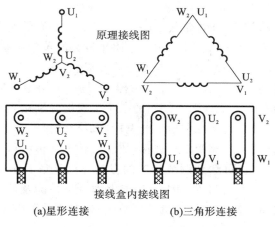

原理接线图

接线盒内接线图

(a)星形连接   (b)三角形连接

图 6-3　三相定子绕组的连接

机座通常为铸铁件,大型异步电动机的机座一般用钢板焊成,而某些微型电动机的机座则采用铸铝件,以减轻电动机的重量。封闭式电动机的机座外面有散热筋,以增大散热面积;防护式电动机的机座两端的端盖开有通风孔,使电动机内外的空气可以直接对流,以利于散热。

(4)端盖。端盖对电动机内部起保护作用,并借助滚动轴承将电动机转子和机座连成一个整体。端盖一般为铸钢件,微型电动机的端盖则为铸铝件。

2. 转子

(1)转子铁芯。转子铁芯为电动机磁路的一部分,并放置在转子绕组中。转子铁芯一般由 0.5 mm 厚的硅钢片叠压而成,硅钢片外圆冲有均匀分布的孔,用来安装转子绕组。一般小型异步电动机的转子铁芯直接压装在转轴上,而大中型异步电动机的转子铁芯则借助于转子支架压在转轴上。为了改善电动机的启动性能和运行性能,减少谐波,笼形异步电动机的转子铁芯一般采用斜槽结构,如图 6-4 所示。

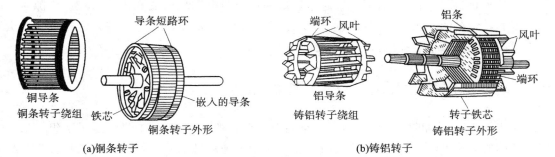

(a)铜条转子   (b)铸铝转子

图 6-4　笼形异步电动机的转子

(2)转子绕组。转子绕组用来切割定子旋转磁场,产生感应电动势和电流,并在旋转磁场的作用下受力而使转子旋转。按绕组的不同,转子分为笼形转子和绕线转子两类。

①笼形转子。根据导体材料的不同,笼形转子分为铜条转子和铸铝转子。铜条转子即在转子铁芯槽内放置没有绝缘的铜条,铜条的两端用短路环焊接起来,形成一个笼形的形状,如图 6-4(a)所示。另一种为中小型异步电动机的笼形转子,一般为铸铝转子,采用离心铸铝法,将熔化了的铝浇铸在转子铁芯槽内,使之成为一个完整体,两端的短路环和冷却风扇叶子也一并铸成,如图 6-4(b)所示。为避免出现气孔或裂缝,目前不少工厂已改用压力

铸铝工艺代替离心铸铝工艺。

为增大电动机的启动转矩,在容量较大的异步电动机中,有的笼形转子采用双笼形或深槽结构。双笼形转子有内外两个笼,外笼采用电阻率较大的黄铜条制成,内笼则用电阻率较小的紫铜条制成,而深槽转子绕组则用狭长的导体制成。

②绕线转子。绕线转子绕组和定子绕组一样,也是一个用绝缘导线绕成的三相对称绕组,被嵌放在转子铁芯槽中,接成星形。绕组的三个出线端分别接到转轴端部的三个彼此绝缘的铜质滑环上,通过滑环与支承在端盖上的电刷构成滑动接触,转子绕组的三个出线端引到机座上的接线盒内,以便与外部变阻器连接,故绕线转子又称滑环式转子,其外形如图6-5所示。调节变阻器的电阻值,可达到调节转速的目的。而笼形异步电动机的转子绕组由于本身通过端环直接短接,故无法调节。因此,在某些对启动性能及调速性能有特殊要求的设备,如起重设备、卷扬机械、鼓风机、压缩机及泵类中,较多地采用绕线转子异步电动机。

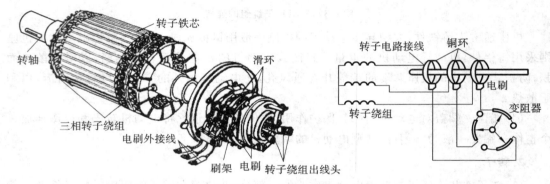

图 6-5　绕线转子与外部变阻器的连接图

3. 气隙

异步电动机的气隙比同容量的直流电动机的气隙小得多,在中小型异步电动机中一般为 0.2~2.5 mm。气隙的大小对电动机性能的影响很大,气隙越大则建立磁场所需的励磁电流就越大,从而电动机的功率因数越小。如果把异步电动机看成变压器,显然,气隙越小则定子和转子之间的相互感应(即耦合)就越好。因此,应尽量让气隙小些。但气隙太小会使加工和装配困难,运转时定子、转子之间易发生扫膛。

6.1.2　三相异步电动机的工作原理

三相异步电动机的定子绕组是一个空间位置对称的三相绕组,如果在定子绕组中通入三相对称的交流电流,就会在电动机内部建立一个恒速旋转的磁场,称为旋转磁场,它是异步电动机工作的基本条件。下面先分析旋转磁场是如何产生的。

1. 旋转磁场的产生

图 6-6 所示为三相异步电动机定子绕组分布示意图,每相绕组只有一个线圈,三个相同的线圈 U_1-U_2、V_1-V_2、W_1-W_2 在空间中的位置彼此互差 $120°$,放在定子铁芯槽中。当把三相线圈接成星形,并接通三相对称电流后,在定子绕组中便产生三个对称电流,其波形图如图 6-7 所示。

电流通过每个线圈要产生磁场,而通过定子绕组的三相交流电流的大小及方向均随时间而变化,那么三个线圈所产生的合成磁场是怎样的呢?它可由每个线圈在同一时刻各自

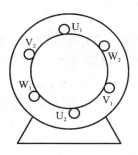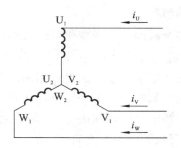

图 6-6　三相异步电动机定子绕组分布示意图

产生的磁场进行叠加而得到。下面取几个特殊点来分析各个时刻电动机内部的磁场。

假如电流由线圈的始端流入、末端流出为正,反之则为负。电流流入端用⊕表示,电流流出端用⊙表示。

(1)$\omega t=0$ 时,由三相电流的波形可知,电流瞬时值 $i_U=0$,i_W 为正值,这表示 U 相无电流,V 相电流是从线圈的末端 V_2 流向首端 V_1 的,W 相电流是从线圈的首端 W_1 流向末端 W_2 的,这一时刻由三个线圈电流所产生的合成磁场如图 6-8(a)所示。它在空间形成二级磁场,上为 S 极,下为 N 极(对于定子而言)。

(2)$\omega t=\pi/2$ 时,i_U 为正,电流从首端 U_1 流入,从末端 U_2 流出;i_V 为负,电流仍从末端 V_2 流入,从首端 V_1 流出;i_W 为负,电流从末端 W_2 流入,从首端 W_1 流出。绕组中的电流产生的合成磁场如图 6-8(b)所示。由此可见,合成磁场顺时针转过了 90°。

(3)$\omega t=\pi$,$\omega t=3\pi/2$,$\omega t=2\pi$ 时,三相电流在三相定子绕组中产生的合成磁场分别如图 4-8(c)、图 4-8(d)、图 4-8(e)所示,观察这些合成磁场的分布规律可知,合成磁场的方向沿顺时针方向旋转,并旋转了一周。

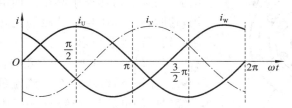

图 6-7　三相电流的波形图

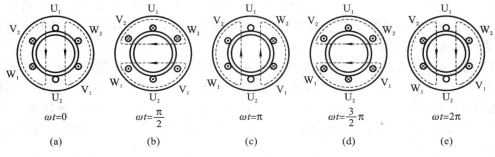

图 6-8　两极绕组旋转磁场示意图

由此可以得出如下结论:在三相异步电动机定子上布置结构完全相同的相隔 120°电角度(电角度 $\theta_e=p\theta_m$,其中 p 为磁极对数,θ_m 为物理角度)的三相定子绕组,当分别向三相定子绕组通入三相交流电时,在定子、转子与空气隙中产生一个沿定子内圆旋转的磁场,该磁场称为旋转磁场。

2. 旋转磁场的转向

由图 6-8 中各个瞬间的磁场变化可以看出,当通入三相定子绕组中的电流的相序为 i_U →i_V→i_W 时,旋转磁场在空间内是沿 U→V→W 的方向旋转的,在图中即沿顺时针方向旋转。如果将通入三相定子绕组中的电流相序任意调换其中两相,如调换 V、W 两相,此时通入三相定子绕组的电流相序为 i_U→i_W→i_V,则旋转磁场沿逆时针方向旋转。由此可见,旋转磁场的方向是由三相电流的相序决定的,即将通入三相定子绕组中的电流相序任意调换其中两项,就可以改变旋转磁场的方向。

3. 旋转磁场的旋转角度

以上分析的是两极三相异步电动机($2p=2$)的定子绕组产生的旋转磁场。由上述分析可知,当三相交流电变化一周后,其所产生的旋转磁场也正好转过一周,故在两极电动机中旋转磁场的转速等于三相交流电的变化速度。旋转磁场的转速用 n_1 表示,当电源频率为 50 Hz 时,$n_1=60f_1=3000$ r/min。

国产的异步电动机的电源频率通常为 50 Hz,对于已知磁极对数的异步电动机,可得出对应的旋转磁场的转速,如表 6-1 所示。

表 6-1　异步电动机的磁极对数和对应的旋转磁场的转速关系表

p	1	2	3	4	5	6
$n_1/($ r/min$)$	3000	1500	1000	750	600	500

4. 三相异步电动机的工作原理

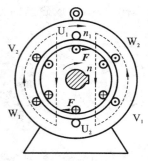

图 6-9　三相异步电动机的工作原理

由上述分析可知,如果在定子绕组中通入三相对称电流,则定子内部产生某个方向的转速为 n_1 的旋转磁场,这时转子导体与旋转磁场之间存在相对运动,切割磁力线而产生感应电动势。感应电动势的方向可根据右手定则确定。由于转子绕组是闭合的,于是在感应电动势的作用下,绕组内有电流流过,如图 6-9 所示。转子绕组中的电流与旋转磁场相互作用,便在转子绕组中产生电磁力 **F**,**F** 的方向可由左手定则确定。该力对转轴形成了电磁转矩 T_{em},使转子按旋转磁场的方向转动。异步电动机的定子和转子之间的能量传递是靠电磁感应作用来完成的,故异步电动机又称为感应电动机。

转子的转速 n 是否会与旋转磁场的转速 n_1 相同呢?答案是不可能的。因为一旦转子的转速和旋转磁场的转速相同,二者便无相对运动,转子就不能产生感应电动势和感应电流,也就没有电磁转矩了。只有二者的转速有差异时,才能产生电磁转矩,驱使转子转动。可见,转子转速 n 总是略小于旋转磁场的转速 n_1。正是由于这个关系,这种电动机被称为异步电动机。

由以上分析可知,n_1 与 n 有差异是异步电动机运行的必要条件。通常把同步转速(旋转磁场的转速)n_1 与转子转速 n 之差称为转差,转差与同步转速 n_1 的比值称为转差率(也叫滑差率),用 s 表示,即 $s=(n_1-n)/n_1$。

转差率 s 是异步电动机运行时的一个重要物理量,当同步转速 n_1 一定时,转差率的数值与转子转速 n 相对应。正常运行的异步电动机,其转差率 s 很小,一般 $s=0.01\sim0.05$,即异步电动机的运行转速接近旋转磁场的转速。因此,在已知电动机额定转速的情况下即可判断电动机的磁极对数。

例 6-1 已知 Y2-112M-4 三相异步电动机的同步转速 $n_1 = 1500$ r/min,额定转差率 $s_N = 0.04$,求该电动机的额定转速 n_N。

解 由 $s_N = (n_1 - n_N)/n_1$ 得
$$n_N = (1 - s_N)n_1 = (1 - 0.04) \times 1500 \text{ r/min} = 1440 \text{ r/min}$$

在后面分析三相异步电动机的运动特性时将会看到,电动机的转差率 s 对电动机的运行有直接的影响,因此必须牢固地掌握有关转差率 s 的概念。

6.1.3 三相异步电动机的铭牌

每台三相异步电动机的机座上均有一块铭牌,如图 6-10 所示,上面标注了该电动机的型号及主要技术数据,供用户使用电动机时参考。

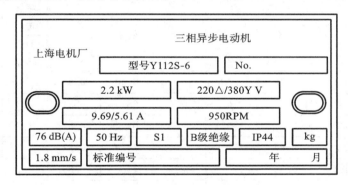

图 6-10 三相异步电动机的铭牌

下面分别说明各数据的含义。

1. 型号

型号指电动机的产品代号、规格代号和特殊环境代号。电动机产品型号一般由大写印刷体的汉语拼音字母和阿拉伯数字组成。其中汉语拼音字母根据电动机全名称选择有代表意义的汉字,再用该汉字的第一个拼音字母组成。电动机产品型号表示电动机的类型、规格、结构特征和使用范围,如图 6-11 所示。

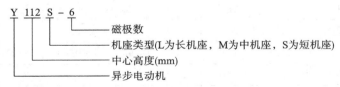

图 6-11 电动机产品型号示例

我国目前生产的异步电动机的种类很多,现在有老系列和新系列之别。老系列电动机已不再生产,现有的老系列电动机将逐步被新系列电动机所取代。新系列电动机符合国际电工委员会的标准,具有国际通用性,技术、经济指标更高。Y2 系列电动机是我国 20 世纪 90 年代开始设计研发的新一代异步电动机,机座中心高 63～355 mm,功率为 0.18～315 kW,是在 Y 系列基础上更新设计的,已达到国际同期先进水平,是取代 Y 系列的更新换代产品。Y2 系列电动机较 Y 系列电动机的效率高,启动转矩大,噪声低,结构合理,体积小,重量轻,外形新颖美观。由于采用 F 级绝缘(用 B 级考核),故温升裕度大,完全符合国际电工委员会的标准。我国已实现从 Y 系列向 Y2 系列的过渡。图 6-12 所示为 Y2 系列三相笼形异步电动机的外形图,表 6-2 所示为常用的 Y2 系列电动机的技术参数。

图 6-12　Y2 系列三相笼形异步电动机的外形图

表 6-2　常用的 Y2 系列电动机的技术参数

序号	型号	功率	电流	转速	效率	功率因数	堵转转矩 额定转矩	堵转电流 额定电流	最大转矩 额定转矩
1	Y2-63M1-2	0.18	0.53	2720	65.0	0.80	2.3	5.5	2.2
2	Y2-63M2-2	0.25	0.69	2720	68.0	0.81	2.3	5.5	2.2
3	Y2-71M1-2	0.37	1.01	2755	69.0	0.81	2.3	6.1	2.2
4	Y2-71M2-2	0.55	1.38	2790	74.0	0.82	2.3	6.1	2.3
5	Y2-80M1-2	0.75	1.77	2845	75.0	0.83	2.3	6.1	2.3
6	Y2-80M2-2	1.1	2.61	2835	76.2	0.84	2.2	6.9	2.3
7	Y2-90S-2	1.5	3.46	2850	78.5	0.84	2.2	7.0	2.3
8	Y2-90L-2	2.2	4.85	2855	81.0	0.85	2.2	7.0	2.3
9	Y2-100L-2	3	6.34	2860	83.6	0.87	2.2	7.5	2.3
10	Y2-112M-2	4	8.2	2880	84.2	0.88	2.2	7.5	2.3
11	Y2-132S1-2	5.5	11.1	2900	85.7	0.88	2.2	7.5	2.3
12	Y2-132S2-2	7.5	14.9	2900	87.0	0.88	2.2	7.5	2.3
13	Y2-160M1-2	11	21.2	2930	88.4	0.89	2.2	7.5	2.3
14	Y2-160M2-2	15	28.6	2930	89.4	0.89	2.2	7.5	2.3
15	Y2-160L-2	18.5	34.7	2930	90.0	0.90	2.2	7.5	2.3
16	Y2-180M-2	22	41	2940	90.5	0.90	2.0	7.5	2.3
17	Y2-200L1-2	30	55.4	2950	91.4	0.90	2.0	7.5	2.3
18	Y2-200L2-2	37	67.9	2950	92.0	0.90	2.0	7.5	2.3
19	Y2-225M-2	45	82.1	2960	92.5	0.90	2.0	7.5	2.3
20	Y2-250M-2	55	100	2970	93.0	0.90	2.0	7.5	2.3
21	Y2-280S-2	75	135	2975	93.6	0.90	2.0	7.0	2.3
22	Y2-280M-2	90	160	2975	93.9	0.91	2.0	7.1	2.3

序号	型号	功率	电流	转速	效率	功率因数	堵转转矩额定转矩	堵转电流额定电流	最大转矩额定转矩
23	Y2-315S-2	110	195	2975	94.0	0.91	1.8	7.1	2.2
24	Y2-315M-2	132	233	2975	94.5	0.91	1.8	7.1	2.2
25	Y2-315L1-2	160	282	2975	94.6	0.91	1.8	7.1	2.2
26	Y2-315L2-2	200	348	2975	94.8	0.92	1.8	7.1	2.2
27	Y2-355M-2	250	433	2980	95.2	0.92	1.6	7.1	2.2
28	Y2-355L-2	315	545	2980	95.4	0.92	1.6	7.1	2.2
29	Y2-63M1-4	0.12	0.44	1310	57.0	0.72	2.1	4.4	2.2
30	Y2-63M2-4	0.18	0.62	1310	60.0	0.73	2.1	4.4	2.2
31	Y2-71M1-4	0.25	0.79	1345	65.0	0.74	2.1	5.2	2.2
32	Y2-71M2-4	0.37	1.12	1340	67.0	0.75	2.1	5.2	2.2
33	Y2-80M1-4	0.55	1.57	1390	71.0	0.75	2.4	5.2	2.3
34	Y2-80M2-4	0.75	2.05	1380	73.0	0.76	2.3	6.0	2.3
35	Y2-90S-4	1.1	2.85	1390	76.2	0.77	2.3	6.0	2.3
36	Y2-90L-4	1.5	3.72	1400	78.5	0.78	2.3	6.0	2.3
37	Y2-100L1-4	2.2	5.09	1420	80.0	0.81	2.3	7.0	2.3
38	Y2-100L2-4	3	6.78	1410	82.6	0.82	2.3	7.0	2.3
39	Y2-112M-4	4	8.8	1435	84.2	0.82	2.3	7.0	2.3
40	Y2-132S-4	5.5	11.7	1440	85.7	0.83	2.3	7.0	2.3
41	Y2-132M-4	7.5	15.6	1450	87.0	0.84	2.3	7.0	2.3
42	Y2-160M-4	11	22.5	1460	88.4	0.84	2.2	7.0	2.3
43	Y2-160L-4	15	30	1460	89.4	0.85	2.2	7.5	2.3
44	Y2-180M-4	18.5	36.3	1470	90.0	0.86	2.2	7.5	2.3
45	Y2-180L-4	22	43.2	1470	90.5	0.86	2.2	7.5	2.3
46	Y2-200L-4	30	57.6	1470	91.4	0.86	2.2	7.2	2.3
47	Y2-225S-4	37	70.2	1475	92.0	0.87	2.2	7.2	2.3
48	Y2-225M-4	45	84.9	1475	92.5	0.87	2.2	7.2	2.3
49	Y2-250M-4	55	103	1480	93.0	0.87	2.2	7.2	2.3
50	Y2-280S-4	75	138.3	1340	93.6	0.88	2.2	6.8	2.3
51	Y2-280M-4	90	165	1340	93.9	0.88	2.2	6.8	2.3
52	Y2-315S-4	110	201	1480	94.5	0.88	2.1	6.9	2.2
53	Y2-315M-4	132	240	1480	94.8	0.88	2.1	6.9	2.2
54	Y2-315L1-4	160	288	1480	94.9	0.89	2.1	6.9	2.2
55	Y2-315L2-4	200	360	1480	94.9	0.89	2.1	6.9	2.2

序号	型号	功率	电流	转速	效率	功率因数	堵转转矩/额定转矩	堵转电流/额定电流	最大转矩/额定转矩
56	Y2-355M-4	250	443	1490	95.2	0.90	2.1	6.9	2.2
57	Y2-355L-4	315	559	1490	95.2	0.90	2.1	6.9	2.2
58	Y2-71M1-6	0.18	0.74	870	56.0	0.66	1.9	4.0	2.0
59	Y2-71M2-6	0.25	0.95	870	59.0	0.68	1.9	4.0	2.0
60	Y2-80M1-6	0.37	1.3	880	62.0	0.70	1.9	4.7	2.0
61	Y2-80M2-6	0.55	1.8	880	65.0	0.72	1.9	4.7	2.1
62	Y2-90S-6	0.75	2.29	905	69.0	0.72	2.0	5.3	2.1
63	Y2-90L-6	1.1	3.18	905	72.0	0.73	2.0	5.5	2.1
64	Y2-100L-6	1.5	4.0	920	76.0	0.75	2.0	5.5	2.1
65	Y2-112M-6	2.2	5.6	935	79.0	0.76	2.0	6.5	2.1
66	Y2-132S-6	3	7.4	960	81.0	0.76	2.1	6.5	2.1
67	Y2-132M1-6	4	9.75	960	82.0	0.76	2.1	6.5	2.1
68	Y2-132M2-6	5.5	12.9	960	84.0	0.77	2.1	6.5	2.1
69	Y2-160M-6	7.5	17.2	970	86.0	0.77	2.0	6.5	2.1
70	Y2-160L-6	11	24.5	970	87.5	0.78	2.0	6.5	2.1
71	Y2-180L-6	15	31.6	970	89.0	0.81	2.0	7.0	2.1
72	Y2-200L1-6	18.5	38.6	980	90.1	0.81	2.1	7.0	2.1
73	Y2-200L2-6	22	44.7	980	90.0	0.83	2.0	7.0	2.1
74	Y2-225M-6	30	59.3	980	91.5	0.84	2.0	7.0	2.1
75	Y2-250M-6	37	71.0	980	92.0	0.86	2.1	7.0	2.1
76	Y2-280S-6	45	86.0	980	92.5	0.86	2.1	7.0	2.1
77	Y2-280M-6	55	104	980	92.8	0.86	2.1	7.0	2.0
78	Y2-315S-6	75	142	935	93.5	0.86	2.0	6.7	2.0
79	Y2-315M-6	90	169	935	93.8	0.86	2.0	6.7	2.0
80	Y2-315L1-6	110	207	935	94.0	0.86	2.0	6.7	2.0
81	Y2-315L2-6	132	245	935	94.2	0.87	2.0	6.7	2.0
82	Y2-315M1-6	160	292	990	94.5	0.88	1.9	6.7	2.0
83	Y2-315M2-6	200	365	990	94.5	0.88	1.9	6.7	2.0
84	Y2-355L-6	250	457	990	94.5	0.88	1.9	6.7	2.0
85	Y2-80M1-8	0.18	0.83	645	51.0	0.61	1.8	3.3	1.9
86	Y2-80M2-8	0.25	1.1	645	54.0	0.61	1.8	3.3	1.9
87	Y2-90S-8	0.37	1.49	675	62.0	0.61	1.8	4.0	1.9
88	Y2-90L-8	0.55	2.17	680	63.0	0.61	1.8	4.0	2.0

序号	型号	功率	电流	转速	效率	功率因数	堵转转矩 额定转矩	堵转电流 额定电流	最大转矩 额定转矩
89	Y2-100L1-8	0.75	2.43	680	71.0	0.67	1.8	4.0	2.0
90	Y2-100L2-8	1.1	3.36	680	72.0	0.69	1.8	5.0	2.0
91	Y2-112M-8	1.5	4.4	690	74.0	0.70	1.8	5.0	2.0
92	Y2-132S-8	2.2	6	710	79.0	0.71	1.8	6.0	2.0
93	Y2-132M-8	3	7.8	710	80.0	0.73	1.8	6.0	2.0
94	Y2-160M1-8	4	10.3	720	81.0	0.73	1.9	6.0	2.0
95	Y2-160M2-8	5.5	13.6	720	83.0	0.74	1.9	6.0	2.0
96	Y2-160L-8	7.5	17.8	720	85.5	0.75	1.9	6.0	2.0
97	Y2-180L-8	11	25.5	730	87.5	0.75	2.0	6.5	2.0
98	Y2-200L-8	15	34.1	730	88.0	0.76	2.0	6.6	2.0
99	Y2-225S-8	18.5	41.1	730	90.0	0.76	1.9	6.6	2.0
100	Y2-225M-8	22	48.9	730	90.5	0.78	1.9	6.6	2.0
101	Y2-250M-8	30	63.0	735	91.0	0.79	1.9	6.5	2.0
102	Y2-280S-8	37	78.0	740	91.5	0.79	1.9	6.6	2.0
103	Y2-280M-8	45	94.0	740	92.0	0.79	1.9	6.6	2.0
104	Y2-315S-8	55	111	735	92.8	0.81	1.8	6.6	2.0
105	Y2-315M-8	75	150	735	93.5	0.81	1.8	6.2	2.0
106	Y2-315L1-8	90	178	735	93.8	0.82	1.8	6.4	2.0
107	Y2-315L2-8	110	217	735	94.0	0.82	1.8	6.4	2.0
108	Y2-315M1-8	132	261	740	93.7	0.82	1.8	6.4	2.0
109	Y2-315M2-8	160	315	740	94.2	0.82	1.8	6.4	2.0
110	Y2-355L-8	200	387	740	94.5	0.83	1.8	6.4	2.0
111	Y2-315S-10	45	100.0	590	91.5	0.75	1.5	6.2	2.0
112	Y2-315M-10	55	121	590	92.0	0.75	1.5	6.2	2.0
113	Y2-315L1-10	75	162	590	92.5	0.76	1.5	5.8	2.0
114	Y2-315L2-10	90	191	590	93.0	0.77	1.5	5.9	2.0
115	Y2-355M1-10	110	230	590	93.2	0.78	1.3	6.0	2.0
116	Y2-355M2-10	132	275	590	93.5	0.78	1.3	6.0	2.0
117	Y2-355L-10	160	334	590	93.5	0.78	1.3	6.0	2.0

我国生产的异步电动机主要有如下几个系列。

Y系列为一般的小型鼠笼式、全封闭制冷式三相异步电动机,主要用于金属切削机床、通用机械、矿山机械、农业机械等。

YD系列是变极多速三相异步电动机。

YR 系列是三相绕线式异步电动机。

YZ 系列和 YZR 系列是起重和冶金用三相异步电动机,YZ 系列是鼠笼式,YZR 系列是绕线式。

YB 系列是防爆式鼠笼异步电动机。

YCT 系列是电磁调速异步电动机。

其他类型的异步电动机可参阅有关产品目录。

2. 额定功率 P_N(2.2 kW)

额定功率表示电动机在额定工作状态下运行时允许输出的机械功率。

3. 额定电流 I_N(9.69/5.61 A)

额定电流表示电动机在额定工作状态下运行时允许输出的电流。9.69 A 是△形连接时的额定电流,5.61 A 是 Y 形连接时的额定电流。

4. 额定电压 U_N(380 V)

额定电压表示电动机在额定工作状态下运行时定子电路所加的线电压。

5. 额定转速 n_N(950 r/min)

额定转速表示电动机在额定工作状态下运行时的转速。

6. 接法(220△/380 Y)

接法表示电动机三相定子绕组与交流电源的连接方法。220△/380 Y 表示电源为 220 V 时采用△形接法,电源为 380 V 时采用 Y 形接法。对于 Y2 系列电动机而言,国家标准规定凡是额定功率为 3 kW 及以下者均采用星形连接,额定功率为 4 kW 及以上者均采用三角形连接。

7. 防护等级(IP44)

防护等级表示电动机外壳的防护方式。IP11 是开启式,IP22、IP23 是防护式,IP44 是封闭式。

8. 频率(50 Hz)

频率表示电动机使用的交流电源的频率。

9. 绝缘等级

绝缘等级表示电动机各绕组及其他绝缘部件所用的绝缘材料的等级。绝缘材料按耐热性能分级。电动机常用的绝缘材料等级为 A、E、B、F、H 及 180 ℃ 以上六种,按环境温度 40 ℃ 计算,这六种绝缘材料及其允许最高温度和允许最高温升如表 6-3 所示。

表 6-3　六种绝缘材料及其允许最高温度和允许最高温升

绝缘材料耐热等级	A	E	B	F	H	
允许最高温度/℃	105	120	130	155	180	180 以上
允许最高温升/℃	65	80	90	115	140	140 以上

10. 定额

定额指电动机按铭牌值工作时可以持续运行的时间和顺序。电动机定额分为连续定额、短时定额和断续定额 3 种,分别用 S1、S2、S3 表示。

连续定额(S1):表示电动机按铭牌值工作时可以长期连续运行。

短时定额（S2）：表示电动机按铭牌值工作时，只能在规定的时间内短时运行。我国规定的短时运行时间为 10 min、30 min、60 min 及 90 min4 种。

断续定额（S3）：表示电动机按铭牌值工作时，运行一段时间就要停止一段时间，周而复始地按一定周期重复运行，每一周期为 10 min。我国规定的负载持续率为 15%、25%、40% 及 60%4 种。（如标明 40%，则表示电动机每工作 4 min 就需休息 6 min）

11. 振动量

振动量表示电动机振动的情况。本例电动机振动为每秒轴向移动不超过 1.8 mm。

12. 噪声

噪声指电动机运行时的噪声。本例中的 76 dB（A）表示电动机运行时产生的最大噪声为 76 dB（A）。

在铭牌上，除了给出以上主要数据外，有的电动机还标有额定功率因数 $\cos\varphi_N$。电动机是感性负载，定子电路的相电流滞后定子相电压一个 φ 角，所以功率因数 $\cos\varphi_N$ 是额定负载下定子电路的相电压与相电流之间相位差的余弦。异步电动机的 $\cos\varphi$ 随负载的变化而变化，满载时 $\cos\varphi=0.7\sim0.9$，轻载时 $\cos\varphi$ 较小，空载时 $\cos\varphi=0.2\sim0.3$。实际使用时，要根据负载的大小来合理选择电动机容量，防止"大马拉小车"。

三相异步电动机的输入功率、输出功率与个量之间的关系为

$$P_{1N}=\sqrt{3}U_N I_N \cos\varphi_N \times 10^{-3} \tag{6-1}$$

$$P_N = \eta_N P_{1N} = \eta \sqrt{3} U_N I_N \cos\varphi_N \times 10^{-3} \tag{6-2}$$

式中，η_N 为额定运行时的效率。

6.2 交流绕组

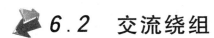

绕组由线圈构成，是电机实现机电能量转换的主要部件。要研究交流电机的电磁关系、电动势、磁动势及运行情况，必须先对交流绕组的构成和连接规律有基本的了解。

6.2.1 交流绕组的基本知识

1. 交流绕组的基本要求

交流绕组的种类很多，按相数可分为单相绕组、两相绕组、三相绕组和多相绕组四种；按槽内层数可分为单层绕组和双层绕组两种，其中单层绕组又可分为等元件式绕组、交叉式绕组和同心式绕组三种，双层绕组又可分为叠绕组和波绕组两种；按每极每相槽数可分为整数槽绕组和分数槽绕组两种。

虽然交流绕组的种类很多，但对各种交流绕组的基本要求却是相同的。

（1）绕组产生的电动势和磁动势接近正弦波。

（2）三相绕组的基波电动势和磁动势必须对称。

（3）在导体数一定时能获得较大的基波电动势和磁动势。

（4）绕组用铜量少，绝缘性能好，力学强度可靠，散热条件好。

（5）制造工艺简单，检修方便。

2. 交流绕组的基本术语

1）极距 τ

相邻两个磁极轴线之间沿定子铁芯内表面的距离称为极距，用 τ 表示，如图 6-13 所示。

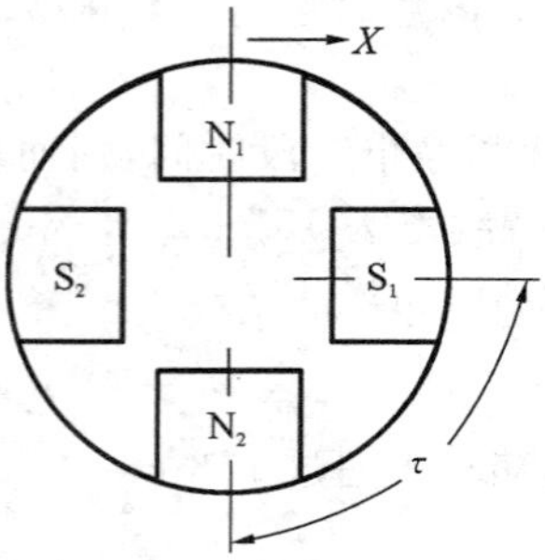

图 6-13 交流绕组的极距

极距一般用每个极面下所占的槽数来表示。若定子槽数为 Z，磁极对数为 p，则

$$\tau = \frac{Z}{2p} \qquad (6\text{-}3)$$

2）线圈节距 y_1

一个线圈的两个有效边之间所跨过的距离称为线圈节距，用 y_1 表示。节距一般用线圈跨过的槽数来表示。为使每个线圈获得尽可能大的电动势或磁动势，线圈节距应等于或接近于极距。$y_1 = \tau$ 的线圈称为整距线圈，$y_1 < \tau$ 的线圈称为短距线圈，其对应的绕组分别称为整距绕组和短距绕组。

3）电角度

电动机圆周的几何角度为 360°，称为机械角度。若磁场在空间内按正弦波分布，则经过 N、S 一对磁极恰好相当于正弦波的一个周期。将一对磁极所占的空间定为 360°电角度，那么一个具有 p 对磁极的电动机，电动机圆周按电角度计算就为 $p \times 360°$。电角度与机械角度的关系为

$$电角度 = p \times 机械角度 \qquad (6\text{-}4)$$

4）槽距角 α

相邻两个槽之间的电角度称为槽距角，用 α 表示。若定子槽数为 Z，电动机磁极对数为 p，则有

$$\alpha = \frac{p \times 360°}{Z}$$

5）每极每相槽数 q

每相绕组在每个极距下所占有的槽数称为每极每相槽数，用 q 表示。若绕组相数为 m，则有

$$q = \frac{Z}{2pm}$$

6）相带

每相绕组在每个极距中所占有的区域，用电角度表示，称为相带。一个极距为 180°电角度，对于三相绕组而言，一相占有 60°电角度，称为 60°相带。一对磁极为 360°电角度，有六个相带。一相绕组在一对磁极下占有两个相带，相差 180°电角度，则三相绕组 U1-U2、V1-V2、W1-W2 中，U1 与 U2、V1 与 V2、W1 与 W2 分别相差 180°电角度。为了构成三相对称绕组，U1、V1、W1 之间应互差 120°电角度。因此，三相对称绕组的六个相带在槽中安放的次序为 U1—W2—V1—U2—W1—V2，如图 6-14 所示。

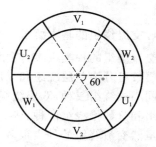

图 6-14　60°相带的三相绕组（两极）

6.2.2　三相单层绕组

单层绕组的每个槽内只放置一个线圈，一个线圈有两条有效边，所以线圈总数等于槽数的一半。单层绕组可以分为等元件式、交叉式和同心式三类。本节以单层等元件式绕组为

例,说明绕组的连接规律。

例 6-2 已知电动机定子的槽数 $Z=24$,极数 $2p=4$,并联支路数 $a=1$,试绘出三相单层等元件式绕组的展开图。

解 (1)计算绕组数据。

$$\tau=\frac{Z}{2p}=\frac{24}{4}=6$$

$$q=\frac{Z}{2pm}=\frac{24}{2\times2\times3}=2$$

$$\alpha=\frac{p\times360°}{Z}=\frac{2\times360°}{24}=30°$$

(2)划分相带。

将槽依次编号,按 $60°$ 相带的排列次序,可得各相带所属的槽号如表 6-4 所示。

表 6-4　相带与槽号对照表

	相带	U_1	W_2	V_1	U_2	W_1	V_2
第一对极	槽号	1、2	3、4	5、6	7、8	9、10	11、12
第一对极	相带	U_1	W_2	V_1	U_2	W_1	V_2
	槽号	13、14	15、16	17、18	19、20	21、22	23、24

(3)组成线圈组。

将属于 U 相的 1 号槽的线圈边和 7 号槽的线圈边组成一个线圈($y_1=\tau=6$),将 2 号槽与 8 号槽的线圈边组成一个线圈,再将这两个线圈串联成一个线圈组。同理,将 13 号槽、19 号槽和 14 号槽、20 号槽中的线圈边分别组成线圈后再串联成一个线圈组。

(4)构成一相绕组。

同一相的两个线圈组可以串联或并联组成一相绕组。图 6-15 所示为 U 相的两个线圈组串联形式,每相只有一条支路($a=1$)。

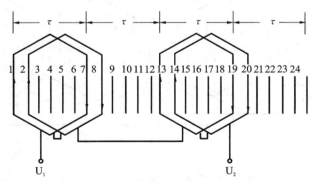

图 6-15　U 相的两个线圈组串联形式

采用图 6-15 所示的连接法时,每个线圈的形状和大小都是一样的,故称为等元件式绕组。在等元件式绕组的基础上,单层绕组还可以发展出许多其他的连接形式。

单层绕组的优点是线圈数仅为槽数的一半,嵌线方便,槽内无层间绝缘,槽的利用率较高;其缺点是不能灵活地选择线圈节距来削弱谐波电动势和磁动势,且漏电抗较大。通常功率在 10 kW 以下的异步电动机大多采用单层绕组。

6.2.3 三相双层绕组

双层绕组每个槽内有上下两个线圈边,同一个线圈的一个边放在某一槽的上层,另一个边则放在相隔节距 y_1 的槽的下层,绕组的线圈数等于槽数。三相双层绕组分为叠绕组和波绕组两种。本节仅介绍双层叠绕组。

例6-3 电动机参数同例6-2,试绘出三相双层叠绕组的展开图。

解 (1)计算绕组数据。

数据同例6-2,不同的是双层绕组一般采用短距,这里取 $y_1=5$。

(2)划分相带。

方法同例6-2,只是划分的各相带的槽号都是线圈的上层边,而下层边的槽号由 y_1 决定。

(3)组成线圈组。

每个槽内放两个有效边,在展开图中用实线表示上层边,虚线表示下层边。以 U 相为例,分配给 U 相的槽仍为 1、2、7、8、13、14 和 19、20 四组,上层边选这四组槽,下层边按照 $y_1=5$ 选择,从而组成线圈(上层边的槽号也代表线圈号)。比如,1 号线圈的上层边在 1 号槽中,则下层边在加一个节距的 6 号槽中;2 号线圈的上层边在 2 号槽中,则下层边在加一个节距的 7 号槽中;依次类推,得到八个线圈。然后将 1 号线圈的尾端与 2 号线圈的首端相连,构成一个线圈组;将 7 号线圈的尾端与 8 号线圈的首端相连,又构成一个线圈组。同理,将 13、14 号线圈和 19、20 号线圈分别连接成线圈组,从而形成 U 相的四个线圈组。

(4)构成一相绕组。

此例 $a=1$,故将 U 相的四个线圈组串联成一相绕组,如图 6-16 所示。V、W 相的绕组与此类同。

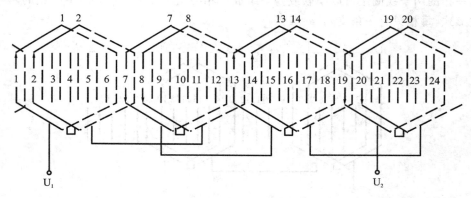

图6-16 三相双层叠绕组 U 相展开图

双层绕组的优点是可以灵活地选择节距来改善电动势或磁动势的波形;所有线圈尺寸相同,便于绕制;端部排列整齐,利于散热。其缺点是线圈组之间的连接线较长,在多极电动机中这些连接线用铜量很大。一般容量较大的电动机均采用双层绕组。

6.3 交流电机绕组的感应电动势

定子绕组的电动势是由气隙磁场与定子绕组相对运动而产生的。在本节中,假定磁场在气隙空间内的分布为正弦分布,幅值不变。

6.3.1 导体的感应电动势

图 6-17 所示为一台交流发电机的原理示意图,转子上有一对磁极 N、S,由原动机拖动,以恒定转速沿某一方向旋转,定子上靠近铁芯内圆表面的槽内放置一根长度为 l 的导体 A。根据电磁感应定律,导体 A 与磁极之间有相对运动时,导体 A 中会产生感应电动势。

每当一对磁极切割导体 A 时,导体 A 中产生的感应电动势就经历一个完整的周期。如果转子上有 p 对磁极,则转子旋转一周,导体感应电动势就经历 p 个完整的周期。若转子以转速 n_1(单位为 r/min)旋转,则导体 A 中的感应电动势变化的频率为

图 6-17 交流发电机的
原理示意图

$$f = \frac{pn_1}{60} \tag{6-5}$$

在正弦分布磁场下,导体 A 中的感应电动势的变化形状也为正弦波,根据电动势公式 $e = Blv$,可得导体 A 中的感应电动势的最大值为

$$E_{cm1} = B_{m1}lv \tag{6-6}$$

式中,B_{m1} 为正弦分布的气隙磁通密度的幅值,用每极磁通 Φ_1 表示,则可写为

$$B_{m1} = \frac{\pi}{2}\frac{1}{l\tau}\Phi_1 \tag{6-7}$$

将式(6-7)代入式(6-6),可得一根导体的感应电动势的有效值为

$$E_{c1} = \frac{E_{cm1}}{\sqrt{2}} = \frac{B_{m1}l}{\sqrt{2}} \times \frac{2p\tau}{60}n_1 = \frac{\pi}{\sqrt{2}}f\Phi_1 = 2.22f\Phi_1 \tag{6-8}$$

取磁通 Φ_1 的单位为 Wb,频率 f 的单位为 Hz,则电动势 E_{c1} 的单位为 V。

6.3.2 线圈的感应电动势

先讨论匝电动势,即单匝线圈的两个有效边导体的电动势相量和。

1. 整距线匝电动势

对于整距线匝($y_1 = \tau$),如果线匝的一个有效边处在 N 极的中心线下,则另一个有效边刚好处在 S 极的中心线下。两个有效边内感应电动势的瞬时值大小相等而方向相反,线匝电动势为两个有效边的合成电动势。若两个有效边的电动势参考方向都规定为从上向下,如图 6-18(a)所示,当用相量表示时,两个相量的相位差为 180°,如图 6-18(b)所示。于是,根据电路定律,可得整距线匝电动势为

$$\dot{E}_{t1(y_1=\tau)} = \dot{E}_{c1} - \dot{E}_{c1}' = 2\dot{E}_{c1} \tag{6-9}$$

整距线匝电动势的有效值为

$$E_{t1(y_1=\tau)} = 2E_{c1} = 4.44f\Phi_1 \tag{6-10}$$

2. 短距线匝电动势

对于短距线匝($y_1 < \tau$),如图 6-18(a)中的虚线所示,导体电动势 $\dot{E}_{c1}$ 和 $\dot{E}_{c1}'$ 的相位差不是 180°,而是 γ,如图 6-18(c)所示。γ 是线圈节距 y 所对应的电角度,有

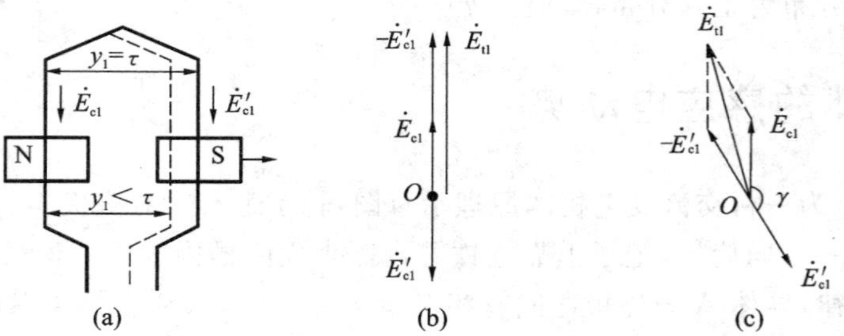

图 6-18 匝电动势的计算

$$\gamma = \frac{y}{\tau} \times 180° \tag{6-11}$$

短距线匝电动势为

$$\dot{E}_{t1(y_1<\tau)} = \dot{E}_{c1} - \dot{E}_{c1}' = \dot{E}_{c1} + (-\dot{E}_{c1}') \tag{6-12}$$

其有效值为

$$E_{t1(y_1<\tau)} = 2E_{c1} \sin\frac{\gamma}{2} = 4.44 f\Phi_1 k_{y1} \tag{6-13}$$

式中，$k_{y1} = \sin\dfrac{\gamma}{2}$ 称为基波短距系数，它表示短距的关系使得匝电动势比整距时的小，应打 k_{y1} 的折扣。

3. 线圈电动势

电动机槽内每个线圈往往不止一匝，而是由 N_c 匝串联而成，每匝电动势均相等，所以 N_c 匝线圈的电动势的有效值为

$$E_{y1} = N_c E_{t1} = 4.44 f N_c \Phi_1 k_{y1} \tag{6-14}$$

对于短距线圈，$k_{y1}<1$；对于整距线圈，$k_{y1}=1$。

6.3.3 线圈组的感应电动势

线圈组由 q 个线圈串联组成。若是集中绕组（q 个线圈均放在同一槽中），则每个线圈的电动势的大小和相位都相同，线圈组的电动势为

$$E_{q1(\text{集中})} = qE_{y1} = 4.44 f q N_c k_{y1} \Phi_1 \tag{6-15}$$

对于分布绕组，q 个线圈嵌放在槽距角为 α 的相邻的 q 个槽中，各线圈电动势的大小相同，但相位依次相差 α 电角度。线圈组的电动势为 q 个线圈电动势的相量和。图 6-19(a) 所示的线圈组由三个线圈组成，每个线圈的电动势相量如图 6-19(b) 所示，相位上互差一个槽距角 α，将三个电动势相量加起来就可得到一个线圈组的电动势。如图 6-19(c) 所示，O 为线圈电动势相量多边形的外接圆圆心，设圆的半径为 R，则有

$$\sin\frac{\alpha}{2} = \frac{\dfrac{E_{y1}}{2}}{R}$$

每个线圈中的感应电动势为

$$E_{y1} = 2R\sin\frac{\alpha}{2}$$

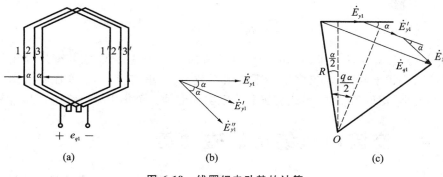

图 6-19　线圈组电动势的计算

由 q 个线圈组成的线圈组的感应电动势为

$$E_{q1} = 2R\sin\frac{q\alpha}{2} = qE_{y1}\frac{\sin\dfrac{q\alpha}{2}}{q\sin\dfrac{\alpha}{2}} = qE_{y1}k_{q1} \tag{6-16}$$

式中，k_{q1} 为绕组的基波分布系数，也就是 q 个分布线圈的合成电动势与 q 个集中线圈的合成电动势之比，即

$$k_{q1} = \frac{E_{q1}}{qE_{y1}} = \frac{\sin\dfrac{q\alpha}{2}}{q\sin\dfrac{\alpha}{2}} \tag{6-17}$$

它表示分布的关系使得线圈组的电动势比集中绕组的小些，应打 k_{q1} 的折扣。除集中绕组的 $k_{q1} = 1$ 外，分布绕组的 k_{q1} 总是小于1。

将式(6-14)代入式(6-16)，便可得到考虑分布和短距时的线圈组电动势为

$$E_{q1} = 4.44fqN_ck_{y1}k_{q1}\Phi_1 = 4.44fqN_ck_{w1}\Phi_1 \tag{6-18}$$

式中，$k_{w1} = k_{y1}k_{q1}$ 称为绕组基波系数，它表示同时考虑了短距和分布的影响时，线圈组的电动势应打的折扣。

6.3.4　相绕组的感应电动势

对于双层绕组，一相绕组在每一个极下有一个线圈组；如果电机有 p 对磁极，则一相绕组共有 $2p$ 个线圈组；若组成 a 条并联支路，则每条支路由 $2p/a$ 个线圈组串联而成。所以每相绕组的电动势为

$$E_{p1} = 4.44fqN_c\frac{2p}{a}k_{w1}\Phi_1 \tag{6-19}$$

单层绕组的线圈组数是双层绕组的一半，所以单层绕组的每相绕组的电动势为

$$E_{p1} = 4.44fqN_c\frac{p}{a}k_{w1}\Phi_1 \tag{6-20}$$

综合以上两式，可写出相绕组电动势的有效值的计算公式为

$$E_{p1} = 4.44fNk_{w1}\Phi_1 \tag{6-21}$$

式中，N 为每条支路的串联总匝数。

对于双层绕组

$$N = qN_c\frac{2p}{a} \tag{6-22}$$

对于单层绕组

$$N=qN_c\frac{p}{a} \tag{6-23}$$

式(6-21)是计算交流绕组每相电动势有效值的一个普遍公式,它与变压器中绕组感应电动势的计算公式十分相似,仅多了一项绕组系数k_{w1}。事实上,因为变压器绕组中每个线匝电动势的大小、相位都相同,因此变压器绕组实际上是一个集中整距绕组,即$k_{w1}=1$。

6.4　交流电机绕组的磁动势

在交流电机中,定子绕组通过交流电流将产生磁动势,它对电机能量转换和运行性能都有很大影响。本节先分析单相绕组形成的脉动磁动势,再讨论三相绕组的旋转磁动势。

6.4.1　单相绕组的磁动势

图6-20所示为一单相绕组AX,其有效匝数为N_{k_w}。当正弦交流电流i(设$i=I_m\sin\omega t$)通过该绕组时,建立的磁场如图6-20(a)中的虚线所示,磁场的磁极对数$p=1$。图6-21所示的相绕组由线圈A_1X_1和A_2X_2串联而成,产生的磁场的磁极对数$p=2$。

根据全电流定律,在图6-20(a)所示的磁场中,每一闭合磁路的绕组磁动势的大小为Nk_wi。由图6-20可知,每一闭合磁路均两次穿过气隙,其余部分通过定子与转子铁芯。由于构成铁芯的硅钢片比气隙的磁导率大得多,所以可以忽略铁芯中所消耗的磁动势,认为每一闭合磁路的绕组磁动势Nk_wi全部消耗在两段气隙上。每段气隙磁动势的大小为$\frac{1}{2}Nk_wi$。若规定从转子穿过气隙进入定子的气隙磁动势为正,可画出沿气隙圆周的磁动势的分布波形图,如图6-20(b)所示。可见,磁动势波形为一矩形波,高度为$\frac{1}{2}Nk_wi$,导体所在位置为磁动势方向改变的转折点。

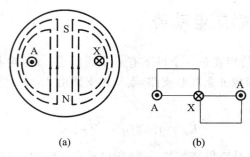

图6-20　两极单相绕组的脉动磁场和磁动势波形

由于导体中通过的电流i为交流电流,当$\omega t=2k\pi+\frac{\pi}{2}$时,$i$为最大值$I_m$;当$\omega t=k\pi$时,$i=0$;当$\omega t=2k\pi-\frac{\pi}{2}$时,$i$为负的最大值$-I_m$($k$为任意整数)。可见,在空间按矩形分布的磁动势的大小和方向随时间的变化而变化,但空间位置不变,具有这种性质的磁动势称为脉动磁动势。

在图 6-21 所示的磁场中,线圈 A_1X_1 和 A_2X_2 的匝数是绕组匝数的一半,即为 $\frac{1}{2}Nk_w$,线圈磁动势也为绕组磁动势的一半,每段气隙的磁动势则为绕组磁动势的 $\frac{1}{4}$,它沿气隙也呈周期性矩形波规律分布,如图 6-21(b)所示。

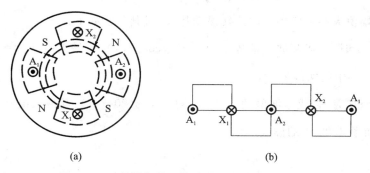

(a)　　　　　　　　　　　　(b)

图 6-21　四极单相绕组的脉动磁场和磁动势波形

根据上述分析可知,对于一般形式,在磁极对数为 p 的磁场中,气隙磁动势等于绕组磁动势的 $\frac{1}{2p}$。

对于在空间内做矩形分布的脉动磁动势,可运用傅里叶级数将其分解成基波和一系列的高次谐波,即

$$f_P(x,t) = \frac{2}{\pi}\frac{NI_m}{p}\sin\omega t\sum_{n=1}^{\infty}k_{wn}\frac{1}{n}\sin nx$$

式中,x 为沿气隙方向的空间距离,用电角度表示。

高次谐波磁动势很小,而基波磁动势是主要的工作磁动势,所以这里仅讨论基波磁动势。

分解后的基波磁动势为

$$f_{P1}(x,t) = \frac{2}{\pi}\frac{Nk_{w1}I_m}{p}\sin\omega t\sin x = F_{Pm1}\sin\omega t\sin x \tag{6-24}$$

基波磁动势的幅值为

$$F_{Pm1} = \frac{2}{\pi}\frac{Nk_{w1}I_m}{p} = \frac{2\sqrt{2}}{\pi}\frac{Nk_{w1}I_P}{p} = 0.9\frac{Nk_{w1}}{p}I_P \tag{6-25}$$

6.4.2　三相绕组的基波合成磁动势

在三相对称绕组 U_1-U_2、V_1-V_2 和 W_1-W_2 中分别通入对称的三相交流电流 i_A、i_B 和 i_C。设 $i_A = I_m\sin\omega t$,则 $i_B = I_m\sin(\omega t - 120°)$,$i_C = I_m\sin(\omega t + 120°)$。

三相绕组产生的气隙基波磁动势分别为

$$f_{A1} = F_{Pm1}\sin\omega t\sin x$$
$$f_{B1} = F_{Pm1}\sin(\omega t - 120°)\sin(x - 120°)$$
$$f_{C1} = F_{Pm1}\sin(\omega t + 120°)\sin(x + 120°)$$

将三相绕组产生的气隙磁动势相加,并运用三角函数积化和差公式,可得气隙中总的合成基波磁动势为

$$f_1 = f_{A1} + f_{B1} + f_{C1}$$
$$= F_{Pm1}[\sin\omega t \sin x + \sin(\omega t - 120°)\sin(x - 120°)$$
$$+ \sin(\omega t + 120°)\sin(x + 120°)] \qquad (6\text{-}26)$$
$$= \frac{3}{2}F_{Pm1}\cos(\omega t - x)$$

这是一个幅值大小恒定不变的旋转磁动势波,对其分析如下。

(1)当 $\omega t = 0°$ 时,合成基波磁动势 $f_1 = \frac{3}{2}F_{Pm1}\cos(-x)$,其最大值 $f_{m1} = \frac{3}{2}F_{Pm1}$ 出现在 $x = 0°$ 处,如图 6-22 中的实线所示。

(2)当 $\omega t = 90°$ 时,合成基波磁动势 $f_1 = \frac{3}{2}F_{Pm1}\cos(90° - x)$,其最大值 $f_{m1} = \frac{3}{2}F_{Pm1}$ 出现在 $x = 90°$ 处,如图 6-22 中的虚线所示。

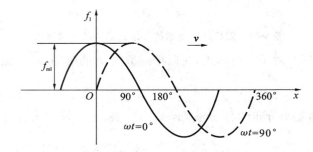

图 6-22　三相绕组合成基波磁动势

由此可见,f_1 为一在空间内按正弦规律分布,幅值恒定不变,但随着时间的推移,整个正弦波沿 x 轴正方向移动的磁动势波。由于电机的气隙是一个圆,故此移动的磁动势波即为一个旋转的磁动势波。

由图 6-22 可见,当 ωt 从 $0°$ 变化到 $90°$ 时,即时间 t 从 0 变到 $T/4$(T 为电流变化的周期)时,电流变化 1/4 周期,此时磁动势波沿 x 轴正方向移动了 $90°$ 的空间电角度,相当于 1/4 基波波长所占的电角度。于是,当电流变化一个周期 T 时,磁动势波将移动 $4 \times 90° = 360°$ 电角度,即一个波长。

由于电流每分钟变化 $60f$ 个周期,因此磁动势波每分钟移动 $60f$ 个波长,而电机气隙圆周共有 p 个波长,故得旋转磁动势波的转速为

$$n_1 = \frac{60f}{p}$$

由此旋转磁动势波产生电机内的旋转磁场,其同步转速为 n_1。

6.5　三相异步电动机的空载运行

与变压器的工作原理一样,三相异步电动机的定子和转子之间只有磁的耦合,没有电的直接联系,它靠电磁感应作用,将能量从定子传递到转子。异步电动机的定子绕组相当于变压器的一次绕组,转子绕组相当于变压器的二次绕组。因此,分析变压器内部电磁关系的基本方法也适用于异步电动机。

6.5.1 三相异步电动机空载运行时的电磁关系

三相异步电动机的定子绕组接在对称的三相电源上,转子轴上不带机械负载时的运行,称为空载运行。

三相异步电动机空载运行时,三相定子绕组会流过三相对称电流,称为空载电流,用 $\dot{I}_0$ 表示;三相空载电流将产生一个旋转磁动势,称为空载磁动势,用 $\dot{F}_0$ 表示。由于轴上不带机械负载,因此电动机的空载转速很高,接近于同步转速。定子旋转磁场与转子之间几乎无相对运动,于是转子感应电动势 $\dot{E}_{2s} \approx 0$,转子电流 $\dot{I}_2 \approx 0$,转子磁动势 $\dot{F}_2 \approx 0$。

1. 主磁通与漏磁通

根据磁通的路径和性质,三相异步电动机的磁通可分为主磁通和漏磁通两种,如图 6-23 所示。

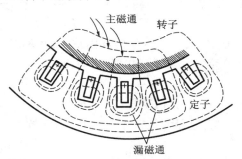

图 6-23　主磁通与漏磁通

1) 主磁通 $\dot{\Phi}_0$

空载磁动势产生的磁通绝大部分通过定子铁芯、转子铁芯及气隙形成闭合回路,并同时与定子绕组、转子绕组相交链,这部分磁通称为主磁通,用 $\dot{\Phi}_0$ 表示。

主磁通同时交链定子绕组、转子绕组,在定子绕组、转子绕组中产生感应电动势,闭合的转子绕组从而有感应电流通过。转子电流与定子磁场相互作用而产生电磁转矩,实现三相异步电动机的机电能量转换。因此,主磁通起转换能量的媒介作用。

2) 定子漏磁通 $\dot{\Phi}_{1\sigma}$

空载磁动势除产生主磁通 $\dot{\Phi}_0$ 外,另一部分磁通 $\dot{\Phi}_{1\sigma}$ 仅与定子绕组交链,称为定子漏磁通。漏磁通相对于主磁通比较小,且定子漏磁通只在定子绕组上产生漏电动势,因此不能起能量转换的媒介作用,只起电抗压降的作用。

2. 电磁关系

由以上分析可以得出,三相异步电动机空载运行时的电磁关系如图 6-24 所示。

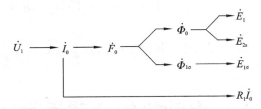

图 6-24　三相异步电动机空载运行时的电磁关系

6.5.2 三相异步电动机空载运行时的基本方程和等效电路

1. 主、漏磁通感应的电动势

主磁通在定子绕组中感应的电动势为

$$\dot{E}_1 = -\mathrm{j}4.44 f_1 N_1 k_{w1} \dot{\Phi}_0 \qquad (6-27)$$

定子漏磁通在定子绕组中感应的漏电动势为

$$\dot{E}_{1\sigma} = -j4.44 f_1 N_1 k_{w1} \dot{\Phi}_\sigma \tag{6-28}$$

仿照分析变压器的方法,定子漏电动势可以视为定子漏电抗压降,即

$$\dot{E}_{1\sigma} = -j X_1 \dot{I}_0 \tag{6-29}$$

式中,X_1 为定子绕组的漏电抗,它是对应于定子漏磁通的电抗。

2. 电压平衡方程及等效电路

设定子每相绕组所加端电压为 $\dot{U}_1$,相电流为 $\dot{I}_0$,主磁通 $\dot{\Phi}_0$ 在定子每相绕组中感应的电动势为 $\dot{E}_1$,定子漏磁通 $\dot{\Phi}_{1\sigma}$ 在定子每相绕组中感应的电动势为 $\dot{E}_{1\sigma}$,定子每相电阻为 R_1。类似于变压器空载运行时的一次侧,根据基尔霍夫第二定律,定子每相电路的电压平衡方程为

$$\dot{U}_1 = -\dot{E}_1 - \dot{E}_{1\sigma} + R_1 \dot{I}_0 = -\dot{E}_1 + j X_1 \dot{I}_0 + R_1 \dot{I}_0 = -\dot{E}_1 + Z_1 \dot{I}_0 \tag{6-30}$$

式中,Z_1 为定子绕组的漏阻抗,$Z_1 = R_1 + j X_1$。

与分析变压器相似,可写出

$$-\dot{E}_1 = Z_m \dot{I}_0 = (R_m + j X_m) \dot{I}_0 \tag{6-31}$$

式中,Z_m 为励磁阻抗,$Z_m = R_m + j X_m$;R_m 为励磁电阻,它是反映铁损耗的等效电阻;X_m 为励磁电抗,它是对应于主磁通 $\dot{\Phi}_0$ 的电抗。

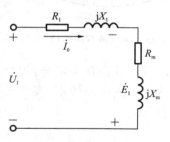

图 6-25 异步电动机空载运行时的等效电路

由式(6-30)和式(6-31),可画出三相异步电动机空载运行时的等效电路,如图 6-25 所示。

三相异步电动机的电磁关系与变压器的有很多相似之处,但也存在如下差异。

(1)磁动势的表现形式不同:变压器的磁动势是交变磁动势,而三相异步电动机的磁动势是旋转磁动势。

(2)磁路不一样:变压器的磁路是由硅钢片组成的磁路,磁阻很小,励磁电流也小,仅占一次侧额定电流的 2%~10%;而三相异步电动机的磁路中定子和转子间有气隙存在,磁阻要大得多,所以励磁电流大,为定子额定电流的 20%~50%。

(3)变压器空载运行时,$\dot{E}_2 \neq 0$,$\dot{I}_2 = 0$;而三相异步电动机空载运行时,$\dot{E}_{2s} \approx 0$,$\dot{I}_2 \approx 0$,即实际有微小的数值。

(4)由于气隙的存在及绕组结构形式的不同,三相异步电动机的漏磁通和漏电抗均比变压器的大。

(5)三相异步电动机通常采用短距、分布绕组,故需要考虑绕组系数;而变压器采用的是整距、集中绕组,绕组系数为 1。

6.6 三相异步电动机的负载运行

6.6.1 三相异步电动机负载运行时的电磁关系

三相异步电动机空载运行时,转子转速 n 接近于同步转速 n_1,转子感应电动势 $\dot{E}_{2s} \approx 0$,转子电流 $\dot{I}_2 \approx 0$,转子磁动势 $\dot{F}_2 \approx 0$。

当三相异步电动机带上机械负载时,转子转速下降,定子旋转磁场切割转子绕组的相对

速度 $\Delta n = n_1 - n$ 增大,转子感应电动势 $\dot{E}_{2s}$ 和转子电流 $\dot{I}_2$ 增大。此时,除了定子的三相电流 $\dot{I}_1$ 产生定子磁动势 $\dot{F}_1$ 外,转子对称三相(或多相)电流 $\dot{I}_2$ 还将产生转子磁动势 $\dot{F}_2$,二者共同作用在定子、转子气隙中同速、同向旋转,形成合成磁动势 $\dot{F}_1 + \dot{F}_2$,由此建立气隙主磁通。与分析变压器相似,三相异步电动机的主磁通主要取决于电源电压 $\dot{U}_1$,只要 $\dot{U}_1$ 保持不变,则三相异步电动机由空载到负载,其主磁通基本保持不变,仍用 $\dot{\Phi}_0$ 表示,且有 $\dot{F}_1 + \dot{F}_2 = \dot{F}_0$。主磁通 $\dot{\Phi}_0$ 分别交链于定子绕组、转子绕组,并分别在定子绕组、转子绕组中感应电动势 $\dot{E}_1$ 和 $\dot{E}_{2s}$。同时定子磁动势 $\dot{F}_1$、转子磁动势 $\dot{F}_2$ 分别产生只交链于本侧的漏磁通 $\dot{\Phi}_{1\sigma}$ 和 $\dot{\Phi}_{2\sigma}$,并感应出相应的漏电动势 $\dot{E}_{1\sigma}$ 和 $\dot{E}_{2\sigma}$。三相异步电动机负载运行时的电磁关系如图 6-26 所示。

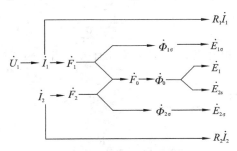

图 6-26 三相异步电动机负载运行时的电磁关系

6.6.2 转子绕组各电磁量

当转子不转时,气隙旋转磁场以同步转速 n_1 切割转子绕组;当转子以转速 n 旋转后,旋转磁场就以 $\Delta n = n_1 - n$ 的相对速度切割转子绕组。因此,当转子转速 n 变化时,转子绕组各电磁量将随之变化。

1.转子感应电动势的频率

当转子以转速 n 旋转时,旋转磁场与转子绕组的相对切割速度为 $n_1 - n$,故转子绕组感应电动势的频率为

$$f_2 = \frac{p(n_1 - n)}{60} = \frac{n_1 - n}{n_1} \times \frac{pn_1}{60} = sf_1 \tag{6-32}$$

式中,f_1 为电源频率。

由上式可知:当电源频率 f_1 一定时,$f_2 \propto s$;当转子不动(如启动瞬间)时,$n=0$,$s=1$,则 $f_2 = f_1$;当转子转速接近同步转速(如空载运行)时,$n \approx n_1$,$s \approx 0$,则 $f_2 \approx 0$。三相异步电动机在正常情况下运行时,转差率 s 很小,转子频率 f_2 很低。

2.转子绕组的感应电动势

转子旋转时,$f_2 = f_1$,则此时转子绕组的感应电动势为

$$E_{2s} = 4.44 f_2 N_2 k_{w2} \Phi_0 = 4.44 s f_1 N_2 k_{w2} \Phi_0 = sE_2 \tag{6-33}$$

式中,$E_2 = 4.44 f_1 N_2 k_{w2} \Phi_0$ 为静止时的转子感应电动势。当电源电压 U_1 一定时,Φ_0 一定,故 E_2 为常数,则 $E_{2s} \propto s$。

3.转子绕组的漏电抗

因为电抗与频率成正比,故旋转时的转子漏电抗为

$$X_{2s} = 2\pi f_2 L_2 = 2\pi s f_1 L_2 = sX_2 \tag{6-34}$$

式中，$X_2 = 2\pi f_1 L_2$ 为静止时的转子漏电抗，L_2 为转子绕组的漏电感。上式表明，$X_{2s} \propto s$。

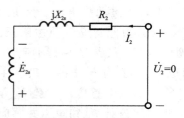

图 6-27 转子绕组一相电路

4. 转子绕组的电流

图 6-27 所示为转子绕组一相电路。三相异步电动机的转子绕组正常运行时处于短接状态，其端电压 $U_2 = 0$，则转子每相电流 I_2 为

$$\dot{I}_2 = \frac{\dot{E}_{2s}}{R_2 + jX_{2s}} = \frac{s\dot{E}_2}{R_2 + jsX_2} \tag{6-35}$$

其有效值为

$$I_2 = \frac{sE_2}{\sqrt{R_2^2 + (sX_2)^2}} \tag{6-36}$$

式(6-36)说明，转子每相电流 I_2 与转差率 s 有关。当 $s=0$ 时，$I_2=0$；当 s 增大时，I_2 也随之增大。

5. 转子绕组的功率因数

转子绕组的功率因数为

$$\cos\varphi_2 = \frac{R_2}{\sqrt{R_2^2 + (sX_2)^2}} \tag{6-37}$$

式(6-37)说明，转子绕组的功率因数 $\cos\varphi_2$ 也与转差率 s 有关。当 $s=0$ 时，$\cos\varphi_2=1$；当 s 增大时，$\cos\varphi_2$ 则减小。

6.6.3　三相异步电动机负载运行时的基本方程

1. 磁动势平衡方程

与分析变压器相似，可写出三相异步电动机负载运行时的磁动势平衡方程为

$$\dot{F}_1 + \dot{F}_2 = \dot{F}_0$$

上式也可改写成

$$\dot{F}_1 = \dot{F}_0 + (-\dot{F}_2) \tag{6-38}$$

式(6-38)说明，定子磁动势包括两个分量，即产生主磁通 $\dot{\Phi}$ 的励磁分量 $\dot{F}_0$ 和抵消转子磁动势的负载分量 $-\dot{F}_2$。

根据旋转磁动势幅值公式，可写出定子磁动势、转子磁动势和励磁磁动势的幅值分别为

$$\begin{cases} F_1 = \dfrac{m_1}{2} \times 0.9 \dfrac{N_1 k_{w1}}{p} I_1 \\[2mm] F_2 = \dfrac{m_2}{2} \times 0.9 \dfrac{N_2 k_{w2}}{p} I_2 \\[2mm] F_0 = \dfrac{m_1}{2} \times 0.9 \dfrac{N_1 k_{w1}}{p} I_0 \end{cases} \tag{6-39}$$

式中，I_0 为励磁电流，m_1、m_2 为定子绕组、转子绕组的相数。

将式(6-39)代入式(6-38)，整理后得

$$\dot{I}_1 + \frac{\dot{I}_2}{k_i} = \dot{I}_0 \tag{6-40}$$

式中，$k_i = \dfrac{m_1 N_1 k_{w1}}{m_2 N_2 k_{w2}}$ 为三相异步电动机的电流变比。

2. 电动势平衡方程

三相异步电动机负载运行时,定子绕组的电动势平衡方程与空载时的相同,此时定子电流为 $\dot{I}_1$,于是有

$$\dot{U}_1 = -\dot{E}_1 + jX_1\dot{I}_1 + R_1\dot{I}_1 \tag{6-41}$$

在转子电路中,由于转子为短路绕组,所以 $\dot{U}_2 = 0$,转子绕组的电动势平衡方程为

$$0 = \dot{E}_{2s} - R_2\dot{I}_2 - jX_{2s}\dot{I}_2 \tag{6-42}$$

6.6.4 三相异步电动机负载运行时的等效电路

在分析三相异步电动机的运行状况及计算时,也采用与变压器相似的等效电路的方法,即设法将磁耦合的定子电路、转子电路变为有直接电联系的电路。

根据电动势平衡方程,可画出图 6-28 所示的三相异步电动机旋转时定子、转子电路图。与变压器不同的是,三相异步电动机是旋转电机,其定子、转子频率不相等。因此,在画等效电路时,首先要进行频率折算,将转子频率 f_2 折算为定子频率 f_1;然后再进行绕组折算,将转子绕组折算为定子绕组。

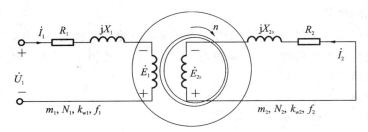

图 6-28 三相异步电动机旋转时定子、转子电路图

1. 频率的折算

频率的折算就是在不影响定子侧各物理量的前提下,使等效转子的频率与定子的频率相等的过程。当三相异步电动机的转子静止时,转子的频率等于定子的频率。所以,频率折算的实质就是把旋转的转子等效成静止的转子。

在等效过程中,为了保持电动机的电磁效应不变,折算必须遵循的原则有两条:一是折算前后转子磁动势不变,以保持转子电路对定子电路的影响不变;二是被等效的转子电路的功率和损耗与原转子旋转时的一样。

要使折算前后 $\dot{F}_2$ 不变,只要保证折算前后转子电流 $\dot{I}_2$ 的大小和相位不变即可。由式(6-35)可知,转子旋转时的转子电流为

$$\dot{I}_2 = \frac{\dot{E}_{2s}}{R_2 + jX_{2s}} = \frac{s\dot{E}_2}{R_2 + jsX_2} \quad (\text{频率为 } f_2) \tag{6-43}$$

将上式的分子、分母同除以 s,得

$$\dot{I}_2 = \frac{\dot{E}_2}{\dfrac{R_2}{s} + jX_2} \quad (\text{频率为 } f_1) \tag{6-44}$$

比较式(6-44)和式(6-43)可见,要将转子频率 f_2 折算为 f_1,只需将转子电路中的感应电动势 $\dot{E}_{2s}$ 改成 $\dot{E}_2$,R_2 改为 $\dfrac{R_2}{s}$(相当于串入一个附加电阻 $\dfrac{1-s}{s}R_2$),转子漏电抗由 X_{2s} 改成

X_2 即可,如图 6-29 所示。这样,旋转的转子就可以用一个等效的静止的转子来代替。下面进一步说明这个附加电阻的物理意义。实际旋转的转子在转轴上有机械功率输出并且转子还会产生机械损耗,而将其等效成静止的转子后,就不会有机械功率输出和机械损耗,但会产生附加电阻 $\frac{1-s}{s}R_2$ 的功率损耗。根据能量守恒定律,该附加电阻所消耗的功率 $m_2 I_2^2 \frac{1-s}{s}R_2$ 应等于转轴上输出的机械功率和转子的机械损耗之和,这部分功率称为总机械功率,附加电阻 $\frac{1-s}{s}R$ 称为模拟总机械功率的等值电阻。

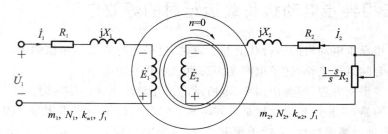

图 6-29　频率折算后的定子、转子电路图

2. 转子绕组的折算

转子绕组的折算就是用一个和定子绕组具有相同相数 m_1、匝数 N_1 及绕组系数 k_{w1} 的等效转子绕组来代替原来的相数为 m_2、匝数为 N_2 及绕组系数为 k_{w2} 的实际转子绕组,其折算原则和方法与变压器的基本相同。

1)电流的折算

根据折算前后转子磁动势不变的原则,有

$$\frac{m_2}{2}\times 0.9\frac{N_2 k_{w2}}{p}I_2 = \frac{m_1}{2}\times 0.9\frac{N_1 k_{w1}}{p}I_2'$$

折算后的转子电流为

$$\dot{I}_2' = \frac{m_2 N_2 k_{w2}}{m_1 N_1 k_{w1}}\dot{I}_2 = \frac{\dot{I}_2}{k_i} \tag{6-45}$$

式中,$k_i = \frac{m_1 N_1 k_{w1}}{m_2 N_2 k_{w2}}$ 为电流变比。

2)电动势的折算

根据折算前后传递到转子侧的视在功率不变的原则,有

$$m_2 \dot{E}_2 \dot{I}_2 = m_1 \dot{E}_2' \dot{I}_2'$$

折算后的转子电动势为

$$\dot{E}_2' = \frac{N_1 k_{w1}}{N_2 k_{w2}}\dot{E}_2 = k_e \dot{E}_2 \tag{6-46}$$

式中,$k_e = \frac{N_1 k_{w1}}{N_2 k_{w2}}$ 为电动势变比。

3)阻抗的折算

根据折算前后转子铜损耗不变的原则,有

$$m_2 \dot{I}_2^2 R_2 = m_1 \dot{I}_2'^2 R_2'$$

折算后的转子电阻为

$$R_2' = \frac{m_2 \dot{I}_2^2}{m_1 \dot{I}_2'^2}R_2 = \frac{m_2}{m_1}\left(\frac{m_1 N_1 k_{w1}}{m_2 N_2 k_{w2}}\right)^2 R_2 = k_e k_i R_2 \tag{6-47}$$

同理,根据磁场储能不变的原则,可得折算后的转子漏电抗为

$$X_2{}' = k_e k_i X_2 \qquad (6-48)$$

式中,$k_e k_i$ 为阻抗变比。

转子漏阻抗的折算值为

$$Z_2{}' = k_e k_i Z_2 = R_2{}' + \mathrm{j} X_2{}' \qquad (6-49)$$

转子绕组折算后的定子、转子电路图如图 6-30 所示。

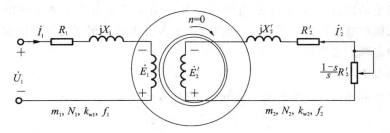

图 6-30　转子绕组折算后的定子、转子电路图

3. 基本方程

经过频率和绕组折算后,可列出三相异步电动机的基本方程为

$$\begin{cases} \dot{U}_1 = -\dot{E}_1 + (R_1 + \mathrm{j} X_1)\dot{I}_1 \\ E_2{}' = \left(\dfrac{R_2{}'}{s} + \mathrm{j} X_2{}'\right)\dot{I}_2{}' = \left(Z_2{}' + \dfrac{1-s}{s} R_2{}'\right)\dot{I}_2{}' \\ \dot{I}_1 + \dot{I}_2{}' = \dot{I}_0 \\ \dot{E}_1 = -(R_m + \mathrm{j} X_m)\dot{I}_0 \\ \dot{E}_2{}' = \dot{E}_1 \end{cases} \qquad (6-50)$$

4. 等效电路

根据基本方程,再仿照变压器的分析方法,可画出三相异步电动机的 T 形等效电路,如图 6-31 所示。

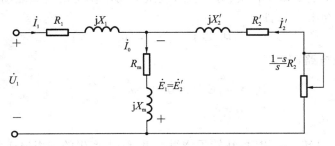

图 6-31　三相异步电动机的 T 形等效电路图

对三相异步电动机的 T 形等效电路进行分析,可得如下结论。

(1)当转子不转(如堵转)时,$n=0$,$s=1$,则附加电阻 $\dfrac{1-s}{s} R_2{}' = 0$,总机械功率为零,此时三相异步电动机处于短路运行状态,定子、转子电流均很大。

(2)当转子的转速接近同步转速时,$n \approx n_1$,$s \approx 0$,则附加电阻 $\dfrac{1-s}{s} R_2{}' \to \infty$,等效电路近乎开路,转子电流很小,总机械功率也很小,三相异步电动机相当于空载运行。

6.7　三相异步电动机的功率平衡和转矩平衡

6.7.1　三相异步电动机的功率平衡

三相异步电动机运行时,定子从电网吸收的电功率转换为转子轴上输出的机械功率。电动机在实现机电能量转换的过程中,必然会产生各种损耗。根据能量守恒定律,输出功率应等于输入功率减去总损耗。

1. 输入功率 P_1

由电网供给电动机的功率称为输入功率,其计算公式为

$$P_1 = m_1 U_1 I_1 \cos\varphi_1 \tag{6-51}$$

式中,m_1 为定子绕组相数,U_1 为定子相电压,I_1 为定子相电流,$\cos\varphi_1$ 为定子的功率因数。

2. 定子铜损耗 P_{Cu1}

定子相电流 I_1 流过定子绕组时,在定子绕组电阻 R_1 上产生的功率损耗为定子铜损耗,即

$$P_{\text{Cu1}} = m_1 R_1 I_1^2 \tag{6-52}$$

3. 铁芯损耗 P_{Fe}

旋转磁场在定子、转子铁芯中还将产生铁损耗。由于三相异步电动机正常运行时,转子频率很低,通常只有 $1 \sim 3$ Hz,因此转子铁芯损耗很小,可忽略不计。所以 P_{Fe} 实际上只是定子铁芯损耗,它可看作是励磁电流 I_0 在励磁电阻上所消耗的功率,即

$$P_{\text{Fe}} = m_1 R_{\text{m}} I_0^2 \tag{6-53}$$

4. 电磁功率 P_{em}

输入功率扣除定子铜损耗和铁芯损耗后,剩余的功率便是由气隙磁场通过电磁感应传递到转子侧的电磁功率 P_{em},即

$$P_{\text{em}} = P_1 - P_{\text{Cu1}} - P_{\text{Fe}} \tag{6-54}$$

根据 T 形等效电路,有

$$P_{\text{em}} = m_1 E_2' I_2' \cos\varphi_2 = m_1 I_2'^2 \frac{R_2'}{s} \tag{6-55}$$

5. 转子铜损耗 P_{Cu2}

转子电流 I_2' 流过转子绕组时,在转子绕组电阻 R_2' 上产生的功率损耗为转子铜损耗,即

$$P_{\text{Cu2}} = m_1 R_2' I_2'^2 \tag{6-56}$$

6. 总机械功率 P_{MEC}

传递到转子侧的电磁功率扣除转子铜损耗后,即是电动机转子上的总机械功率,即

$$P_{\text{MEC}} = P_{\text{em}} - P_{\text{Cu2}} = m_1 I_2'^2 \frac{R_2'}{s} - m_1 R_2' I_2'^2 = m_1 \frac{1-s}{s} R_2' I_2'^2 \tag{6-57}$$

上式说明了 T 形等效电路中附加电阻 $\dfrac{1-s}{s} R_2'$ 的物理意义。

由式(6-55)、式(6-56)和式(6-57)可得

$$P_{\text{Cu2}} = sP_{\text{em}} \qquad\qquad (6\text{-}58)$$

$$P_{\text{MEC}} = (1-s)P_{\text{em}} \qquad\qquad (6\text{-}59)$$

以上两式说明,转差率 s 越大,消耗在转子上的铜损耗就越大,电动机的效率就越低。所以三相异步电动机正常运行时的 s 都很小。

7. 机械损耗 P_{mec} 和附加损耗 P_{ad}

机械损耗 P_{mec} 是由轴承及风阻等摩擦引起的损耗,附加损耗 P_{ad} 是由于定子、转子上有齿槽存在及磁场的高次谐波而引起的损耗,这两种损耗都会在电动机转子上产生制动性质的转矩。

8. 输出功率 P_2

总机械功率 P_{MEC} 扣除机械损耗 P_{mec} 和附加损耗 P_{ad} 后,剩下的就是电动机转轴上输出的机械功率 P_2,即

$$P_2 = P_{\text{MEC}} - (P_{\text{mec}} + P_{\text{ad}}) = P_{\text{MEC}} - P_0 \qquad\qquad (6\text{-}60)$$

式中,$P_0 = P_{\text{mec}} + P_{\text{ad}}$ 为三相异步电动机的空载损耗。

综上所述,三相异步电动机运行时从电源输入电功率 P_1 到转轴上输出机械功率 P_2 的全过程用功率平衡方程表示为

$$P_2 = P_1 - (P_{\text{Cu1}} + P_{\text{Fe}} + P_{\text{Cu2}} + P_{\text{mec}} + P_{\text{ad}}) = P_1 - P_{\Sigma} \qquad\qquad (6\text{-}61)$$

式中,P_{Σ} 为电动机的总损耗。

三相异步电动机的功率流程图如图 6-32 所示。

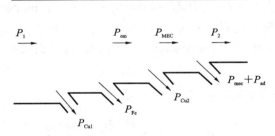

图 6-32　三相异步电动机的功率流程图

6.7.2　三相异步电动机的转矩平衡

1. 转矩平衡方程

由动力学知识可知,旋转体的机械功率等于转矩乘以机械角速度,因此式(6-60)可写成

$$T_2\Omega = T_{\text{em}}\Omega - T_0\Omega$$

式中:Ω 为转子旋转的机械角速度,$\Omega = \dfrac{2\pi n}{60}$,单位为 rad/s;T_{em} 为电磁转矩;T_2 为负载转矩;T_0 为空载转矩。

将上式两边同除以 Ω 并移项后,得到转矩平衡方程为

$$T_{\text{em}} = T_2 + T_0 \qquad\qquad (6\text{-}62)$$

式(6-62)说明,当三相异步电动机稳定运行时,驱动性质的电磁转矩 T_{em} 与制动性质的负载转矩 T_2 及空载转矩 T_0 相平衡。

至于电磁功率 P_{em} 与电磁转矩 T_{em} 的关系,可由式(6-59)推得,即

$$T_{em} = \frac{P_{MEC}}{\Omega} = \frac{(1-s)P_{em}}{\frac{2\pi n}{60}} = \frac{P_{em}}{\frac{2\pi n_1}{60}} = \frac{P_{em}}{\Omega_1} \qquad (6\text{-}63)$$

式中,Ω_1 为旋转磁场的机械角速度(同步机械角速度),$\Omega_1 = \dfrac{2\pi n_1}{60}$,单位为 rad/s。

式(6-63)说明,电磁转矩既可以用总机械功率除以转子旋转的机械角速度来计算,也可以用电磁功率除以同步机械角速度来计算。

2. 电磁转矩的物理表达式

由式(6-55)、式(6-63)及转子电动势公式,可推得

$$T_{em} = \frac{P_{em}}{\Omega_1} = \frac{m_1 E_2' I_2' \cos\varphi_2}{\frac{2\pi n_1}{60}} = \frac{m_1 \times 4.44 f_1 N_1 k_{w1} \Phi_0 I_2' \cos\varphi_2}{\frac{2\pi f_1}{p}} \qquad (6\text{-}64)$$

$$= \frac{4.44 m_1 p N_1 k_{w1}}{2\pi} \Phi_0 I_2' \cos\varphi_2 = C_T \Phi_0 I_2' \cos\varphi_2$$

式中,$C_T = \dfrac{4.44}{2\pi} m_1 p N_1 k_{w1}$ 为异步电动机的转矩常数。

式(6-64)表明,异步电动机的电磁转矩与主磁通 Φ_0 及转子电流的有功分量 $I_2' \cos\varphi_2$ 的乘积成正比,即电磁转矩是由气隙磁场与转子电流有功分量相互作用而产生的,在形式上与直流电动机的电磁转矩表达式 $T_{em} = C_T \Phi I_a$ 相似,它是电磁力定律在异步电动机中的具体体现。

例 6-4 一台 $P_N = 7.5$ kW,$U_N = 380$ V,$n_N = 962$ r/min 的六极三相异步电动机,其定子为三角形连接,额定负载时 $\cos\varphi_1 = 0.827$,$P_{Cu1} = 470$ W,$P_{Fe} = 234$ W,$P_{mec} = 45$ W,$P_{ad} = 80$ W,试求额定负载时的转差率 s_N、转子频率 f_2、转子铜损耗 P_{Cu2}、额定电流 I_N 及电磁转矩 T_{em}。

解 (1)求额定转差率 s_N。

$$n_1 = \frac{60 f_1}{p} = \frac{60 \times 50}{3} \text{ r/min} = 1000 \text{ r/min}$$

$$s_N = \frac{n_1 - n_N}{n_1} = \frac{1000 - 962}{1000} = 0.038$$

(2)求转子频率 f_2。

$$f_2 = s_N f_1 = 0.038 \times 50 \text{ Hz} = 1.9 \text{ Hz}$$

(3)求转子铜损耗 P_{Cu2}。

$$P_{MEC} = P_2 + P_{mec} + P_{ad} = (7500 + 45 + 80) \text{ W} = 7625 \text{ W}$$

$$P_{Cu2} = \frac{s_N}{1 - s_N} P_{MEC} = \frac{0.038}{1 - 0.038} \times 7625 \text{ W} = 301.2 \text{ W}$$

(4)求额定电流 I_N。

$$P_1 = P_2 + P_{Cu1} + P_{Fe} + P_{Cu2} + P_{mec} + P_{ad}$$

$$= (7500 + 470 + 234 + 301.2 + 45 + 80) \text{ W}$$

$$= 8630.2 \text{ W}$$

$$I_N = \frac{P_1}{\sqrt{3} U_N \cos\varphi_1} = \frac{8630.2}{\sqrt{3} \times 380 \times 0.827} \text{ A} = 15.86 \text{ A}$$

(5)求电磁转矩 T_{em}。

$$T_{em} = \frac{P_{MEC}}{\Omega_N} = \frac{7625}{2\pi \times \frac{962}{60}} \text{ N} \cdot \text{m} = 75.69 \text{ N} \cdot \text{m}$$

6.8 三相异步电动机的工作特性及其测试方法

异步电动机的工作特性是指,在电动机的定子绕组上加额定电压,额定电压的频率为额定值,这时电动机的转速 n、定子电流 I_1、功率因数 $\cos\varphi$、电磁转矩 T、效率 η 等与输出功率 P_2 的关系,即 $U_1 = U_N$,$f_1 = f_N$ 时,$n,I_1,\cos\varphi_1,T,\eta = f(P_2)$。

可以通过直接给异步电动机带负载来测得其工作特性,也可以利用等效电路计算得到。

图 6-33 所示是三相异步电动机的工作特性曲线。

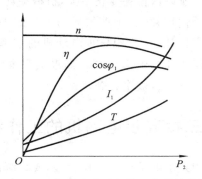

图 6-33 三相异步电动机的工作特性曲线

6.8.1 三相异步电动机工作特性的分析

1. 转速特性 $n = f(P_2)$

三相异步电动机空载时,转子的转速 n 接近于同步转速 n_1。随着负载的增加,转速 n 要略微降低,这时转子电动势 E_2 增大,转子电流 I_2 增大,以产生大的电磁转矩来平衡负载转矩。因此,随着负载的增加,转子的转速 n 减小,转差率 s 增大。

2. 定子电流特性 $I_1 = f(P_2)$

当三相异步电动机空载时,转子电流 I_2' 差不多为零,定子电流等于励磁电流 I_0。随着负载的增加,转速下降,转子电流增大,定子电流也增大。

3. 定子边功率因数 $\cos\varphi_1 = f(P_2)$

三相异步电动机运行时必须从电网中吸收无功功率,它的功率因数永远小于1。空载时,定子功率因数很低,不超过 0.2;当负载增大时,定子电流中的有功电流增加,使功率因数增大,接近额定负载时,$\cos\varphi_1$ 最大;如果负载进一步增大,由于转差率 s 增大,使 φ_2 角增大,$\cos\varphi_1$ 开始减小,如图 6-33 所示。

4. 电磁转矩特性 $T = f(P_2)$

稳定运行时,三相异步电动机的转矩方程为

$$T = T_2 + T_0$$

由于输出功率 $P_2=T_2\Omega$，所以

$$T=\frac{P_2}{\Omega}+T_0$$

当三相异步电动机空载时，电磁转矩 $T=T_0$；随着负载的增加，P_2 增大，由于机械角速度 Ω 变化不大，电磁转矩 T 随 P 的变化近似地为一条直线。

5.效率特性 $\eta=f(P_2)$

根据

$$\eta=\frac{P_2}{P_1}=1-\frac{\sum P}{P_2+\sum P}$$

当三相异步电动机空载时，$P_2=0$，$\eta=0$；随着输出功率 P_2 的增加，效率 η 也增加。在正常运行范围内，因主磁通变化很小，所以铁损耗变化不大，机械损耗变化也很小，铁损耗与机械损耗合起来叫作不变损耗。定子铜损耗、转子铜损耗与电流的平方成正比，变化很大，叫作可变损耗。当不变损耗等于可变损耗时，三相异步电动机的效率达到最大。对于中小型三相异步电动机，大约在 $P_2=0.75P_N$ 时，效率最高。如果负载继续增大，效率反而要降低。一般来说，三相异步电动机的容量越大，效率越高。

6.8.2 用实验法测三相异步电动机的工作特性

如果用直接负载法求三相异步电动机的工作特性，要先测出电动机的定子电阻、铁损耗和机械损耗。这些参数都能从电动机的空载试验中得到。

直接负载法是在电源电压为额定电压 U_N、额定频率 f_N 的条件下，给电动机的轴上带上不同的机械负载，测量在不同负载下的输入功率 P_1、定子电流 I_1、转速 n，即可算出各种工作特性，并画成曲线。

如果用实验法能测出三相异步电动机的参数以及测出机械损耗和附加损耗（附加损耗也可以估算），那么利用三相异步电动机的等效电路，也能够间接地计算出电动机的工作特性。

6.9 三相异步电动机参数的测定

上面已经说明，要用等效电路计算三相异步电动机的工作特性，应先知道它的参数。和变压器一样，通过做空载和短路（堵转）两个试验，就能求出三相异步电动机的 R_1 和 X_1，R_2' 和 X_2'，R_m 和 X_m。

6.9.1 短路(堵转)试验

短路试验又叫堵转试验，即把绕线式三相异步电动机的转子绕组短路，并把转子卡住，使其不旋转。为了使做短路试验时不出现过电流，把加在三相异步电动机定子上的电压降低。一般从 $U_1=0.4U_N$ 开始，然后逐渐降低电压。试验时，记录定子绕组所加的端电压 U_1、定子电流 I_{1k} 和定子输入功率 P_{1k}，还应测量定子绕组每相电阻 R_1 的大小。根据试验数据，

画出三相异步电动机的短路特性 $I_{1k}=f(U_1)$，$P_{1k}=f(U_1)$，如图 6-34 所示。

当三相异步电动机堵转时，因电压低，故铁损耗可以忽略，为了简单起见，可认为 $Z_m\gg Z_2'$，$I_0\approx 0$。由于试验时，转速 $n=0$，机械损耗 $P_m=0$，定子输入功率 P_{1k} 全部损耗在定子、转子的电阻上，即

$$P_{1k}=3I_1^2R_1+3I_2'^2R_2'$$

由于

$$I_0\approx 0$$
$$I_2'\approx I_1=I_{1k}$$

所以

$$P_{1k}=3I_{1k}^2(R_1+R_2')$$

根据短路试验测得的数据，可以算出短路阻抗 Z_k、短路电阻 R_k 和短路电抗 X_k，即

$$Z_k=\frac{U_1}{I_{1k}}$$

$$R_k=\frac{P_{1k}}{3I_{1k}^2}$$

$$X_k=\sqrt{Z_k^3-R_k^3}$$

式中

$$R_k=R_1+R_2'$$
$$X_k=X_1+X_2'$$

从 R_k 中减去定子电阻 R_1，即得 R_2'。对于 X_1 和 X_2'，在大中型三相异步电动机中，可认为

$$X_1\approx X_2'\approx\frac{X_k}{2}$$

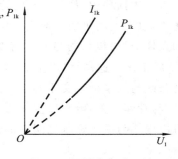

图 6-34　三相异步电动机的
短路特性曲线

6.9.2　空载试验

空载试验的目的是测量励磁电阻 R_m、励磁电抗 X_m、机械损耗 P_m 和铁损耗 P_{Fe}。试验时，电动机的转轴上不加任何负载，即电动机处于空载运行状态，把定子绕组接到频率为额定值的三相对称电源上。当电源电压为额定值时，让电动机运行一段时间，使其机械损耗达到稳定值。用调压器改变加在电动机定子绕组上的电压，使其从 $(1.1\sim 1.3)U_N$ 开始逐渐降低，直到电动机的转速发生明显的变化为止。记录电动机的端电压 U_1、空载电流 I_0、空载功率 P_0 和转速 n，并画成曲线，如图 6-35 所示，即为三相异步电动机的空载特性曲线。

由于三相异步电动机处于空载运行状态，转子电流很小，因此转子铜损耗可忽略不计。在这种情况下，定子输入功率 P_0 消耗在定子铜损耗 $3I_0^2R_1$、铁损耗 P_{Fe}、机械损耗 P_m 和空载附加损耗 P_s 上，即

$$P_0=3I_0^2R_1+P_{Fe}+P_m+P_s$$

扣除输入功率 P_0 消耗在定子铜损耗 $3I_0^2R_1$ 上的功率后，剩余的功率用 P_0' 表示，于是有

$$P_0'=P_0-3I_0^2R_1=P_{Fe}+P_m+P_s$$

上述损耗中，P_{Fe} 和 P_s 随定子端电压 U_2 的改变而发生变化；而 P_m 的大小则与电压 U_1 无关，只要电动机的转速不变化或变化不大，就认为它是个常数。由于铁损耗 P_{Fe} 和空载附加损耗 P_s 可以认为与磁通密度的平方成正比，因而可近似地将其看作与电动机的端电压 U_1^2 成正比。这样，可以把 P_0' 与 U_1^2 的关系画成曲线，如图 6-36 所示。把图 6-36 中的曲线延长线与纵坐标轴交于 O' 点，过 O' 点作一水平虚线，把纵坐标分成两部分。由于机械损耗 P_m 与转速有关，电动机空载时，转速接近于同步转速，对应的机械损耗是一个不变的数值。可由虚线与横坐标轴之间的部分来表示这个损耗，其余部分当然就是铁损耗 P_{Fe} 和空载附加损耗 P_s 了。

定子加额定电压时，根据空载试验测得的数据 I_0 和 P_0，可以得到

$$Z_0 = \frac{U_1}{I_0}$$

$$R_0 = \frac{P_0 - P_m}{3I_0^2}$$

$$X_0 = \sqrt{Z_0^2 - R_0^2}$$

式中，P_0 是测得的三相异步电动机的空载功率，I_0、U_1 分别是空载电流和端电压。

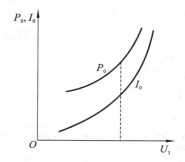

图 6-35　三相异步电动机的空载特性曲线

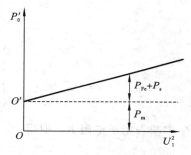

图 6-36　$P_0' = f(U_1^2)$ 曲线

三相异步电动机空载时，$s \approx 0$，从图 6-31 所示的三相异步电动机的 T 形等效电路图中可以看出

$$\frac{1-s}{s}R_2' \approx \infty$$

可见

$$X_0 = X_m + X_1$$

式中，X_1 可由短路（堵转）试验测出，于是励磁电抗为

$$X_m = X_0 - X_1$$

励磁电阻为

$$R_m = R_0 - R_1$$

思考题与练习题

1. 为什么三相异步电动机运行于高转差率时效率很低？

2. 三相异步电动机的 T 形等效电路是经过了哪些等效工作而得到的？为什么要进行这些等效处理？

3. 同样是基于发电机原理，为什么直流电动机的转速越高，转子电动势越大，而三相异

步电动机的转速越高,转子电动势却越小?

4.为什么三相异步电动机在作为电动机运行时不能运行在同步转速?

5.为什么三相异步电动机稳定运行时,定子、转子磁势在空间内始终是相对静止的?

6.若三相异步电动机启动时转子电流为额定运行时的 5 倍,那么启动时电磁转矩是否也应为额定电磁转矩的 5 倍? 为什么?

7.有一台三相异步电动机,如何从结构特点方面来判断它是鼠笼式还是绕线式?

8.某些国家的工业标准频率为 60 Hz,这种频率的三相异步电动机在 $p=1$ 和 $p=2$ 时的同步转速分别是多少?

9.用异步电动机的等效电路解释为什么异步电动机的功率因数总是滞后的,为什么异步电动机不宜在轻负载条件下运行。

10.有一台 Y 形连接的四极绕线式异步电动机,已知 $P_N=150$ kW,$U_N=380$ V,额定负载时的转子铜损耗 $P_{Cu2}=2210$ W,机械损耗 $P_m=3640$ W,杂散损耗 $P_s=1000$ W,试问额定负载时:

(1)电磁功率 P_{em}、转差率 s、转速 n 各为多少?

(2)电磁转矩 T、负载转矩 T_N、空载转矩 T_0 各为多少?

11.异步电动机运行时,若负载转矩不变而电源电压下降 10%,这对电动机的同步转速 n_1、转子转速 n、主磁通 Φ_m、转子电流 I_r、转子回路功率因数 $\cos\varphi_2$、定子电流 I_s 等有何影响? 如果负载转矩为额定负载转矩,电动机长期低压运行会有何后果?

12.一台三相异步电动机的额定数据为 $U_N=380$ V,$f_N=50$ Hz,$n_N=1426$ r/min,定子绕组为△形接法。已知该三相异步电动机一相的参数为 $R_s=2.865$ Ω,$X_s=7.71$ Ω,$R_r'=2.82$ Ω,$X_{r0}'=11.75$ Ω,$X_f=202$ Ω,R_f 忽略不计,试求:

(1)额定负载时的转差率和转子电流的频率;

(2)作 T 形等效电路,并计算额定负载时的定子电流 I_s、转子电流折算值 I_r'、输入功率 P_1 和功率因数 $\cos\varphi_1$。

13.一台绕线式异步电动机的额定数据为 $P_N=11$ kW,$U_N=380$ V,$n_N=715$ r/min,$E_{2N}=155$ V,$I_{2N}=46.7$ A,过载能力 $\lambda_m=2.9$,欲将该电动机用来提升或下放重物,轴上负载为额定值,忽略 T_0,试问:

(1)如果要以 300 r/min 的转速提升重物,转子应串入的电阻值为多少?

(2)如果要以 300 r/min 的转速下放重物,转子应串入的电阻值为多少?

(3)如果要以 785 r/min 的转速下放重物,应采用什么制动方式? 需串入的电阻值为多少?

(4)若原以额定转速提升重物,现用电源反接制动,瞬时制动转矩为 $2T_N$,转子应串入的电阻值为多少?

(5)定性画出上述各种情况下的机械特性曲线,并指明跳变点和稳定运行点。

第7章 三相异步电动机的电力拖动

与直流电动机相比,异步电动机具有结构简单、价格便宜、运行可靠、性能良好、维护方便等一系列优点,因此异步电动机被广泛应用在电力拖动系统中。尤其是随着电力电子技术的发展和交流调速技术的日益成熟,异步电动机在调速性能方面完全可以与直流电动机相媲美。目前,异步电动机的电力拖动系统已被广泛应用在各个工业自动化领域,作为原动机拖动生产机械。本章着重介绍三相异步电动机的启动和各种运行状态。

7.1 三相异步电动机的启动

7.1.1 直接启动与存在的问题

由三相异步电动机固有机械特性可知,如果在额定电压下直接启动电动机,由于最初启动瞬间主磁通 Φ_m 将减少到额定值的一半左右,而功率因数 $\cos\varphi_2$ 又很低,因此造成堵转电流(本章中称为启动电流)相当大而堵转转矩(本章中称为启动转矩)并不大的结果。以普通鼠笼式三相异步电动机为例,定子启动电流 $I_{1S}=K_I I_N=(4\sim7)I_N$,$K_I$ 称为启动电流倍数;启动转矩 $T_S=K_T T_N=(0.8\sim1.2)T_N$,$K_T$ 称为启动转矩倍数。图7-1所示为鼠笼式三相异步电动机直接启动时的固有机械特性与电流特性。

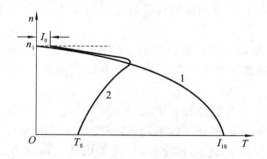

图7-1 鼠笼式三相异步电动机直接启动时的固有机械特性与电流特性

1—电流特性;2—固有机械特性

启动电流 I_S 值大有什么影响呢?

首先看启动过程中出现较大的电流对电动机本身的影响。由于交流电动机不存在换向问题,对于不频繁启动的异步电动机来说,短时大电流没什么影响;对于频繁启动的异步电动机来说,频繁地短时出现大电流会使电动机本身过热,但是只要限制每小时最多启动次数,电动机也是能承受的。因此,只考虑电动机本身,是可以直接启动的。

再看 I_S 值大对供电变压器的影响。变压器的容量是按其供电的负载总容量设置的。正常运行时,由于电流不超过额定值,其输出电压比较稳定,电压变化率在允许的范围之内。启动异步电动机时,若变压器的额定总容量相对很大,电动机的额定功率相对很小,短时启动电流不会使变压器输出电压下降多少,因此也没有什么关系。若变压器的额定容量相对不够大,电动机的额定功率相对不算小,电动机短时较大的启动电流会使变压器输出电压短时下降幅度较大,超过正常规定值,例如 $\Delta U > 10\%$ 或更严重。这将带来如下影响:

(1)就电动机本身而言,由于电压太低,启动转矩减小很多($T_s \propto U_1^2$),当负载较重时,可能启动不了;

(2)影响由同一台配电变压器供电的其他负载,比如说电灯会变暗,数控设备以及系统保护设备等可能失常,重载的异步电动机可能停转等。

显然,上述情况即便是偶尔出现一次,也是不允许的。可见,变压器的额定容量相对于电动机来讲不是足够大时,不允许直接启动三相异步电动机。

定子启动电流 I_{1S} 和启动转矩表达式为

$$\begin{cases} I_{1S} \approx I_{2S}' = \dfrac{U_1}{\sqrt{(R_1 + R_2')^2 + (X_1 + X_2')^2}} \\ T_S = \dfrac{3pU_1^2 R_2'}{2\pi f_1 \left[(R_1 + R_2')^2 + (X_1 + X_2')^2\right]} \end{cases} \tag{7-1}$$

由式(7-1)可以看出,降低定子启动电流的方法有:①降低电源电压;②增大定子边电阻或电抗;③增大转子边电阻或电抗。增大启动转矩的方法只有适当增大转子电阻,但不能过分,否则启动转矩反而可能减小。

在供电变压器的容量较大,电动机的容量较小的前提下,可以直接启动鼠笼式三相异步电动机。一般来说,7.5 kW 以下的小容量鼠笼式三相异步电动机都可直接启动。

7.1.2　鼠笼式三相异步电动机降压启动

1.定子串接电抗启动

鼠笼式三相异步电动机定子串接电抗,启动时电抗接入定子电路;启动后,切除电抗,电动机开始正常运行。

鼠笼式三相异步电动机直接启动时,每相等效电路如图 7-2(a)所示,电源电压 $\dot{U}_1$ 直接加在电动机短路阻抗 $Z_k = R_k + jX_k$ 上。定子串接电抗 X 启动时,每相等效电路如图 7-2(b)所示,U_1 加在 $jX + Z_k$ 上,而 Z_k 上的电压为 $\dot{U}_1'$。定子串接电抗启动可以理解为增大定子的电抗值,也可以理解为降低定子实际所加电压,其目的是减小启动电流。

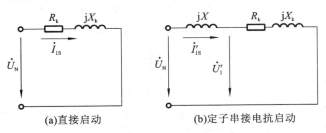

(a)直接启动　　　　　　　　(b)定子串接电抗启动

图 7-2　定子串接电抗启动时的等效电路

根据图 7-2,可得出

$$\dot{U}_N = \dot{I}_{1S}(Z_k + jX)$$
$$\dot{U}_1' = \dot{I}_{1S}'Z_k$$

鼠笼式三相异步电动机的短路阻抗为 $Z_k = R_k + jX_k$,其中 $X_k \approx Z_k$。因此,定子串接电抗启动时,可以近似把 Z_k 看成电抗性质,把 Z_k 的模直接与外串电抗 X 相加。设串接的电

抗为 X 时,电动机定子电压降为 U_1',它与直接启动时的额定电压 U_N 的比值为 u,则有

$$\begin{cases} \dfrac{U_1'}{U_N}=u=\dfrac{Z_k}{Z_k+X} \\[2mm] \dfrac{I_{1S}'}{I_{1S}}=u=\dfrac{Z_k}{Z_k+X} \\[2mm] \dfrac{T_S'}{T_S}=u^2=\left(\dfrac{Z_k}{Z_k+X}\right)^2 \end{cases} \qquad (7\text{-}2)$$

显然,定子串接电抗启动固然降低了启动电流,但启动转矩降低得更多。因此,这种启动方法只能用于电动机空载和轻载启动。

工程实际中,往往先给定线路允许电动机启动电流大小 I_{1S}',再计算电抗 X 的大小。根据式(7-2)可得

$$X=\frac{1-u}{u}Z_k \qquad (7\text{-}3)$$

其中,电动机短路阻抗为

$$Z_k=\frac{U_N}{\sqrt{3}\,I_S}=\frac{U_N}{\sqrt{3}\,K_I I_N}$$

定子串接电阻启动,也属于降压启动,启动电流降低。定子串接电阻启动与定子串接电抗启动相比,在启动过程中,前者定子的功率因数高,在同样的启动电流下,其启动转矩较后者的大。实际中,大功率异步电动机有采用水电阻的,启动设备简单。定子串接电阻启动,在启动过程中,电阻上有较大的损耗,因此不频繁启动的异步电动机可采用定子串接水电阻启动方式。

例 7-1　一台鼠笼式三相异步电动机的有关数据为 $P_N=60\text{ kW}$,$U_N=380\text{ V}$,$I_N=136\text{ A}$,$K_I=6.5$,$K_T=1.1$,供电变压器限制该电动机最大启动电流为 500 A,试问:

(1)若空载定子串接电抗启动,则每相串接的电抗最小应是多少?

(2)若拖动 $T_L=0.3T_N$ 的恒转矩负载,可不可以采用定子串接电抗启动?若可以,计算每相串接电抗的范围。

解　(1)空载启动时每相串接电抗的计算。

直接启动时的启动电流为

$$I_{1S}=K_I I_N=6.5\times136\text{ A}=884\text{ A}$$

定子串接电抗(最小值)启动时的启动电流与 I_{1S} 的比值为

$$u=\frac{I_{1S}'}{I_{1S}}=\frac{500}{884}=0.566$$

短路阻抗为

$$Z_k=\frac{U_N}{\sqrt{3}\,I_{1S}}=\frac{380}{\sqrt{3}\times884}\ \Omega=0.248\ \Omega$$

根据式(7-3),每相串入电抗的最小值为

$$X=\frac{1-u}{u}Z_k=\frac{1-0.566}{0.566}\times0.248\ \Omega=0.190\ \Omega$$

(2)拖动 $T_L=0.3T_N$ 的恒转矩负载启动时的计算。

定子串接电抗启动时,最小启动转矩为

$$T_S'=1.1T_L=1.1\times0.3T_N=0.33T_N$$

定子串接电抗启动的转矩与直接启动的转矩的比值为

$$\frac{T_{\mathrm{S}}{}'}{T_{\mathrm{S}}}=\frac{0.33T_{\mathrm{N}}}{K_{\mathrm{T}}T_{\mathrm{N}}}=\frac{0.33}{1.1}=0.3=u^2$$

定子串接电抗启动的电流与直接启动的电流的比值为

$$\frac{I_{1\mathrm{S}}{}'}{I_{1\mathrm{S}}}=u=\sqrt{0.3}=0.548$$

定子串接电抗启动的电流为

$$I_{1\mathrm{S}}{}'=uI_{1\mathrm{S}}=0.548\times884\ \mathrm{A}=484.4\ \mathrm{A}<500\ \mathrm{A}$$

因此可以采用定子串接电抗启动。每相串入电抗的最大值为

$$X=\frac{1-u}{u}Z_{\mathrm{k}}=\frac{1-0.548}{0.548}\times0.248\ \Omega=0.205\ \Omega$$

每相串入电抗的最小值为 $X=0.190\ \Omega$ 时，启动转矩 $T_{\mathrm{S}}{}'=u^2K_{\mathrm{T}}T_{\mathrm{N}}=0.352T_{\mathrm{N}}>0.33T_{\mathrm{N}}$，因此电抗的范围为 $0.190\sim0.205\ \Omega$。

2. Y-△启动

对于在额定电压下运行时定子绕组接成△形的鼠笼式三相异步电动机，为了减小启动电流，在启动过程中，可以采用 Y-△降压启动方法，即启动时定子绕组采用 Y 形接法，启动后换成△形接法，其接线图如图 7-3 所示。开关 K_1 闭合，接通电源后，开关 K_2 合到下边，电动机定子绕组为 Y 形接法，电动机开始启动；当转速升高到一定程度后，开关 K_2 从下边断开而合向上边，定子绕组为△形接法，电动机开始正常运行。

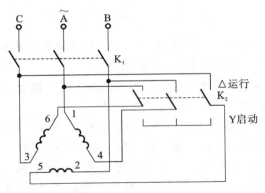

图 7-3　Y-△启动的接线图

电动机直接启动时，定子绕组为△形接法，如图 7-4(a)所示，每相绕组加的是额定电压 U_{N}，相电流为 $I_{\triangle}$，线电流为 $I_{\mathrm{S}}=\sqrt{3}\,I_{\triangle}$。采用 Y-△启动时，定子绕组为 Y 形接法，如图 7-4(b)所示，每相电压降为

$$U_1{}'=\frac{U_{\mathrm{N}}}{\sqrt{3}}$$

每相启动电流为 I_{Y}，则

$$\frac{I_{\mathrm{Y}}}{I_{\triangle}}=\frac{U_1{}'}{U_{\mathrm{N}}}=\frac{U_{\mathrm{N}}/\sqrt{3}}{U_{\mathrm{N}}}=\frac{1}{\sqrt{3}}$$

线启动电流为 $I_{\mathrm{S}}{}'$，则

$$I_{\mathrm{S}}{}'=I_{\mathrm{Y}}=\frac{1}{\sqrt{3}}I_{\triangle}$$

于是有

$$\frac{I_s{'}}{I_s}=\frac{\frac{1}{\sqrt{3}}I_\triangle}{\sqrt{3}I_\triangle}=\frac{1}{3} \tag{7-4}$$

上式说明，Y-△启动时，尽管相电压和相电流与直接启动时相比，降低到原来的$\frac{1}{\sqrt{3}}$，但是对供电变压器造成冲击的启动电流则降低到直接启动时的$\frac{1}{3}$。

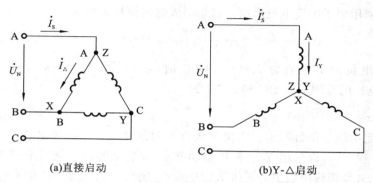

(a)直接启动　　　　　(b)Y-△启动

图 7-4　直接启动和 Y-△启动的启动电流

若直接启动时的启动转矩为 T_s，Y-△启动时的启动转矩为 $T_s{'}$，则

$$\frac{T_s{'}}{T_s}=\left(\frac{U_1{'}}{U_1}\right)^2=\frac{1}{3} \tag{7-5}$$

式(7-4)与式(7-5)表明，Y-△启动时启动转矩与启动电流降低的倍数一样，都是直接启动的1/3。可见，Y-△启动只能用于轻负载启动。

为了实现 Y-△启动，电动机定子绕组三相共六个出线端都要引出来。我国生产的低压（380 V）三相异步电动机，其定子绕组都是△形接法。

Y-△启动还有一个问题值得注意。当由启动时的 Y 形接法切换为△形接法时，电动机绕组里有可能出现短时较大的冲击电流。这是因为，图 7-3 中的开关 K_2 将电动机定子绕组从 Y 形接法中断开，定子绕组里没有电流，但转子电流有一个衰减的过程。转子电流在衰减的过程中起到了励磁电流的作用，在电动机气隙里产生磁通，旋转着的电动机会在定子绕组里感应电动势，该电动势称为残压，其大小、频率和相位都在变化。当开关 K_2 闭合，使电动机为△形接法时，这时电源额定电压加在定子绕组上。在两种电压的作用下，有时候可能产生很大的电流冲击，严重时会把开关 K_2 的触点熔化。

3. 自耦变压器（启动补偿器）降压启动

鼠笼式三相异步电动机采用自耦变压器降压启动的接线图如图 7-5 所示。启动时，开关 K 投向启动一边，电动机的定子绕组通过自耦变压器接到三相电源上，属于降压启动。当转速升高到一定程度后，开关 K 投向运行边，自耦变压器被切除，电动机的定子绕组直接接在电源上，电动机进入正常运行状态。

采用自耦变压器降压启动时，其一相电路如图 7-6 所示。U_N 是加在自耦变压器一次侧绕组上的额定电压，U' 是其二次电压，即加在异步电动机定子绕组上的电压。

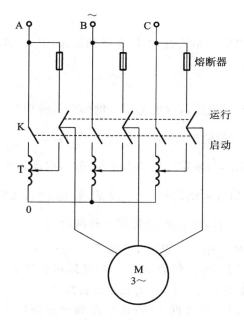

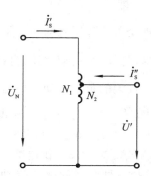

图 7-5　鼠笼式三相异步电动机采用自耦
变压器降压启动的接线图

图 7-6　自耦变压器降压启动的一相电路

根据变压器原理可知

$$\frac{U'}{U_N} = \frac{N_2}{N_1}$$

$$\frac{I_s'}{I_s''} = \frac{N_2}{N_1}$$

式中，N_1、N_2 分别是自耦变压器一次侧绕组和二次侧绕组的串联匝数，I_s'、I_s'' 分别是自耦变压器加额定电压 U_N 时的一次电流和二次电流(忽略其励磁电流)。

当电动机定子绕组加额定电压 U_N 直接启动时，其启动电流为 I_s；当以降压后的电压 U' 启动时，其启动电流为 I_s''。比较 I_s'' 与 I_s，则有

$$\frac{I_s''}{I_s} = \frac{U'}{U_N} = \frac{N_2}{N_1}$$

当额定电压 U_N 加在电动机定子绕组上，电动机直接启动时，供电变压器提供的电流为 I_s；当额定电压 U_N 加在自耦变压器一次侧绕组上，二次侧绕组电压 U' 接到异步电动机上时，这时供电变压器提供的电流为 I_s'。比较 I_s' 和 I_s，两者有如下的关系

$$\frac{I_s'}{I_s} = \left(\frac{N_2}{N_1}\right)^2$$

即

$$I_s' = \left(\frac{N_2}{N_1}\right)^2 I_s \qquad (7\text{-}6)$$

采用自耦变压器降压启动时，电动机的启动转矩 T_s' 与直接启动时的启动转矩 T_s 之间的关系为

$$\frac{T_s'}{T_s} = \left(\frac{U'}{U_N}\right)^2 = \left(\frac{N_2}{N_1}\right)^2$$

即

$$T_s' = \left(\frac{N_2}{N_1}\right)^2 T_s \qquad (7\text{-}7)$$

降压自耦变压器绕组匝数 N_2 小于 N_1。

由上述分析可知,自耦变压器降压启动与直接启动相比较,电压降低到原来的 $\dfrac{N_2}{N_1}$,启动电流与启动转矩降低到原来的 $\left(\dfrac{N_2}{N_1}\right)^2$。

启动用的自耦变压器备有几种抽头(即输出几种电压),以供选用。例如有三种抽头,分别为 55%(即 $\dfrac{N_2}{N_1}=55\%$)、64% 和 73%;也有另外三种抽头,分别为 40%、60% 和 80%。

自耦变压器降压启动与定子串接电抗启动相比,当限定的启动电流相同时,启动转矩损失得较少;与 Y-△ 启动相比,自耦变压器有几种抽头可供选用,比较灵活,并且 $\dfrac{N_2}{N_1}$ 较大时,可以拖动较大的负载启动。但是自耦变压器的体积大、价格高,不能带重负载启动。

例 7-2 有一台鼠笼式三相异步电动机采用 △ 形接法,已知 $P_N=28$ kW,$U_N=380$ V,$I_N=58$ A,$\cos\varphi_N=0.88$,$n_N=1455$ r/min,启动电流倍数 $K_I=6$,启动转矩倍数 $K_T=1.1$,过载倍数 $\lambda=2.3$。供电变压器要求启动电流不超过 150 A,负载启动转矩为 73.5 N·m。请选择一种合适的降压启动方法,写出必要的计算数据。(若采用自耦变压器降压启动,抽头有 55%、64%、73% 三种,需要算出用哪种抽头;若采用定子串接电抗启动,需要算出电抗的具体数值;能采用 Y-△ 启动时,不用其他方法。)

解 电动机的额定转矩为

$$T_N=9550\,\frac{P_N}{n_N}=9550\times\frac{28}{1455}\ \text{N·m}=183.78\ \text{N·m}$$

正常启动时要求启动转矩 T_{S1} 不小于负载转矩的 1.1 倍,即

$$T_{S1}\geqslant 1.1T_L=1.1\times 73.5\ \text{N·m}=80.85\ \text{N·m}$$

(1)校核是否能采用 Y-△ 启动。Y-△ 启动时的启动电流为

$$I_S'=\frac{1}{3}I_S=\frac{1}{3}K_I I_N=\frac{1}{3}\times 6\times 58\ \text{A}=116\ \text{A}$$

则有

$$I_S'<I_{S1}=150\ \text{A}$$

Y-△ 启动时的启动转矩为

$$T_S'=\frac{1}{3}T_S=\frac{1}{3}K_T T_N=\frac{1}{3}\times 1.1\times 183.78\ \text{N·m}=67.39\ \text{N·m}$$

则有

$$T_S'<T_{S1}$$

故不能采用 Y-△ 启动。

(2)校核是否能采用定子串接电抗启动。限定的最大启动电流 $I_{S1}=150$ A,则定子串接电抗启动时的最大启动转矩为

$$T_S''=\left(\frac{I_{S1}}{I_S}\right)^2 T_S=\left(\frac{I_{S1}}{I_S}\right)^2 K_T T_N=\left(\frac{150}{6\times 58}\right)^2\times 1.1\times 183.78\ \text{N·m}=37.6\ \text{N·m}$$

则有

$$T_S''<T_{S1}$$

故不能采用定子串接电抗启动。

(3)校核是否能采用自耦变压器降压启动。抽头为 55% 时,启动电流与启动转矩分别为

$$I_{S1}' = 0.55^2 I_S = 0.55^2 \times 6 \times 58 \text{ A} = 105.27 \text{ A} < I_{S1}$$

$$T_{S1}' = 0.55^2 T_S = 0.55^2 \times 1.1 \times 183.78 \text{ N} \cdot \text{m} = 61.15 \text{ N} \cdot \text{m} < T_{S1}$$

故不能采用55%的抽头。

抽头为64%时,启动电流与启动转矩分别为

$$I_{S2}' = 0.64^2 I_S = 0.64^2 \times 6 \times 58 \text{ A} = 142.5 \text{ A} < I_{S1}$$

$$T_{S2}' = 0.64^2 T_S = 0.64^2 \times 1.1 \times 183.78 \text{ N} \cdot \text{m} = 82.80 \text{ N} \cdot \text{m} > T_{S1}$$

故可以采用64%的抽头。

抽头为73%时,启动电流为

$$I_{S3}' = 0.73^2 I_S = 0.73^2 \times 6 \times 58 \text{ A} = 185.45 \text{ A}$$

因为 $I_{S3}' > I_{S1}$,故不能采用73%的抽头,启动转矩则不必计算。

前面所介绍的几种鼠笼式异步电动机降压启动方法的主要目的都是减小启动电流,但同时又都不同程度地降低了启动转矩,因此,这几种方法只适合电动机空载或轻载启动。对于重载启动,尤其在要求启动过程很快的情况下,经常需要启动转矩较大的异步电动机。式(7-1)表明,增大启动转矩的方法是增大转子电阻。对于绕线式异步电动机,可在转子回路中串接电阻;对于鼠笼式异步电动机,只可设法增大其本身的电阻值。

4. 三相反并联晶闸管降压启动

采用三相反并联晶闸管降压启动的启动器,在市场上称为软启动器;它由反并联晶闸管及其控制器组成。反并联晶闸管串接在三相交流电源与被控电机之间,如图7-7所示。

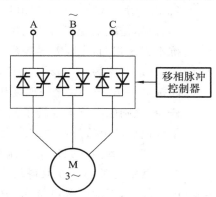

图7-7 三相反并联晶闸管软启动器

启动电动机时,可以通过改变反并联晶闸管的导通角,即所谓的相控来减小电动机的输出电压,限制电动机的启动电流,故将这种启动称为软启动。实际上,这种启动方法并不改变输出电压的频率(仍为电源电压的频率),而是仅仅改变输出电压的波形。由于晶闸管相控的作用,输出电压的波形偏离了正弦形。除了有基波电压(与电源电压同频率的电压波形叫基波)外,尚有一系列谐波电压。相对于基波电压而言,谐波电压占的比例较小。谐波电压的存在增加了电动机的损耗并影响了电动机的性能。

软启动器从原理上看,属于降压启动异步电动机,其特点是可以实现输出电压从小到大的连续可调,即启动电流的大小可控,避免了在其他降压启动下启动电流对电网和电动机的冲击。通过灵活的相控技术,可以实现开环控制电流启动,也可以实现闭环恒流启动。

软启动器还可用于软停车。有些水泵,如高楼供水泵在停车时,如果立即断电停机,会引起水击现象,损坏设备,采用缓慢停机则安全可靠。

7.1.3　绕线式三相异步电动机的启动

　　绕线式三相异步电动机的转子回路中可以外串三相对称电阻,以增大电动机的启动转矩。如果外串电阻 R_S 的大小合适,即 $R_S{}' = X_1 + X_2{}'$,则可以做到 $T_S = T_m$,启动转矩达到可能的最大值。同时,由式(7-1)可以看出,由于 R_S 较大,启动电流明显较小。启动结束后,可以切除外串电阻,电动机的效率不受影响。绕线式三相异步电动机可以应用在重载和频繁启动的生产机械上。

　　绕线式三相异步电动机主要有两种串电阻启动的方法,下边分别加以介绍。

1. 转子串频敏变阻器启动

　　对于单纯为了限制启动电流、增大启动转矩的绕线式三相异步电动机,可以采用转子串频敏变阻器启动。

　　绕线式三相异步电动机转子串频敏变阻器启动的接线图如图7-8所示。频敏变阻器是一个三相铁芯线圈,它的铁芯由实心铁板或钢板叠成。接触器触点K断开时,电动机转子串入频敏变阻器启动;启动结束后,接触器触点K闭合,切除频敏变阻器,电动机进入正常运行状态。

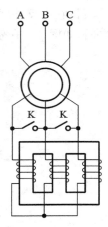

图 7-8　绕线式三相异步电动机转子串频敏变阻器启动的接线图

　　频敏变阻器每一相的等效电路与变压器空载运行时的等效电路是一致的。忽略绕组漏阻抗时,其励磁阻抗 Z_P 由励磁电阻 R_P 与励磁电抗 X_P 串联组成,即 $Z_P = R_P + jX_P$。但是频敏变阻器的励磁阻抗与一般变压器的励磁阻抗不完全相同,主要差异表现在以下两点:

　　(1)频率为 50 Hz 的电流通过时,频敏变阻器的励磁阻抗 $Z_P = R_P + jX_P$ 比一般变压器的励磁阻抗小得多。这样,将该励磁阻抗串在转子回路中,既限制了启动电流,又不致使启动电流过小而减小启动转矩。

　　(2)频率为 50 Hz 的电流通过时,$R_P > X_P$。因为频敏变阻器中的磁场密度取得较大,铁芯处于饱和状态,励磁电流较大,因此励磁电抗 X_P 较小。而铁芯是由厚铁板或厚钢板叠成的,磁滞、涡流损耗都很大,频敏变阻器单位重量铁芯中的损耗比一般变压器的要大几百倍,因此 R_P

较大。

　　绕线式三相异步电动机转子串频敏变阻器启动时,$s=1$,转子回路中的电流 $I_2{}'$ 的频率为 50 Hz。转子回路串入 $Z_P = R_P + jX_P$,而 $R_P > X_P$,因此转子回路主要是串入了电阻,而且 $R_P \gg R_2$。这样,转子回路的功率因数大大提高了,既限制了启动电流,又提高了启动转矩。由于 X_P 存在,电动机的最大转矩稍有下降。

　　启动过程中,随着转速的增大,转子回路的电流频率 sf_1 逐渐降低。我们知道,频敏变阻器中铁损耗的大小与频率的平方成正比,频率低,则铁损耗小,电阻 R_P 也小;电抗 $X_P = \omega L_P$,频率低,则 X_P 也小。极端情况下,电流为直流时,$R_P \approx 0$,$X_P = 0$。因此,启动过程中,随着电流频率 sf_1 的降低,频敏变阻器的励磁阻抗 $Z_P = R_P + jX_P$ 也随之减小。正因如此,绕线式三相异步电动机在整个启动过程中几乎始终保持较大电磁转矩。启动结束后,sf_1 很小,

$Z_P = R_P + jX_P$ 很小，近似认为 $Z_P \approx 0$，频敏变阻器不再起作用。这时，可以闭合接触器触点 K，将频敏变阻器予以切除。

频敏变阻器在频率为 50 Hz 时，R_P 较大；在频率为 1～3 Hz 时，$Z_P \approx 0$。通过改变频率，可以获得启动转矩接近最大转矩的机械特性，如图 7-9 中的曲线 2 所示（其中曲线 1 为固有机械特性）。

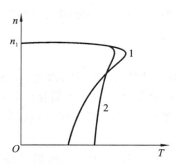

图 7-9　转子串频敏变阻器启动的机械特性
1—固有机械特性；2—人为机械特性

2. 转子串电阻分级启动

为了在整个启动过程中尽量保持较大的启动转矩，绕线式三相异步电动机可以采用转子串电阻分级启动。

1）转子串电阻分级启动过程

图 7-10 所示为绕线式三相异步电动机转子串电阻分级启动的接线图与机械特性，其启动过程如下。

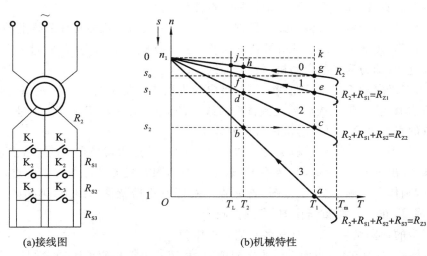

(a)接线图　　　　　　　(b)机械特性

图 7-10　绕线式三相异步电动机转子串电阻分级启动的接线图与机械特性

①接触器触点 K_1、K_2、K_3 断开，绕线式三相异步电动机的定子接额定电压，转子每相串入启动电阻 $R_{S1} + R_{S2} + R_{S3}$，启动点为机械特性曲线 3 上的 a 点，启动转矩 T_1 大于负载转矩 T_L，电动机开始启动。

②转速增大到 b 点时，$T = T_2 (> T_L)$，为了增大电磁转矩，加速启动过程，接触器触点 K_3 闭合，切除启动电阻 R_{S3}。忽略电动机的电磁惯性，只计入拖动系统的机械惯性，则电动机运行点从 b 点变到机械特性曲线 2 上的 c 点，该点电动机的电磁转矩 $T = T_1$。

③转速继续增大到 d 点时，$T=T_2$，接触器触点 K_2 闭合，切除启动电阻 R_{S2}，电动机运行点从 d 点变到机械特性曲线 1 上的 e 点，该点电动机的电磁转矩 $T=T_1$。

④转速继续增大到 f 点时，$T=T_2$，接触器触点 K_1 闭合，切除启动电阻 R_{S1}，电动机运行点从 f 点变为固有机械特性曲线上的 g 点，该点电动机的电磁转矩 $T=T_1$。

⑤转速继续增大，经过 h 点后，最后稳定运行在 j 点。

上述启动过程中，转子回路外串电阻分三级切除，故称为三级启动。T_1 为最大启动转矩，T_2 为最小启动转矩或切换转矩。

2）作图法计算启动电阻

转子串电阻分级启动需要定量计算各级启动电阻的大小。由于绕线式三相异步电动机的机械特性不是直线，准确计算将会很麻烦。为了简化计算，通常把绕线式三相异步电动机的机械特性近似看成直线，这对在 $0<s<s_m$ 范围内的机械特性来说，误差不大，而 $s>s_m$ 范围内没有运行点，不需要考虑。

作图法计算启动电阻时，首先应作出分级启动的机械特性，然后根据作图结果，计算各级启动电阻。

当启动级数 m 确定后，例如 $m=3$，参考图 7-10(b)，各级机械特性的作图步骤如下。

(1)先画固有机械特性。固有机械特性为过理想空载运行点和额定工作点的直线。其中，理想空载运行点 $T=0$，$n=n_1$，额定工作点 n_N 已知，$T_N=9550\dfrac{P_N}{n_N}$。

(2)确定最大启动转矩 T_1 及切换转矩 T_2。考虑电源电压可能向下波动，取 $T_1 \leqslant 0.85$ T_m，切换转矩 $T_2 \geqslant 1.1T_L$。

(3)作第一级启动机械特性曲线。根据 T_1 确定启动点 $a(s_a=1, T_a=T_L)$，过 a 点与理想空载运行点画直线，即为第一级启动机械特性曲线 3。

(4)作第二级启动机械特性曲线。根据 T_2 确定第一级启动机械特性曲线上的切换点 b；从 b 点平行右移，找出第二级启动机械特性曲线上的 c 点($s_c=s_2$, $T_c=T_1$)；过 c 点及理想空载运行点画直线，即为第二级启动机械特性曲线 2。

(5)作第三级启动机械特性曲线。第二级启动机械特性曲线上 $T=T_2$ 的点为切换点 d。从 d 点平行右移，找到第三级启动机械特性曲线上的 e 点($s_e=s_1$, $T_e=T_1$)。过 e 点及理想空载运行点的直线为第三级启动机械特性曲线 1。

(6)完成作图。第三级启动机械特性曲线上 $T=T_2$ 的点为切换点 f。三级启动时，从 f 点平行右移，找出 g 点($n_g=n_0$, $T_g=T_1$)。若 g 点也为固有机械特性曲线上的点，即 g 点为三直线交点，则作图正确，完成了作图；若 g 点不在固有机械特性曲线上，则作图不正确，需要修改 T_1 或 T_2 的大小并重新作图，直到正确为止。

根据正确的作图结果，可以计算各级启动电阻值。

若电磁转矩 T 为常数，当增大转子电阻值时，其转差率按相应正比增大，即

$$\frac{s}{R_2+R_S}=常数$$

式中，R_2、R_S 分别为电动机转子每相电阻和外串电阻。

利用上述公式，根据作图结果，可以推导各级启动电阻的计算方法。

在图 7-10(b)中，$T=T_1$ 不变，转子回路串入不同电阻时，有

$$\frac{s_0}{R_2}=\frac{s_1}{R_2+R_{S1}}=\frac{s_2}{R_2+R_{S1}+R_{S2}}=\frac{s_3}{R_2+R_{S1}+R_{S2}+R_{S3}}$$

令

$$R_{Z1} = R_2 + R_{S1}, \quad R_{Z2} = R_2 + R_{S1} + R_{S2}, \quad R_{Z3} = R_2 + R_{S1} + R_{S2} + R_{S3}$$

则有

$$\frac{\overline{kg}}{R_2} = \frac{\overline{ke}}{R_{Z1}} = \frac{\overline{kc}}{R_{Z2}} = \frac{\overline{ka}}{R_{Z3}}$$

由此得

$$R_{Z1} = \frac{\overline{ke}}{\overline{kg}} R_2$$

$$R_{Z2} = \frac{\overline{kc}}{\overline{kg}} R_2$$

$$R_{Z3} = \frac{\overline{ka}}{\overline{kg}} R_2$$

各级启动电阻为

$$\begin{cases} R_{S1} = R_{Z1} - R_2 = \left(\dfrac{\overline{ke}}{\overline{kg}} - \dfrac{\overline{kg}}{\overline{kg}} \right) R_2 = \dfrac{\overline{ge}}{\overline{kg}} R_2 \\[2mm] R_{S2} = R_{Z2} - R_{Z1} = \dfrac{\overline{kc} - \overline{ke}}{\overline{kg}} R_2 = \dfrac{\overline{ec}}{\overline{kg}} R_2 \\[2mm] R_{S3} = R_{Z3} - R_{Z2} = \dfrac{\overline{ka} - \overline{kc}}{\overline{kg}} R_2 = \dfrac{\overline{ca}}{\overline{kg}} R_2 \end{cases} \qquad (7\text{-}8)$$

其中,转子绕组是 Y 形接法,每相电阻按下式计算,即

$$R_2 \approx Z_{2S} = \frac{s_N E_{2N}}{\sqrt{3} I_{2N}}$$

式中:E_{2N} 为转子感应电动势(线值),由电动机铭牌或产品目录给出;I_{2N} 为转子额定线电流,由电动机铭牌或产品目录给出;$Z_{2S} = R_2 + \mathrm{j} X_{2S} = R_2 + \mathrm{j} s_N X_2$ 为额定运行时的转子实际阻抗,$s_N \ll 1, R_2 \gg s_N X_2$。

3)解析法计算启动电阻

下面介绍的解析法计算启动电阻,也是把绕线式三相异步电动机的机械特性线性化。

根据机械特性的实用公式 $T = \dfrac{2T_m}{s_m} s$,可以作出转子回路串入电阻后的机械特性。

(1)在同一条机械特性曲线上,T_m 与 s_m 为常数,则

$$T \propto s$$

(2)转子回路串入电阻后,对于不同电阻值的机械特性,其 T_m 为常数,当 s 为常数时,有

$$T \propto \frac{1}{s_m} \propto \frac{1}{R_2 + R_S}$$

根据以上两个比例关系,推导启动电阻的计算方法。

在不同的串入电阻的机械特性曲线上,根据 $s =$ 常数,$T \propto \dfrac{1}{R_2 + R_S}$,参考图 7-10(b),有

$$\frac{R_{Z1}}{R_2} = \frac{T_1}{T_2}, \quad \frac{R_{Z2}}{R_{Z1}} = \frac{T_1}{T_2}, \quad \frac{R_{Z3}}{R_{Z2}} = \frac{T_1}{T_2}$$

令 $\dfrac{T_1}{T_2} = \alpha$ 为启动转矩比,则

$$\frac{R_{Z1}}{R_2} = \frac{R_{Z2}}{R_{Z1}} = \frac{R_{Z3}}{R_{Z2}} = \alpha$$

启动时各级电阻为

$$
\begin{cases}
R_{Z1} = \alpha R_2 \\
R_{Z2} = \alpha R_{Z1} = \alpha^2 R_2 \\
R_{Z3} = \alpha R_{Z2} = \alpha^3 R_2 \\
\vdots \\
R_{Zm} = \alpha R_{Z(m-1)} = \alpha^m R_2
\end{cases} \tag{7-9}
$$

当 $T = T_1$ 时,如图 7-10(b)所示,可得到

$$
\begin{cases}
\dfrac{R_{Zm}}{1} = \dfrac{R_2}{s_0} \\[2mm]
\dfrac{R_{Zm}}{R_2} = \dfrac{1}{s_0}
\end{cases} \tag{7-10}
$$

在固有机械特性曲线上,根据 $T \propto s$,则有

$$
\frac{s_N}{s_0} = \frac{T_N}{T_1}
$$

即

$$
\frac{1}{s_0} = \frac{T_N}{s_N T_1} \tag{7-11}
$$

或

$$
\frac{1}{s_0} = \frac{T_N}{s_N \alpha T_2} \tag{7-12}
$$

把式(7-10)与式(7-11)代入式(7-9)中的最后一式,得到

$$
\alpha^m = \frac{R_{Zm}}{R_2} = \frac{1}{s_0} = \frac{T_N}{s_N T_1}
$$

故有

$$
\alpha = \sqrt[m]{\frac{T_N}{s_N T_1}} \tag{7-13}
$$

或者把式(7-10)与式(7-12)代入式(7-9)中的最后一式,得到

$$
\alpha^m = \frac{R_{Zm}}{R_2} = \frac{1}{s_0} = \frac{T_N}{s_N \alpha T_2}
$$

于是得

$$
\alpha^{m+1} = \frac{T_N}{s_N T_2}
$$

即

$$
\alpha = \sqrt[m+1]{\frac{T_N}{s_N T_2}} \tag{7-14}
$$

式(7-13)与式(7-14)为计算启动电阻的公式。

例如,已知启动级数 m,当给定 T_1 时,计算启动电阻的步骤如下。

(1)按式(7-13)计算 α。

(2)校核 T_2 是否满足 $T_2 \geqslant (1.1 \sim 1.2) T_L$,若不满足,则需修改 T_1,甚至修改启动级数 m,并重新计算 α,然后校核 T_2,直至 T_2 的大小合适为止,再以此 α 计算各级电阻。

(3)按式(7-9)计算各级电阻。

又如,已知启动级数 m,当给定 T_2 时,计算启动电阻的步骤与上述步骤相似:先按式(7-14)计算 α;再校核 T_1 是否满足 $T_1 \leqslant 0.85T_m$,若不满足,则需修改 T_2 甚至 m,直至满足为止。

如果已知 T_1 和 T_2,计算启动级数 m,依据的仍是式(7-13)或式(7-14)。先根据 T_1(或 T_2)及 α 计算 m,一般情况下,计算的结果往往不是整数,应取接近的整数;然后根据取定的 m 重新计算 α;再校核 T_2(或 T_1),直至合适为止。

转子串电阻分级启动时,启动电阻的计算是在机械特性线性化的前提下进行的,因此有一定的误差。

■ **例 7-3** 某生产机械用绕线式三相异步电动机拖动,电动机的有关技术数据为:$P_N = 40$ kW,$n_N = 1460$ r/min,$E_{2N} = 420$ V,$I_{2N} = 61.5$ A,$\lambda = 2.6$。启动时负载转矩 $T_L = 0.75T_N$,求转子串电阻三级启动时的启动电阻。

■ **解** 额定转差率为

$$s_N = \frac{n_1 - n_N}{n_1} = \frac{1500 - 1460}{1500} = 0.027$$

转子每相电阻为

$$R_2 \approx \frac{s_N E_{2N}}{\sqrt{3} I_{2N}} = \frac{0.027 \times 420}{\sqrt{3} \times 61.5} \ \Omega = 0.106 \ \Omega$$

最大启动转矩为

$$T_1 \leqslant 0.85\lambda T_N = 0.85 \times 2.6 T_N = 2.21 T_N$$

取

$$T_1 = 2.21 T_N$$

则启动转矩比为

$$\alpha = \sqrt[m]{\frac{T_N}{s_N T_1}} = \sqrt[3]{\frac{T_N}{0.027 \times 2.21 T_N}} = 2.56$$

校核切换转矩 T_2,有

$$T_2 = \frac{T_1}{\alpha} = \frac{2.21 T_N}{2.56} = 0.863 T_N$$

$$1.1 T_L = 1.1 \times 0.75 T_N = 0.825 T_N$$

因此 $T_2 > 1.1 T_L$,满足要求。

各级启动时转子回路总电阻为

$$R_{Z1} = \alpha R_2 = 2.56 \times 0.106 \ \Omega = 0.271 \ \Omega$$

$$R_{Z2} = \alpha^2 R_2 = 2.56^2 \times 0.106 \ \Omega = 0.695 \ \Omega$$

$$R_{Z3} = \alpha^3 R_2 = 2.56^3 \times 0.106 \ \Omega = 1.778 \ \Omega$$

各级启动时外串启动电阻为

$$R_{S1} = R_{Z1} - R_2 = (0.271 - 0.106) \ \Omega = 0.165 \ \Omega$$

$$R_{S2} = R_{Z2} - R_{Z1} = (0.695 - 0.271) \ \Omega = 0.424 \ \Omega$$

$$R_{S3} = R_{Z3} - R_{Z2} = (1.778 - 0.695) \ \Omega = 1.083 \ \Omega$$

绕线式三相异步电动机转子串电阻分级启动的主要优点是:可以得到最大的启动转矩,转子回路内只串电阻,没有电抗,启动过程中功率因数比串频敏变阻器的还要高;启动电阻同时可兼作调速电阻(后面叙述)。其主要缺点是:要求启动过程中启动转矩尽量大,因此启动级数就要多,特别是容量大的电动机,这就需要较多的设备,使得设备投资大,维修不太方便;而且启动过程中能量损耗大,不经济。

7.2 三相异步电动机的调速

近年来,随着电力电子技术的发展,三相异步电动机的调速性能大有改善,交流调速系统应用日益广泛,在许多领域有取代直流调速系统的趋势。

由三相异步电动机的转速关系式 $n=n_1(1-s)=\dfrac{60f_1}{p}(1-s)$ 可以看出,三相异步电动机的调速可分为以下三大类:

(1)改变定子绕组的磁极对数 p——变极调速;

(2)改变供电电网的频率 f_1——变频调速;

(3)改变电动机的转差率 s 调速,方法有改变电压调速、转子串电阻调速和串级调速。

7.2.1 变极调速

在电源频率不变的条件下,改变电动机的磁极对数,电动机的同步转速 n_1 就会发生变化,从而改变电动机的转速。若磁极对数减少一半,同步转速就提高一倍,电动机的转速也几乎增大一倍。

通常用改变定子绕组的接法来改变磁极对数,这种电动机称为多速电动机。其转子均采用笼形转子,因此其感应磁极对数能自动与定子相适应。

下面以一相绕组来说明变极原理。先将两半相绕组 a_1x_1 与 a_2x_2 采用顺向串联,如图 7-11 所示。将 A 相绕组中的半相绕组 a_2x_2 反向,如图 7-12 所示。

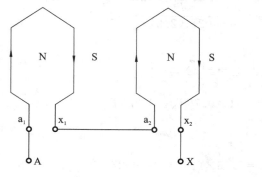
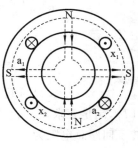

图 7-11 三相四极电动机定子 A 相绕组

常用的多极电动机定子绕组的连接方式有两种:一种是从星形改成双星形,写作 Y/YY,如图 7-13 所示;另一种是从三角形改成双星形,写作△/YY,如图 7-14 所示。这两种接法可使电动机极数减少一半。在改接绕组时,为了使电动机转向不变,应把绕组的相序改接一下。

变极调速主要用于各种机床及其他设备上。它所需设备简单、体积小、重量轻,但电动机绕组引出头较多,调速级数少。

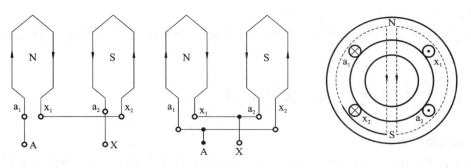

图 7-12　三相二极电动机定子 A 相绕组

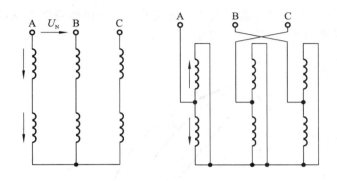

图 7-13　三相异步电动机 Y/YY 变极调速接线图

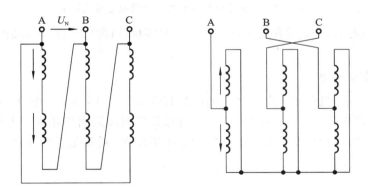

图 7-14　三相异步电动机 △/YY 变极调速接线图

7.2.2　变频调速

随着晶闸管整流和变频技术的迅速发展,三相异步电动机的变频调速应用日益广泛,有逐步取代直流调速的趋势,它主要用于拖动泵类负载,如通风机、水泵等。

由定子电动势方程 $U \approx E_1 = 4.44 f_1 N_1 K_1 \Phi_m$ 可看出,当通过降低电源频率 f_1 来进行调速时,若电源电压 U_1 不变,则磁通 Φ_m 将增加,使铁芯饱和,从而导致励磁电流和铁损耗大量增加,电动机温升过高等,这些都是不允许的。因此,在变频调速的同时,为保证磁通 Φ_m 不变,就必须降低电源电压,使 $\dfrac{U_1}{f_1}$ 为常数。

变频调速根据电动机输出性能的不同可分为:①保持电动机过载能力不变;②保持电动

机恒转矩输出;③保持电动机恒功率输出。

变频调速的主要优点是能平滑调速,调速范围广,效率高;主要缺点是系统较复杂,成本较高。

7.2.3 改变电动机的转差率调速

1. 改变电压调速

对于转子电阻大、机械特性较软的笼形异步电动机而言,如加在定子绕组上的电压发生改变,则负载 T_L 对应于不同的电源电压 U_1、U_2、U_3,可获得不同的工作点 a_1、a_2、a_3,如图 7-15 所示,显然电动机的调速范围很宽。缺点是低压时机械特性太软,转速变化大,此时可采用带速度负反馈的闭环控制系统来解决该问题。

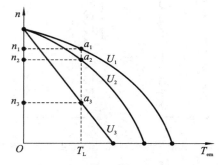

图 7-15 高转子电阻笼形电动机的改变电压调速

改变电压调速时,过去采用定子绕组串电抗来实现,目前已广泛采用晶闸管交流调压线路来实现。

2. 转子串电阻调速

绕线式异步电动机转子串电阻调速的机械特性如图 7-16 所示。转子串电阻时最大转矩不变,临界转差率增大。所串电阻越大,运行段特性曲线的斜率越大。若带恒转矩负载,原来运行在固有机械特性曲线上的 a 点的转子串电阻 R_1 后就运行于 b 点,转速由 n_a 变为 n_b,依次类推。

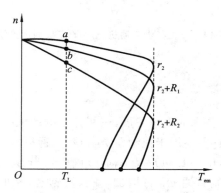

图 7-16 绕线式异步电动机转子串电阻调速的机械特性

根据电磁转矩表达式,当 T 为常数且电压不变时,有

$$\frac{r_2}{s_a} = \frac{r_2 + R_1}{s_b} = 常数 \tag{7-15}$$

因此绕线式异步电动机转子串电阻调速时调速电阻的计算公式为

$$R_1 = \left(\frac{s_b}{s_a} - 1\right) r_2 \tag{7-16}$$

式中：s_a 为转子串电阻前电动机运行的转差率；s_b 为转子串入电阻 R_1 后新稳态时电动机的转差率；r_2 为转子每相绕组电阻，$r_2 = \dfrac{s_N E_{2N}}{\sqrt{3} I_{2N}}$。

如果已知转子串入的电阻值，要求调速后的电动机转速，则只要将式（7-15）稍加变换，先求出 s_1，再求转速 n 即可。

由于在异步电动机中，电磁功率 P_{em}、机械功率 P_m 与转子铜损耗 P_{Cu2} 三者之间的关系为

$$P_{em} : P_m : P_{Cu2} = 1 : (1-s) : s \tag{7-17}$$

转速越低，转差率 s 越大，转子铜损耗越大，低速时效率不高。

转子串电阻调速的优点是方法简单，主要用于中、小容量的绕线式异步电动机中，如桥式起重机等。

例 7-4 一台绕线式异步电动机的有关技术数据为 $P_N = 75$ kW，$n_N = 1460$ r/min，$U_{1N} = 380$ V，$I_{1N} = 144$ A，$E_{2N} = 399$ V，$I_{2N} = 116$ A，$\lambda = 2.8$，试问：

(1)转子回路串入 0.5 Ω 电阻时，电动机运行的转速是多少？

(2)额定负载转矩不变，要求把转速降至 500 r/min，转子每相应串入多大电阻？

解 (1)额定转差率为

$$s_N = \frac{n_1 - n_N}{n_1} = \frac{1500 - 1460}{1500} = 0.027$$

转子每相电阻为

$$r_2 = \frac{s_N E_{2N}}{\sqrt{3} I_{2N}} = \frac{0.027 \times 399}{\sqrt{3} \times 116} \ \Omega = 0.053\ 6 \ \Omega$$

当串入电阻 $R_1 = 0.5$ Ω 时，电动机的转差率 s_b 为

$$s_b = \frac{r_2 + R_1}{R_1} s_N = \frac{0.053\ 6 + 0.5}{0.5} \times 0.027 = 0.029\ 9$$

转速为

$$n_b = (1 - s_b) n_1 = (1 - 0.029\ 9) \times 1500 \ \text{r/min} = 1455 \ \text{r/min}$$

(2)转子串入电阻后的转差率为

$$s_b' = \frac{n_1 - n'}{n_1} = \frac{1500 - 500}{1500} = 0.667$$

转子每相所串电阻为

$$R_1 = \left(\frac{s_b'}{s_N} - 1\right) r_2 = \left(\frac{0.667}{0.027} - 1\right) \times 0.053\ 6 \ \Omega = 1.27 \ \Omega$$

3. 串级调速

所谓串级调速，就是在异步电动机的转子回路中串入一个三相对称的附加电动势 $\dot{E}_f$，其频率与转子电动势 $\dot{E}_{2s}$ 的频率相同。改变 $\dot{E}_f$ 的大小和相位，就可以调节电动机的转速。串级调速适用于绕线式异步电动机，它通过改变转差率 s 来进行调速。

1)低同步串级调速

若 $\dot{E}_f$ 与 $\dot{E}_{2s}$（$\dot{E}_{2s}=s\dot{E}_{20}$）的相位相反,则转子电流为

$$I_2 = \frac{sE_{20}-E_f}{\sqrt{r_2^2+(sX_2)^2}}$$

电动机的电磁转矩为

$$T_{em}=C_T\Phi_m I_2\cos\varphi_2 = C_T\Phi_m\frac{sE_{20}-E_f}{\sqrt{r_2^2+(sX_2)^2}}\times\frac{r_2}{\sqrt{r_2^2+(sX_2)^2}}$$

$$=C_T\Phi_m\frac{sE_{20}r_2}{r_2^2+(sX_2)^2}-C_T\Phi_m\frac{E_f r_2}{r_2^2+(sX_2)^2} \tag{7-18}$$

上式中,T_1 为转子电动势产生的转矩,而 T_2 为附加电动势所引起的转矩。若拖动恒转矩负载,因 T_2 总是负值,可知串入 $\dot{E}_f$ 后,转速降低了。串入附加电动势越大,则转速降得越多。引入 $\dot{E}_f$ 后,电动机转速降低,这一过程称为低同步串级调速。

2)超同步串级调速

若 $\dot{E}_f$ 与 $\dot{E}_{2s}$ 同相位,则 T_2 总是正值。当拖动恒转矩负载时,引入 $\dot{E}_f$ 后,转速升高,这一过程称为超同步串级调速 。

串级调速的性能比较好,但由于过去附加电动势 $\dot{E}_f$ 的获得比较难,因此串级调速长期以来没能得到推广。近年来,随着可控硅技术的发展,串级调速有了广阔的发展前景,现已日益广泛用于水泵和风机的节能调速,以及不可逆的轧钢机、压缩机等生产机械。

7.3 三相异步电动机的制动

电动机除了电动状态外,在下述情况运行时,则属于电动机的制动状态。

(1)在负载转矩为位能性转矩的机械设备中,使设备保持一定的运行速度(例如起重机下放重物时,运输工具在下坡运行)。

(2)在机械设备需要减速或停止时,电动机能实现减速和停止。

三相异步电动机的制动方法有两类:机械制动和电气制动。

机械制动是利用机械装置使三相异步电动机在电源切断后能迅速停转。它的结构有好几种形式,应用较普遍的是电磁抱闸,它主要用于起重机械上吊重物时,使重物迅速而又准确地停留在某一位置上。

电气制动是使三相异步电动机所产生的电磁转矩和电动机的旋转方向相反。电气制动通常可分为能耗制动、反接制动和再生制动三类。

7.3.1 三相异步电动机的能耗制动

方法:将运行的三相异步电动机的定子绕组从三相交流电源上断开后,立即接到直流电源上,如图 7-17 所示,通过断开 Q_1、闭合 Q_2 来实现。

当定子绕组通入直流电源时,在电动机中将产生一个恒定磁场,转子因机械惯性继续旋转时,转子导体切割恒定磁场。根据右手定则,在转子绕组中将产生感应电动势和电流,转子电流和恒定磁场作用,产生电磁转矩;根据左手定则可以判断电磁转矩的方向与转子转动的方向相反,该电磁转矩为制动转矩。在制动转矩的作用下,转子转速迅速下降,当 $n=0$ 时,$T_{em}=0$,制动过程结束。这种方法将转子的动能转变为电能,消耗在转子回路的电阻上,

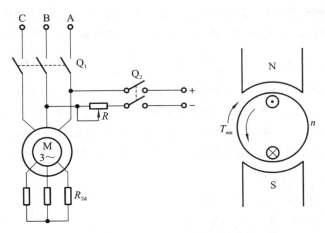

图 7-17　三相异步电动机的能耗制动原理图

所以称为能耗制动。

　　如图 7-18 所示,三相异步电动机正向运行时工作在固有机械特性曲线 1 上的 a 点。定子绕组改接直流电源后,因电磁转矩与转速反向,因而三相异步电动机能耗制动时的机械特性位于第二象限,如图 7-18 中的曲线 2 所示。三相异步电动机运行点也移至 b 点,并从 b 点顺着曲线 2 移动到 O 点。

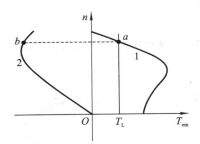

图 7-18　三相异步电动机能耗制动的机械特性

1—固有机械特性;2—能耗制动机械特性

　　对于采用能耗制动的三相异步电动机,既要求其有较大的制动转矩,又要求定子、转子回路中的电流不能太大,以免使绕组过热。根据经验,能耗制动时,对于笼形异步电动机,取直流励磁电流为 $(4\sim5)I_0$,对于绕线式异步电动机,取直流励磁电流为 $(2\sim3)I_0$,制动所串电阻 $r=(0.2\sim0.4)\dfrac{E_{2N}}{\sqrt{3}I_{2N}}$。

　　能耗制动的优点是制动力强,制动较平稳;其缺点是需要一套专门的直流电源供制动用。

7.3.2　三相异步电动机的反接制动

　　反接制动分为电源反接制动和倒拉反接制动两种。

1. 电源反接制动

　　方法:改变电动机定子绕组与电源的连接相序,如图 7-19 所示,即断开 Q₁,接通 Q₂即可。电源的相序改变,旋转磁场立即反向,使转子绕组中的感应电动势、电流和电磁转矩的方向都改变。因机械惯性,转子转向未变,电磁转矩的方向与转子的转向相反,电动机进行制动,这一过程称为电源反接制动。如图 7-20 所示,制动前,电动机工作在曲线 1 的 a 点;电源反接制动时,$n_1 < 0$,$n > 0$,相应的转差率 $s = \dfrac{-n_1 - n}{-n_1} > 1$,且电磁转矩 $T_{em} < 0$,机械特性曲线如图 7-20 中的曲线 2 所示。因机械惯性,转速瞬时不变,工作点由 a 点移至 b 点,电动机逐渐减速,到达 c 点时,$n = 0$,此时切断电源并停车。如果是位能性负载,得用抱闸,否则电动机会反向启动旋转。一般为了限制制动电流和增大制动转矩,绕线式异步电动机可在转子回路中串入制动电阻,其机械特性曲线如图 7-20 中的曲线 3 所示,制动过程同上。

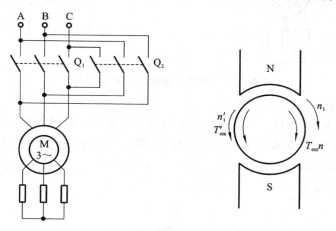

图 7-19 绕线式异步电动机的电源反接制动

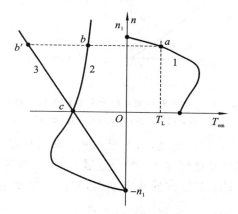

图 7-20 三相异步电动机电源反接制动时的机械特性

制动电阻 r 的计算公式为

$$r = \left(\frac{s_m'}{s_m} - 1 \right) r_2 \tag{7-19}$$

式中:s_m 为对应固有机械特性的临界转差率,$s_m = s_N (\lambda + \sqrt{\lambda^2 - 1})$;$s_m'$ 为转子串入制动电阻后的机械特性的临界转差率,$s_m' = s \left[\dfrac{\lambda T_N}{T_{em}} + \sqrt{\left(\dfrac{\lambda T_N}{T_{em}} \right)^2 - 1} \right]$,$s$ 为制动瞬间电动机的转差率。

■ 例 7-5 一台 YR 系列的绕线式异步电动机的有关技术数据为 $P_N = 20 \text{ kW}$,$n_N = 720 \text{ r/min}$,$E_{2N} = 197 \text{ V}$,$I_{2N} = 74.5 \text{ A}$,$\lambda = 3$。如果电动机拖动额定负载运行时采用反接制动停车,要求制动开始时的最大制动转矩为 $2T_N$,求转子每相串入的制动电阻值。

解 (1)计算固有机械特性的 s_N、s_m、r_2。

$$s_N = \frac{n_1 - n_N}{n_1} = \frac{750 - 720}{750} = 0.04$$

$$s_m = s_N(\lambda + \sqrt{\lambda^2 - 1}) = 0.04 \times (3 + \sqrt{3^2 - 1}) = 0.233$$

$$r_2 = \frac{s_N E_{2N}}{\sqrt{3} I_{2N}} = \frac{0.04 \times 197}{\sqrt{3} \times 74.5} \ \Omega = 0.061 \ \Omega$$

(2)计算反接制动时转子串入制动电阻的人为机械特性的 s_m'。
制动瞬间电动机的转差率为

$$s = \frac{-n_1 - n}{-n_1} = \frac{750 + 720}{750} = 1.96$$

$$s_m' = s\left[\frac{\lambda T_N}{T_{em}} + \sqrt{\left(\frac{\lambda T_N}{T_{em}}\right)^2 - 1}\right] = 1.96 \times \left[\frac{3 T_N}{2 T_N} + \sqrt{\left(\frac{3 T_N}{2 T_N}\right)^2 - 1}\right] = 5.131$$

(3)转子所串电阻为

$$R = \left(\frac{s_m'}{s_m} - 1\right) r_2 = \left(\frac{5.131}{0.233} - 1\right) \times 0.061 \ \Omega = 1.282 \ \Omega$$

2. 倒拉反接制动

方法:当绕线式异步电动机拖拉位能性负载时,在其转子回路中串入很大的电阻,其机械特性如图 7-21 所示。当电动机提升重物时,其工作点为曲线 1 上的 a 点。如果在转子回路中串入很大的电阻,机械特性曲线变为斜率很大的曲线 2,因机械惯性,工作点由 a 点移至 b 点,此时电磁转矩小于负载转矩,转速下降。当电动机减速至 $n = 0$ 时,电磁转矩仍小于负载转矩,在位能性负载的作用下,电动机反转,直至电磁转矩等于负载转矩,电动机才稳定运行于 c 点。因这是由重物倒拉引起的,所以将这一过程称为倒拉反接制动(或倒拉反接运行),其转差率为

$$s = \frac{n_1 - (-n)}{n_1} = \frac{n_1 + n}{n_1} > 1$$

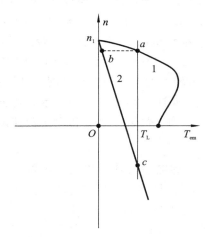

图 7-21 三相异步电动机倒拉反接制动时的机械特性

与电源反接制动一样,s 大于 1。
绕线式异步电动机的倒拉反接制动常用于起重机低速下放重物。

例 7-6 假定例 7-5 中的电动机负载为额定值,即 $T_L = T_N$,试问:

(1)电动机欲以 300 r/min 的转速下放重物,转子每相应串入多大的电阻?

(2) 当转子串入电阻 $r= 9r_2$ 时,电动机的转速为多大? 运行在什么状态?

(3) 当转子串入电阻 $r=39r_2$ 时,电动机的转速为多大? 运行在什么状态?

解 (1)通过例 7-5 可知,$r_2=0.061\ \Omega$。起重机下放重物时,$n=-300$ r/min $<0,T=T_L>0$,所以工作点位于第四象限,如图 7-21 中的 c 点所示,则转差率为

$$s=\frac{n_1-n}{n_1}=\frac{750-(-300)}{750}=1.4$$

当 $T_L=T_N$ 时,$s_N=0.04$,则转子应串入的电阻为

$$r=(\frac{s}{s_N}-1)r_2=(\frac{1.4}{0.04}-1)\times 0.061\ \Omega=2.074\ \Omega$$

(2)当 $r=9r_2$,$T_L=T_N$ 时的转差率为

$$s=\frac{r+r_2}{r_2}s_N=\frac{(9+1)r_2}{r_2}\times 0.04=0.4$$

电动机的转速为

$$n=n_1(1-s)=750\times(1-0.4)\ \text{r/min}=450\ \text{r/min}>0$$

因此工作点在第一象限,电动机运行于正向电动状态(提升重物)。

(3)当 $r=39r_2$ 时,转差率为

$$s'=\frac{r+r_2}{r_2}s_N=\frac{(39+1)r_2}{r_2}\times 0.04=1.60$$

电动机的转速为

$$n'=n_1(1-s')=750\times(1-1.60)\ \text{r/min}=-450\ \text{r/min}<0$$

因此工作点在第四象限,电动机运行于倒拉反接制动状态(下放重物)。

7.3.3 三相异步电动机的回馈制动

方法:使电动机在外力(如起重机下放重物)的作用下,其转速超过旋转磁场的同步转速,如图 7-22 所示。当起重机开始下放重物时,$n<n_1$,电动机处于电动状态,如图 7-22(a)所示。在位能性转矩的作用下,电动机的转速大于同步转速时,转子中的感应电动势、电流和转矩的方向都发生了变化,如图 7-22(b)所示,转矩的方向与转子的转向相反,该转矩为制动转矩。此时电动机将机械能转变为电能输送给电网,所以将这一过程称为回馈制动。

电动机回馈制动时的工作点如图 7-23 中的 a 点所示。转子回路所串电阻越大,电动机下放重物的速度越快(见图 7-23 中的 a' 点)。为了限制下放速度,转子回路不应串入过大的电阻。

例 7-7 假定例 7-5 中的电动机轴上的负载转矩 $T_L=100$ N·m,若电动机在下列两种情况下以回馈制动状态运行,试求电动机在这两种情况下的机械特性:

(1)电动机在固有机械特性上下放重物;

(2)转子回路串入制动电阻 $r=0.112\ \Omega$。

解 (1)电动机的额定转矩为

$$T_N=9550\frac{P_N}{n_N}=9550\times\frac{20}{720}\ \text{N·m}=265.3\ \text{N·m}$$

当 $T_L=100$ N·m 时,电动机在固有机械特性上的转差率为

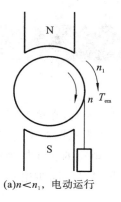

(a)$n < n_1$，电动运行

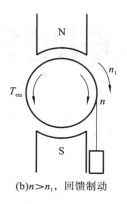

(b)$n > n_1$，回馈制动

图 7-22　回馈制动的原理图

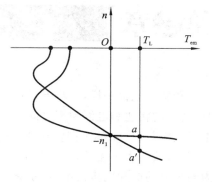

图 7-23　回馈制动的机械特性

$$s = -\frac{T_{em}}{T_N}s_N = -\frac{100}{265.3} \times 0.04 = -0.015\ 1$$

式中的负号是因为电动机处于反向回馈制动状态。

电动机的转速为

$$n = (-n_1)(1-s) = (-750) \times (1+0.015\ 1)\ \text{r/min} = -761\ \text{r/min}$$

（3）转子串入电阻后，工作点为图 7-23 中的 a' 点，于是有

$$s' = \frac{r+r_2}{r_2}s = \frac{0.112+0.061}{0.061} \times (-0.015\ 1) = -0.042\ 8$$

电动机的转速为

$$n = (-n)(1-s) = (-750) \times (1+0.042\ 8)\ \text{r/min} = -782\ \text{r/min}$$

思考题与练习题

1. 试分析三相异步电动机每种参数的变化是如何影响最大转矩的。

2. 试写出三相异步电动机电磁转矩的三种表达式并说明其应用有哪些。

3. 一般三相异步电动机的启动转矩倍数、最大转矩倍数、临界转差率及额定转差率的大致范围是怎样的？

4. 一台三相异步电动机，其转子回路的电阻增大，对电动机的启动电流、启动转矩和功率因数会带来什么影响？

5. 为什么异步电动机的气隙很小？

6. 异步电动机的转子铁芯不用铸钢制造或钢板叠成，而用硅钢片叠成，这是为什么？

7. 三相异步电动机接三相电源转子堵转时，为什么会产生电磁转矩？其方向由什么决定？

8. 普通三相异步电动机的励磁电流标幺值和额定转差率的范围是什么？

9. 请简单证明转子磁通势相对于定子的转速为同步转速 n_1。

10. 三相异步电动机在正常运行和启动时的主磁通一样大吗？大约相差多少？

11. 三相异步电动机的转子电流在启动和运行时一样大吗？为什么？

12. 一台额定频率为 60 Hz 的三相异步电动机接在频率为 50 Hz 的电源上，其他条件不变，电动机空载电流如何变化？若电动机拖动额定负载运行，电源电压有效值不变，当频率降低时，会出现什么问题？

和感应电机一样,同步电机也是一种常用的交流电机。同步电机的特点是,在稳态运行时,转子的转速和电网频率之间有不变的关系,即 $n = n_1 = 60f/p$,其中,f 为电网频率,p 为电机磁极对数,n_1 称为同步转速。若电网的频率不变,则稳态运行时同步电机的转速恒为常数,与负载的大小无关,即转子的转速恒等于定子的转速,同步电机因此得名。同步电机分为同步电动机和同步发电机,本章主要讲述同步电动机。

8.1 同步电动机的基本结构、工作原理与额定数据

1. 同步电动机的基本结构

同步电动机由定子、转子两大部分组成。按结构形式,同步电动机可分为旋转电枢式同步电动机和旋转磁极式同步电动机两类。旋转电枢式同步电动机的电枢装在转子上,主磁极装在定子上,一般在小容量同步电动机中广泛采用旋转电枢式结构。旋转磁极式同步电动机的电枢装在定子上,主磁极装在转子上。由于旋转磁极式同步电动机具有转子重量轻、制造工艺简单等优点,因此大中容量的同步电动机多采用旋转磁极式结构。图 8-1 所示为旋转磁极式同步电动机的定子结构图。

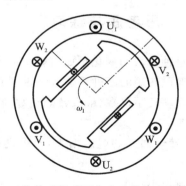

图 8-1　旋转磁极式同步电动机的定子结构图

旋转磁极式同步电动机按转子磁极形状,又可分为隐极式同步电动机和凸极式同步电动机两种,如图 8-2 所示。

同步电动机的定子结构和异步电动机的相同,即在定子铁芯内均匀分布三相对称绕组。同步电动机的转子与异步电动机的转子不同。凸极式转子有凸出的磁极,气隙为不均匀的磁极形状,磁极上集中装有励磁绕组;隐极式转子一般做成圆柱形,气隙为均匀的磁极形状,在圆柱圆周的 2/3 部分有槽和齿,槽中有励磁绕组。

由于隐极式同步电动机的励磁绕组分布在转子表面槽内,转子与励磁绕组固定得较牢,所以一般高速的同步电动机采用此结构。凸极式同步电动机制造简单,励磁绕组集中安装,一般低速的同步电动机采用此结构。

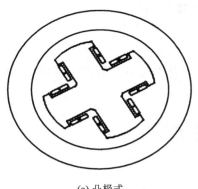

(a) 凸极式

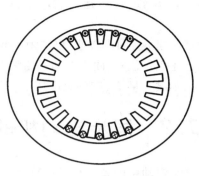

(b) 隐极式

图 8-2　旋转磁极式同步电动机的转子结构

2.同步电动机的工作原理

如图 8-1 所示,同步电动机的定子铁芯均匀分布三相对称绕组。工作时三相定子绕组通入三相对称电流,定子中产生旋转磁场。旋转磁场的转速称为同步转速,用 n_1 表示。在转子励磁绕组中通以直流励磁电流后,转子建立极性相间的励磁磁场,转子磁极显示固定极性。此时,旋转磁场的磁极与转子的异性磁极相吸引,从而产生磁场力,牵引转子与旋转磁场同速旋转,带动负载沿磁场方向以相同的转速旋转,这就是同步电动机的工作原理。转子的转速为

$$n = n_1 = \frac{60f}{p}$$

式中,p 为电动机的磁极对数,n 为转子转速,f 为交流电源频率。我国电力系统的标准频率为 50 Hz,电动机的磁极对数为整数,所以同步电动机的转速为固定值。

根据电机可逆原理,只要改变外界条件,就可以把同步电动机作为同步发电机运行。在转子励磁绕组中通以直流励磁电流后,转子建立极性相间的励磁磁场,转子磁极显示固定极性,即建立起主磁场。原动机拖动转子旋转(给电动机输入机械能),极性相间的励磁磁场旋转切割定子的各相绕组,或者说相当于绕组的导体反向切割励磁磁场。这样,由于电枢绕组与主磁场之间的相对切割运动,电枢绕组将感应出大小和方向周期性变化的三相对称交变电动势,通过引出线,即可提供交流电源。

如果同步电动机在异步下运行,转子转速和旋转磁场转速之间存在一定的转速差,则定子、转子磁极的相对位置就会不断变化。在一段时间内,定子、转子磁极为异性相吸,转子受磁场拉力作用,在转过 180° 后,定子、转子磁极同性排斥,转子受磁场推力作用,这样交替进行,转子受到的平均力矩为零,电动机不能运行。因此,同步电动机正常工作时转子转速必须与旋转磁场转速相等。

3.同步电动机的额定数据

同步电动机的额定数据如下。

额定功率 P_N:电动机轴上输出的机械功率,单位为 kW。

额定电压 U_N:额定运行时加在定子绕组上的线电压,单位为 V 或 kV。

额定电流 I_N:额定运行时定子输入的线电流,单位为 A。

额定功率因数 $\cos\varphi_N$:额定运行时电动机的功率因数。

额定效率 η_N:电动机额定运行时的效率。

额定频率 f_N:额定运行时电动机电枢输出端电能的频率,我国标准工业频率规定为 50 Hz。

额定转速 n_N:同步转速,单位为 r/min。

除上述额定值外,同步电动机铭牌上还常列出一些其他的运行数据,例如额定负载时的温升 T_N、励磁容量 P_{fN} 和励磁电压 U_{fN} 等。

8.2 同步电动机的电磁关系

1. 同步电动机的磁通和磁动势

与异步电动机的磁通一样,同步电动机的磁通也包括主磁通和漏磁通两部分。主磁通为通过定子、转子绕组和气隙的磁通,其路径为主磁路;漏磁通为只通过定子绕组而不通过转子绕组的磁通。

在分析同步电动机的电磁关系时有如下规定:如图 8-3 所示,规定转子 N 极和 S 极的中心线为直轴或纵轴,简称 d 轴;与直轴相距 90°空间电角度的轴线称为交轴或横轴,简称 q 轴。由直流励磁电流 I_f 产生的磁动势称为励磁磁动势,用 $\dot{F}_f$ 表示。当转子励磁磁动势 $\dot{F}_f$ 单独在电动机主磁场中产生磁通时,励磁磁通的方向总是为直轴方向,励磁磁通用 Φ_f 表示。Φ_f 随转子一同旋转,如图 8-4 所示。

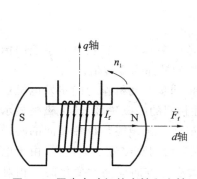
图 8-3 同步电动机的直轴和交轴

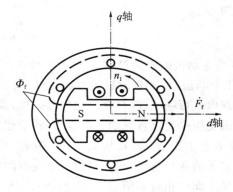
图 8-4 励磁磁动势

当同步电动机的定子三相对称绕组连接到三相对称电源上时,三相对称绕组将产生三相合成旋转磁动势,简称电枢磁动势,用 $\dot{F}_a$ 表示。电枢磁动势的转速为同步转速,假设方向为逆时针方向。当同步电动机负载运行时,其转子也沿逆时针方向以同步转速旋转。此时,作用在同步电动机主磁路上的磁动势共有两个——电枢磁动势 $\dot{F}_a$ 和励磁磁动势 $\dot{F}_f$,它们都以同步转速沿顺时针方向旋转,即所谓的同步旋转,但二者在空间内的位置却不一定相同。只要 $\dot{F}_a$ 和 $\dot{F}_f$ 的位置不同,它们的作用方向就不同。对于凸极式同步电动机来说,由于凸极式转子有凸出的磁极,气隙为不均匀的磁极形状,极面下的气隙较小,而两极之间的气隙较大,这样会导致无法求出磁通,所以下面介绍凸极式同步电动机的双反应原理。

2. 双反应原理

图 8-5 所示为电枢磁动势和磁通的关系图。

假设电枢磁动势 $\dot{F}_a$ 与励磁磁动势 $\dot{F}_f$ 的相对位置已给定,如图 8-3 和图 8-5(a)所示。由于电枢磁动势 $\dot{F}_a$ 与转子一同旋转,即二者之间没有相对运动,把电枢磁动势 $\dot{F}_a$ 分成两个

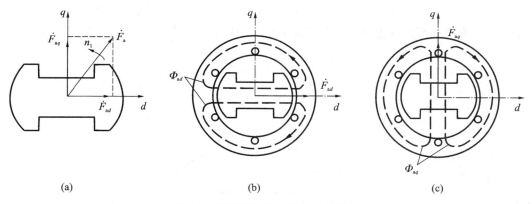

图 8-5 电枢磁动势和磁通的关系图

正交的分量：一个分量为纵轴（直轴）电枢磁动势，用 $\dot{F}_{ad}$ 表示；一个分量为横轴（交轴）电枢磁动势，用 $\dot{F}_{aq}$ 表示。$\dot{F}_a$、$\dot{F}_{ad}$ 和 $\dot{F}_{aq}$ 三者的相量关系为

$$\dot{F}_a = \dot{F}_{ad} + \dot{F}_{aq} \tag{8-1}$$

直轴电枢磁动势产生的磁通称为直轴磁通，用 Φ_{ad} 表示，如图 8-5（b）所示；交轴电枢磁动势产生的磁通称为交轴磁通，用 Φ_{aq} 表示，如图 8-5（c）所示。直轴磁通和交轴磁通都以同步转速沿逆时针方向旋转。

分别考虑纵轴电枢磁动势 $\dot{F}_{ad}$ 和横轴电枢磁动势 $\dot{F}_{aq}$ 单独在主磁路中产生的磁通。纵轴电枢磁动势 $\dot{F}_{ad}$ 永远作用于纵轴方向，而横轴电枢磁动势 $\dot{F}_{aq}$ 永远作用于横轴方向。尽管凸极式同步电动机的气隙不均匀，但对于纵轴或横轴来说，都分别为对称磁路，这样就可以很方便地分析凸极式同步电动机的磁通。这种方法称为双反应原理。

由定子电流 $\dot{I}_a$ 产生的电枢磁动势为

$$\dot{F}_a = 1.35 \frac{N_1 k_{w1}}{n_p} \dot{I}_s \tag{8-2}$$

同理，把定子电流 $\dot{I}_s$ 也分解成两个分量，直轴分量 $\dot{I}_d$ 和交轴分量 $\dot{I}_q$，则由直轴电枢电流 $\dot{I}_d$ 产生的直轴电枢磁动势和由交轴电枢电流 $\dot{I}_q$ 产生的交轴电枢磁动势分别为

$$\begin{cases} \dot{F}_{ad} = 1.35 \dfrac{N_1 k_{w1}}{n_p} \dot{I}_d \\[2mm] \dot{F}_{aq} = 1.35 \dfrac{N_1 k_{w1}}{n_p} \dot{I}_q \end{cases} \tag{8-3}$$

3. 凸极式同步电动机的电压平衡方程及相量图

1）凸极式同步电动机的电压平衡方程

励磁磁通 Φ_f、直轴磁通 Φ_{ad} 和交轴磁通 Φ_{aq} 都是以同步转速沿逆时针方向旋转的，它们都要在定子绕组中产生相应的感应电动势。由图 8-6 规定的同步电动机定子绕组各电量正方向，可以列出 U 相回路的电压方程为

$$\dot{U}_s = \dot{E}_0 + \dot{E}_{ad} + \dot{E}_{aq} + \dot{I}_s(r_1 + jX_1) \tag{8-4}$$

式中，$\dot{E}_0$ 为励磁磁通 Φ_f 在定子绕组中产生的感应电动势，$\dot{E}_{ad}$ 和 $\dot{E}_{aq}$ 分别为直轴电枢磁通和交轴电枢磁通在定子绕组中产生的感应电动势，r_1 为定子一相绕组的电阻，X_1 为定子一相绕组的漏电抗。

直轴电枢磁通和交轴电枢磁通在定子绕组中产生的感应电动势 $\dot{E}_{ad}$ 和 $\dot{E}_{aq}$ 分别为

$$\dot{E}_{ad} = j\dot{I}_d X_{ad} \tag{8-5}$$

$$\dot{E}_{aq} = j\dot{I}_q X_{aq} \tag{8-6}$$

式中，X_{ad} 为直轴电枢反应电抗，X_{aq} 为交轴电枢反应电抗。

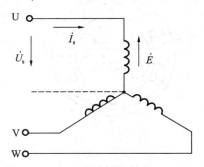

图 8-6 同步电动机各电量正方向

将式(8-5)和式(8-6)代入式(8-4)，得

$$\dot{U}_s = \dot{E}_0 + j\dot{I}_d X_{ad} + j\dot{I}_q X_{aq} + \dot{I}_s(r_1 + jX_1) \tag{8-7}$$

将 $\dot{I}_s = \dot{I}_d + \dot{I}_q$ 代入上式，得

$$\dot{U}_s = \dot{E}_0 + j\dot{I}_d(X_{ad} + X_1) + j\dot{I}_q(X_{aq} + X_1) + (\dot{I}_d + \dot{I}_q)r_1 \tag{8-8}$$

当同步电动机的容量较大时，电阻 r_1 可以忽略。令 $X_d = X_{ad} + X_1$，称为直轴电抗；$X_q = X_{aq} + X_1$，称为交轴电抗。于是式(8-8)可简写成

$$\dot{U}_s = \dot{E}_0 + j\dot{I}_d X_d + j\dot{I}_q X_q \tag{8-9}$$

对于同一台电机，X_d、X_q 为常数，可以用计算或试验的方法求得。

2)凸极式同步电动机的相量图

同步电机作为电动机运行时，电源需向电机的定子绕组输入有功功率 P_1，其表达式为

$$P_1 = 3U_s I_s \cos\varphi_1 \tag{8-10}$$

由于 $P_1 > 0$，由图 8-6 规定的各电量正方向可知，式(8-10)中的定子相电流的有功分量 $I_s\cos\varphi_1$ 应与相电压 $\dot{U}_s$ 的相位相同，即相电压 $\dot{U}_s$ 和相电流 $\dot{I}_s$ 之间的功率因数角必须小于 90°。由凸极式同步电动机的电压平衡方程式(8-9)可得其相量图，如图 8-7 所示。图中：φ 为 $\dot{U}_s$ 与 $\dot{I}_s$ 之间的夹角，称为功率因数角；θ 为 $\dot{E}_0$ 与 $\dot{U}_s$ 之间的夹角；ψ 称为功率角，为 $\dot{E}_0$ 与 $\dot{I}_s$ 之间的夹角。

由图 8-7 可知

$$\begin{cases} I_d = I_s \sin\psi \\ I_q = I_s \cos\psi \\ I_d X_d = E_0 - U_s \cos\theta \\ I_q X_q = U_s \cos\theta \end{cases} \tag{8-11}$$

4. 隐极式同步电动机的电压平衡方程及相量图

由于隐极式同步电动机的气隙是均匀的，所以其直轴电抗和交轴电抗在数值上相等，即

$$X_d = X_q$$

设同步电抗为 X_c，则隐极式同步电动机的电压平衡方程为

$$\dot{U} = \dot{E}_0 + j\dot{I}_d X_d + j\dot{I}_q X_q = \dot{E}_0 + j\dot{I}_s X_c \tag{8-12}$$

隐极式同步电动机的相量图如图 8-8 所示。

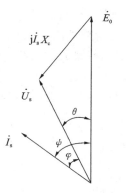

图 8-7　凸极式同步电动机的相量图　　　图 8-8　隐极式同步电动机的相量图

 ## 8.3　同步电动机的功率关系及功角特性与矩角特性

8.3.1　功率关系

同步电机作为电动机运行时,电源向定子绕组输入有功功率 P_1,其表达式为

$$P_1 = 3U_s I_s \cos\varphi_1$$

定子绕组的铜损耗为

$$P_{Cu1} = 3I_s^2 r_1 \tag{8-13}$$

输入的有功功率 P_1 扣除定子绕组的铜损耗后,剩下的转变为电磁功率 P_{em},即

$$P_{em} = P_1 - P_{Cu1} \tag{8-14}$$

从电磁功率 P_{em} 中再扣除铁损耗 P_{Fe} 和机械摩擦损耗 P_{mec} 后,可得到输出给负载的机械功率 P_2,即

$$P_2 = P_{em} - P_{Fe} - P_{mec} \tag{8-15}$$

式中,铁损耗 P_{Fe} 与机械摩擦损耗 P_{mec} 之和称为空载损耗 P_0,即

$$P_0 = P_{Fe} + P_{mec} \tag{8-16}$$

根据以上分析,画出同步电动机的功率流程图,如图 8-9 所示。

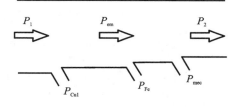

图 8-9　同步电动机的功率流程图

已知电磁功率 P_{em},很容易得到电磁转矩 T_{em} 的表达式,即

$$T_{em} = \frac{P_{em}}{\Omega}$$

式中,$\Omega = \dfrac{2\pi n}{60}$ 为电动机的同步角速度。

例 8-1 一台六极同步电动机,已知 $P_N = 250$ kW,$U_N = 380$ V,$\eta = 0.88$,$\cos\varphi_N = 0.8$,定子电枢等效电阻为 0.03 Ω,定子绕组为 Y 形连接,试求:

(1)额定运行时的输入功率 P_1;

(2)额定电流 I_N;

(3)额定运行时的电磁功率 P_{em};

(4)额定电磁转矩 T_{em}。

解 (1)额定运行时的输入功率为

$$P_1 = \frac{P_N}{\eta} = \frac{250}{0.88} \text{ kW} = 284 \text{ kW}$$

(2)额定电流为

$$I_N = \frac{P_1}{\sqrt{3}U_N\cos\varphi_N} = \frac{284\times10^3}{\sqrt{3}\times380\times0.8} \text{ A} = 539.4 \text{ A}$$

(3)额定运行时的电磁功率为

$$P_{em} = P_1 - P_{Cu1} = P_1 - m_1 I_N^2 r_1 = (284\times10^3 - 3\times539.4^2\times0.03) \text{ kW} = 257.8 \text{ kW}$$

(4)因为 $p = 3$,所以同步转速为

$$n_1 = \frac{60f}{p} = \frac{60\times50}{3} \text{ r/min} = 1000 \text{ r/min}$$

额定电磁转矩为

$$T_{em} = 9.55\frac{P_{em}}{n_1} = 9.55\times\frac{257.8\times10^3}{1000} \text{ N}\cdot\text{m} = 2462 \text{ N}\cdot\text{m}$$

8.3.2 功角特性与矩角特性

1. 功角特性

对于凸极式同步电动机,当忽略定子绕组电阻 r_1 时,电磁功率为

$$P_{em} = P_1 - P_{Cu1} \approx 3U_s I_s\cos\varphi_1 \tag{8-17}$$

由凸极式同步电动机的相量图可知,$\varphi_1 = \psi - \theta$,将其代入式(8-17),得

$$P_{em} = 3U_s I_s\cos\psi\cos\theta + 3U_s I_s\sin\psi\sin\theta \tag{8-18}$$

将式(8-11)代入式(8-18),得

$$P_{em} = 3U_s I_q\cos\theta + 3U_s I_d\sin\theta \tag{8-19}$$

将式(8-11)代入式(8-19),得

$$P_{em} = \frac{3U_s I_q X_q\cos\theta}{X_q} + \frac{3U_s I_d X_d\sin\theta}{X_d} \tag{8-20}$$

$$= \frac{3U_s^2\sin\theta\cos\theta}{X_q} + \frac{3U_s(E_0 - U_s\cos\theta)\sin\theta}{X_d}$$

整理得

$$P_{em} = \frac{3E_0 U_s}{X_d}\sin\theta + 3U_s^2\left(\frac{1}{X_q} - \frac{1}{X_d}\right)\cos\theta\sin\theta \tag{8-21}$$

即

$$P_{em} = \frac{3E_0 U_s}{X_d}\sin\theta + \frac{3U_s^2(X_d - X_q)}{2X_d X_q}\sin2\theta \tag{8-22}$$

当同步电动机的三相对称绕组接入电网时,电源电压 U_s 和电源频率 f 均为常数;如果

保持电动机的励磁电流 I_f 不变,那么对应的励磁电动势 E_0 的大小也是常数;选定的电动机参数 X_d、X_q 也是已知数。由此可知,在式(8-22)中,电磁功率 P_{em} 仅和功率角 θ 有关。我们把电磁功率 P_{em} 和功率角 θ 之间的函数关系称为同步电动机的功角特性。根据式(8-22)可绘制出功角特性曲线,如图 8-10 中的曲线 3 所示。

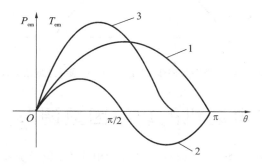

图 8-10 凸极式同步电动机的功角(矩角)特性曲线

把式(8-22)分成两部分考虑。第一部分与励磁电动势 E_0 成正比,即与励磁电流 I_f 的大小有关,称为励磁电磁功率 P_{em1}。由式(8-22)得

$$P_{em1} = \frac{3E_0 U_s}{X_d} \sin\theta \tag{8-23}$$

由式(8-23)可以绘制出图 8-10 中的曲线 1。

第二部分与励磁电动势 E_0 无关,即与励磁电流 I_f 的大小无关,是由参数 $X_d \neq X_q$ 引起的,也就是由电动机的转子是凸极式的而引起的(隐极式同步电动机的 $X_d = X_q$,所以不存在此项),称为凸极电磁功率 P_{em2}。由式(8-22)得

$$P_{em2} = \frac{3U_s^2(X_d - X_q)}{2X_d X_q} \sin 2\theta \tag{8-24}$$

由式(8-24)可以绘制出图 8-10 中的曲线 2。

由图 8-10 中的曲线 1 和曲线 2 可知:当功率角等于 90°时,励磁电磁功率最大;当功率角等于 45°时,凸极电磁功率最大;当功率角小于 90°时,总的电磁功率最大。

2. 矩角特性

把式(8-22)等号两边同除以机械角速度 Ω,得到电磁转矩表达式为

$$T_{em} = \frac{3E_0 U_s}{\Omega X_d} \sin\theta + \frac{3U_s^2(X_d - X_q)}{2\Omega X_d X_q} \sin 2\theta \tag{8-25}$$

功角特性表达式与矩角特性表达式之间仅相差一个常数 Ω,电磁转矩 T_{em} 的变化曲线也画在图 8-10 中,称为凸极式同步电动机的矩角特性曲线。

若为隐极式同步电动机,$X_d = X_q = X_c$,其电磁功率和电磁转矩分别为

$$\begin{cases} P_{em} = \dfrac{3E_0 U_s}{X_c} \sin\theta \\ T_{em} = \dfrac{3E_0 U_s}{\Omega X_c} \sin\theta \end{cases} \tag{8-26}$$

根据式(8-26)可以画出隐极式同步电动机的功角(矩角)特性曲线,如图 8-11 所示。

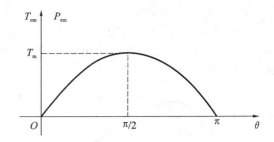

图 8-11　隐极式同步电动机的功角(矩角)特性曲线

8.4　同步电动机的功率因数调节

同步电动机接在交流电源上,可以认为电源的电压 U_s 以及频率 f_1 都保持不变。另外,假设同步电动机拖动的负载转矩也保持不变,那么仅改变同步电动机的励磁电流 I_f,就能调节同步电动机的功率因数。

为了分析问题简便,以隐极式同步电动机为例来进行分析。在分析过程中,不计电动机的各种损耗,假设电动机的负载不变。

由式(8-26)可知,隐极式同步电动机的电磁转矩为

$$T_{em} = \frac{3E_0 U_s}{\Omega X_c} \sin\theta = 常数 \tag{8-27}$$

由于电源的电压以及频率都保持不变,电动机的同步电抗也为常数,因此可知式(8-27)中, $E_0\sin\theta$ 为常数。改变励磁电流 I_f,励磁电动势 E_0 的大小也发生变化;为了保证 $E_0\sin\theta$ 不变,功率角 θ 也随之变化。

当负载转矩不变时,可认为电动机的输入功率 P_1 不变(因忽略了电动机的各种损耗),于是有

$$P_1 = 3U_s I_s \cos\varphi_1 = 常数 \tag{8-28}$$

由于电源的电压 U_s 不变,因此上式中的 $I_s\cos\varphi_1$ 为常数,即同步电动机定子绕组中电流的有功分量保持不变。

根据以上条件可画出隐极式同步电动机在三种不同励磁电流 I_f、I_f'、I_f'' 时对应的电动势 E_0、E_0'、E_0'' 的电动势相量图,如图 8-12 所示。其中

$$I_f'' < I_f < I_f'$$

所以

$$E_0'' < E_0 < E_0'$$

由图 8-12 可知,无论怎样改变励磁电流的大小,为了满足 $I_s\cos\varphi_1$ 为常数,电流 $\dot{I}_s$ 的轨迹总是在与电压 $\dot{U}_s$ 垂直的虚线上。同样,为了满足 $E_0\sin\theta$ 为常数,电动势 $\dot{E}_0$ 的轨迹总是在与电压 $\dot{U}_s$ 平行的虚线上。

从图 8-12 中可以看出,当改变励磁电流 I_f 时,同步电动机功率因数的变化规律可以分为三种情况,即正常励磁状态、欠励状态和过励状态。

(1)当励磁电流为 I_f 时,定子电流 $\dot{I}_s$ 与电压 $\dot{U}_s$ 同相,称为正常励磁状态。这种情况下同步电动机只从电网吸收有功功率,不吸收任何无功功率,即在这种情况下运行的同步电动机与纯电阻负载类似,功率因数 $\cos\varphi = 1$。

(2)当励磁电流为 I_f'' 时,该电流比正常励磁电流 I_f 小,称为欠励状态。这时感应电动势

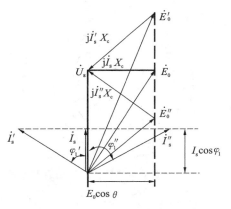

图 8-12　隐极式同步电动机仅改变励磁电流时的电动势相量图(负载不变)

$E_0'' < U_s$,定子电流 $\dot{I}_s$ 落后电压 $\dot{U}_s$ 一个 φ'' 角。此时,同步电动机除了从电网吸收有功功率外,还要从电网吸收落后性的无功功率。在这种情况下运行的同步电动机与电阻电感负载类似。

　　(3)当励磁电流为 I_f' 时,该电流比正常励磁电流 I_f 大,称为过励状态。这时感应电动势 $E_0' > U_s$,定子电流 $\dot{I}_s$ 领先电压 $\dot{U}_s$ 一个 φ' 角。此时,同步电动机除了从电网吸收有功功率外,还要从电网吸收领先性的无功功率。在这种情况下运行的同步电动机与电阻电容负载类似。

　　欠励状态下的同步电动机,需要落后性的无功功率,这加重了电网的负担,所以同步电动机很少工作在欠励状态。过励状态下的同步电动机对改善电网的功率因数有很大的好处。总之,改变同步电动机的励磁电流,可以改变它的功率因数,这是异步电动机所不具备的特点。

8.5　同步电动机的启动方法

　　同步电动机的三相定子绕组通电后,旋转磁场就以同步转速旋转,转子由于惯性很大,因此不能立即以同步转速转动。在非变频启动时,转子转速与同步转速不等,功率角 θ 在 $0°$ ~$360°$ 范围内变化。当功率角 $\theta = 0° \sim 180°$ 时,电磁转矩为正值,是拖动力矩;当 $\theta = 180° \sim 360°$ 时,电磁转矩为负值,是制动力矩。在一个周期内,转子产生的平均电磁转矩为零,因此同步电动机不能自行启动。

　　同步电动机常用的启动方法有异步启动法、辅助启动法和调频启动法。

1. 异步启动法

　　在制造同步电动机时,在转子磁极的圆周上装有与笼形异步电动机一样的短路绕组,作为启动绕组,也称为阻尼绕组。同步电动机的异步启动法原理接线图如图 8-13 所示,其启动步骤如下。

　　(1)将同步电动机的励磁绕组和限流电阻 R_M 连接。启动时,如果励磁绕组开路,则会产生很高的电动势,可能损坏电动机绝缘及危及人身安全;但如果将励磁绕组直接短接,在励磁绕组中会出现很大的感应电流,这个电流与旋转磁场一起,在转子上会产生很大的附加转矩,造成转子启动困难。因此,启动前必须先将同步电动机的励磁绕组和限流电阻 R_M 连接,以限制启动电流和减小附加转矩。限流电阻 $R_M \approx 10 R_f$(R_f 为励磁绕组电阻)。

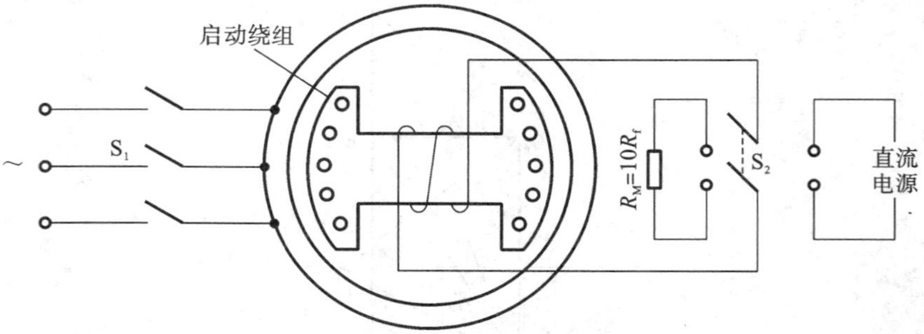

图 8-13 同步电动机的异步启动法原理接线图

（2）同步电动机三相定子绕组接通三相电源。同步电动机三相定子绕组接通三相电源，产生旋转磁场。该磁场作用在阻尼绕组上（此时同步电动机相当于三相异步电动机），使转子转动，即异步启动。

（3）当转子转速升高到接近于同步转速（$95\% n_1$）时，将转子绕组接通直流电源，同时将限流电阻断开。转子绕组接上直流电源是为了进行直流励磁，利用旋转磁场与转子磁场间的相互吸引力，将转子拉入同步。

如果大容量的同步电动机采用异步启动，与三相异步电动机一样，会出现很大的启动电流。为了限制过大的启动电流，同样可以采用三相异步电动机降低启动电流的方法来启动同步电动机。

需要注意的是，同步电动机停止运行时，应先断开定子电源，再断开励磁电源，不然转子会突然失磁，将在定子中产生很大的电流，并在转子中产生很高的电压，损坏电动机绝缘，危及人身安全。

2. 辅助启动法

辅助启动法是指用辅助的动力机械将同步电动机加速到接近于同步转速，在脱开动力机械的同时，立即给转子绕组加上电源，将同步电动机拉入同步。

辅助动力机械采用异步电动机时，其容量一般为同步电动机容量的 $5\% \sim 15\%$，磁极数与同步电动机的相同，即当转速接近于同步转速时，给转子绕组加上励磁电流，将同步电动机拉入同步，并断开异步电动机的电源；也可采用磁极数比主机少一对的异步电动机，将同步电动机的转速增大至超过同步转速，断开异步电动机的电源，当同步电动机的转速下降到同步转速时，立即加上励磁电流。

这种方法的主要缺点是不能带负载启动，否则将要求辅助电动机的容量很大，造成启动设备和操作过程都很复杂。

 # 8.6 微型同步电动机

微型同步电动机主要有三种类型，即永磁式微型同步电动机、反应式微型同步电动机和磁滞式微型同步电动机。这些电动机的定子结构都是相同的，或是三相绕组通以三相交流电，或是两相绕组通以两相电流（包括单相电源经过电容分相），或是单相罩极，其主要作用都是为了产生一个旋转磁场。但是转子的结构形式和材料却有很大差别，因而其运行原理也就不同。由于这些电动机的转子上都没有励磁绕组，也不需要电刷和滑环，因而这些电动机具有结构简单、运行可靠、维护方便等优点。目前，功率从零点几瓦到数百瓦的各种微型同步电动机广泛应用于需要恒速运转的自动控制装置、遥控、无线电通信、有声电影、磁带录音及随动系统中。

8.6.1 永磁式微型同步电动机

　　永磁式微型同步电动机的转子由永久磁钢制成。它可以是两极的,也可以是多极的。现以两极永磁式微型同步电动机为例说明其运行原理。

　　图 8-14 所示为两极永磁式微型同步电动机的运行原理图。当定子绕组通电后,气隙中即产生旋转磁场,根据磁极同性相斥、异性相吸的性质,定子磁极牢牢吸住转子磁极,以同步转速一起旋转。当电动机的磁极数一定、电源频率不变时,电动机的同步转速 n_1 为固定值,因此该电动机的转速恒定不变。

　　低转速的永磁式微型同步电动机可以自行启动,而高转速的永磁式微型同步电动机则需采用"异步启动,而后同步运行"的方法启动。这类电动机的转子两端为永久磁铁,中间则为类似笼形异步电动机笼形绕组的启动绕组。图 8-15 所示为永磁式微型同步电动机的转子。启动时利用启动绕组作为异步电动机启动,当转速接近于同步转速时,定子吸住转子的永久磁铁而进入同步运行状态。

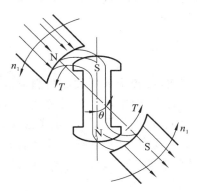

图 8-14　两极永磁式微型同步电动机的运行原理图

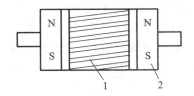

图 8-15　永磁式微型同步电动机的转子
1—笼形启动绕组；2—永久磁铁

8.6.2 反应式微型同步电动机

　　反应式微型同步电动机的定子一般采用罩极结构,定子铁芯由硅钢片叠成,转子采用软磁材料制成凸极式结构,其本身没有磁性,如图 8-16 所示。

　　当反应式微型同步电动机的定子绕组通入单相交流电后,由于短路环的电磁感应作用,像单相罩极式异步电动机那样,在气隙中会产生旋转磁场。根据"磁力线总是力求沿磁阻最小的路径通过"的性质,定子磁场的磁力线将由转子的凸极形成闭合回路,由此在转子上产生与定子磁极相反的极性,从而使定子、转子磁场间产生吸引力,使转子跟随定子磁场一起同步旋转。这种依靠转子自身直轴和交轴两个方向的磁阻不同而产生的转矩称为磁阻转矩,也称为反应转矩。所以反应式微型同步电动机又称为磁阻电动机。

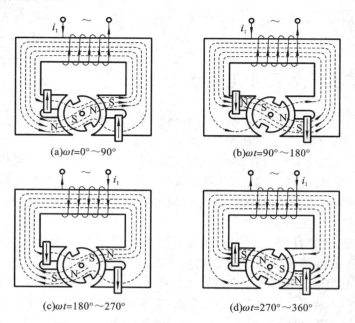

(a)ωt=0°～90°　　　　(b)ωt=90°～180°

(c)ωt=180°～270°　　　　(d)ωt=270°～360°

图 8-16　反应式微型同步电动机的运行原理图

8.6.3　磁滞式微型同步电动机

　　磁滞式微型同步电动机的定子一般采用罩极结构,而转子采用硬磁材料制成圆柱体或螺旋体等。如图 8-17 所示,当定子绕组通入交流电后,气隙中产生旋转磁场。开始时定子磁场对转子进行磁化,转子产生有规律的磁极,如图 8-17(a)所示;随之定子磁场旋转,由于转子采用硬磁材料,所以转子有较强的剩磁,当定子磁场离开时,转子极性还存在,定子、转子磁极间产生的吸引力就形成转矩(称为磁滞转矩),使转子转动,并最终进入同步运行状态,如图 8-17(b)所示。

　　磁滞式微型同步电动机的优点是转子的转速不论是否同步,都能产生磁滞转矩,因此它不需要任何启动装置即可自行启动并进入同步运行状态。

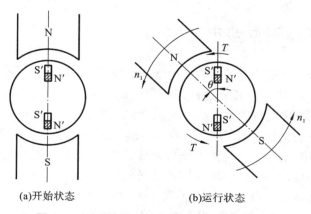

(a)开始状态　　　　(b)运行状态

图 8-17　磁滞式微型同步电动机的运行原理图

思考题与练习题

1. 何种电动机为同步电动机?

2. 一台凸极式同步电动机空载运行时,如果突然失去励磁电流,电动机的转速会怎样变化?

3. 一台同步电动机在额定电压下运行且从电网吸收一功率因数为 0.8(超前)的额定电流,该电动机的同步电抗标幺值为 $\underline{X_d}=1.0$,$\underline{X_q}=0.6$,试求空载电动势 E_0 和功率角 θ。

4. 一台接在 $U=U_N$ 的电网上运行的凸极式同步电动机,其同步电抗标幺值为 $\underline{X_d}=0.8$,$\underline{X_q}=0.5$,忽略定子电阻,额定负载时电动机的功率角 $\theta_N=25°$,求额定负载时的空载电动势标幺值。

5. 同步电动机为什么不能自行启动? 一般采用哪些启动方法?

6. 一台三相,Y 形连接,有关技术参数为 400 V、50 Hz、80 kV·A、1000 r/min 的同步电动机,其同步电抗标幺值为 $\underline{X_d}=1.106$,$\underline{X_q}=0.76$,忽略定子电阻,外部负载情况要求该电动机输出的电磁转矩为 600 N·m,求当 $U=1.0$ V,$E_0=1.2$ V 时的输入电流及其功率因数。

7. 同步电动机欠励运行时,从电网吸收什么性质的无功功率? 过励运行时,从电网吸收什么性质的无功功率?

8. 为什么现代的大容量同步电动机都制成旋转磁极式?

第9章　特种电机

前面介绍的直流电机、变压器、异步电机和同步电机统称为普通电机。在日常生活和生产实践中还广泛使用着各种特殊结构和特殊用途的电机,特别是随着新技术的不断发展和新材料的不断涌现,新型特种电机的研究和应用还处在不断发展之中。由于特种电机大都用于控制系统中,且功率较小,所以又称其为控制电机。从本质上讲,特种电机的基本理论和分析方法与普通电机是一致的,但又有其特殊性。本章主要介绍目前基本理论已成熟,同时又应用比较广泛的特种电机。

9.1　测速发电机

测速发电机在自动控制系统中作为检测或自动调节电动机转速之用;在随动系统中用来产生电压信号,以提高系统的稳定性和精度;在计算解答装置中作为微分和积分元件。测速发电机还可以检测各种机械在有限范围内的摆动或非常缓慢的转速,并可以代替测速计直接测量转速。

测速发电机分为直流测速发电机和交流测速发电机两种。测速发电机应具备如下要求。

(1)线性度要好,输出电压要和转速成正比。

(2)转动惯量要小,以保证测速的快速性。

(3)灵敏度要高,即输出特性的斜率要大,以保证较小的转速变化能够引起输出电压的变化。

(4)正、反转两个方向的输出特性要一致。

9.1.1　直流测速发电机

直流测速发电机实际上是微型直流发电机,根据励磁方式可分为永磁式和电磁式两种。常用的是永磁式直流测速发电机,因为它结构简单,省去了励磁,便于使用,并且温度变化对励磁磁通的影响较小,但永磁材料较贵。

1. 直流测速发电机的输出特性

输出电压与转速之间的关系为

$$U_0 = \frac{E_0}{1+R_0} = Cn \tag{9-1}$$

式中,$C = \dfrac{C_E\Phi}{1+\dfrac{R_0}{R_L}} = \dfrac{K_e}{1+\dfrac{R_0}{R_L}}$ 为直流测速发电机的输出特性斜率。

直流测速发电机的输出电压与转速之间的关系称为输出特性,如图 9-1 所示,图中 R 为负载电阻。直流测速发电机的输出特性斜率为 C。

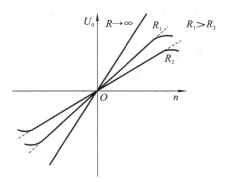

图 9-1 直流测速发电机的输出特性

2. 直流测速发电机的误差及减少误差的方法

直流测速发电机的输出电压与转速间实际上并不是严格的正比关系，会产生一些误差。产生误差的原因主要有以下几个方面。

(1)电枢反应。由于电枢反应，主磁通随负载电流变化，输出特性曲线下弯，如图 9-1 中的 R_1 曲线、R_2 曲线所示。

解决的办法：除了在结构上采取措施外，尽量增大负载电阻，减小负载电流对电枢反应的影响，还可以提高直流测速发电机的灵敏度，即增大斜率。

(2)接触电阻。电刷和换向器之间存在接触电阻，该电阻将会分得一部分电压，从而使输出电压出现死区，并且接触电阻与转速成非线性关系。

(3)纹波影响。由于换向片的数量有限，实际输出电压是一个脉动的电压，对高精度系统的影响很大。为消除影响，可采用滤波电路。

9.1.2 交流异步测速发电机

交流测速发电机分为同步和异步两类。交流同步测速发电机就是永磁转子的单向同步发电机，由于其输出频率随转速变化，故其应用很少。应用最广泛的是交流异步测速发电机。

1. 交流异步测速发电机的结构与原理

交流异步测速发电机在结构上与交流伺服电动机相似，它的定子上也有两个空间上相差 $90°$ 角的绕组，不过其中一个是励磁绕组，另一个用来输出电压，称为输出绕组。

交流异步测速发电机的转子有笼形和空心杯形两种。前者的转动惯量大、性能差，后者应用最广泛。空心杯形转子交流异步测速发电机的基本结构与空心杯形转子交流伺服电动机的相同，其转子是空心杯形，由电阻率较大、厚度为 $0.2\sim0.3$ mm 的铝或铜制成，属于非磁性材料，其定子有内、外定子之分。小容量的测速发电机的励磁绕组和输出绕组都装在外定子槽中，而容量较大的测速发电机的励磁绕组和输出绕组则分装在内、外定子中。内定子由硅钢片叠成，目的是减小磁绕。交流异步测速发电机的结构简单，工作可靠，与直流测速发电机相比，是目前较为理想的测速元件，应用较广泛。

交流异步测速发电机的工作原理图如图 9-2 所示。交流异步测速发电机的空心杯形转子可以看成由很多导体并联而成。定子励磁绕组加大小不变的交流励磁电压 U_1 后，励磁电流在励磁绕组的轴线方向上产生随时间按正弦规律变化的脉振磁通 Φ_1。当转子静止不动时,交流异步测速发电机类似于一台变压器,励磁绕组相当于变压器的一次侧绕组,转子导体相当于变压器的二次侧绕组。由于磁通的方向与输出绕组的轴线垂直,因此不会在输出绕组中产生感应电动势。当转子不动时,输出绕组的输出电压 U_2 等于零。当转子旋转时,转子导体因切割磁通而产生感应电流,该电流又产生磁通 Φ_2,此磁通在空间内是固定的,与输出绕组的轴线重合。Φ_2 随时间按正弦规律变化,因此,在输出绕组中感应出频率相同的输出电压 U_2。空心杯形转子中感应电流的大小与转子的转速成正比,因此输出电压与转子的转速成正比。转子反转时,输出电压的相位也相反。只要用一个电压表就可测出转速的大小及方向。

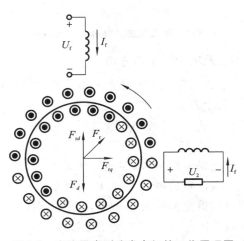

图 9-2　交流异步测速发电机的工作原理图

2. 交流异步测速发电机的工作特性

交流异步测速发电机的工作特性是输出特性,包括输出幅值特性和输出相位特性。控制系统不仅要求交流异步测速发电机输出电压的大小与转速成正比,而且希望输出电压与励磁电压的相位相同。在一定的励磁电压下,交流异步测速发电机输出电压的增值有效值与转速的关系称为输出幅值特性,即 $U_0 = f(n)$,输出电压与励磁电压的相位差(输出相位)与转速的关系称为输出相位特性。在理想情况下,输出幅值特性是一条通过原点的直线,输出相位特性是一条与横轴重合的直线,如图 9-3 所示。

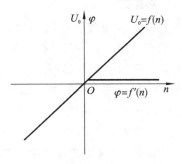

图 9-3　交流异步测速发电机的输出特性

(1)$n=0$ 时交流异步测速发电机不转。当转速 $n=0$ 时,转子中的电动势为变压器性质的电动势,该电动势产生的转子磁动势和励磁磁动势相同,均为直轴磁动势;输出绕组由于与励磁绕组在空间位置上相差 $90°$,因此不产生感应电动势,输出电压 $U_2=0$。

(2)$n \neq 0$ 时交流异步测速发电机旋转。当转速 $n \neq 0$ 时,交流异步测速发电机旋转,产

生切割电动势 E_r，其大小为

$$E_r = C_r \Phi_d n \qquad (9\text{-}2)$$

式中，C_r 为转子电动势常数，Φ_d 为脉振磁通幅值。

转子中的感应电动势会产生短路电流 I_s，考虑转子漏抗的影响，短路电流要滞后感应电动势一定的电角度。短路电流 I_s 产生脉振磁动势 F_r，它可分解为直轴磁动势 F_{rd} 和交轴磁动势 F_{rq}。直轴磁动势将影响励磁磁动势并使励磁电流发生变化，交轴磁动势产生交轴磁通 Φ_d。交轴磁通与输出绕组交链，感应出频率与励磁频率相同、幅值与交轴磁通 Φ_d 幅值成正比的感应电动势 E_2。

由于 $\Phi_q \propto F_{rq} \propto F_r \propto E_r \propto n$，所以 $E_2 \propto \Phi_q \propto n$，即输出绕组的感应电动势的幅值正比于电动机的转速，而频率与转速无关，为励磁电源的频率。

3. 交流异步测速发电机的误差

交流异步测速发电机的误差主要包括幅值及相位误差和剩余电压误差。

（1）幅值及相位误差。产生原因：励磁绕组存在漏电感，从而产生线性误差。

减小该误差的方法：增大转子电阻和在励磁绕组中串入适当的电容加以补偿。

（2）剩余电压误差。产生原因：由于加工、装配过程中存在机械上的不对称及定子磁性材料性能的不一致性，因此交流异步测速发电机的转速为零时，实际输出电压并不为零，此时的电压称为剩余电压，剩余电压引起的误差称为剩余电压误差。

减小该误差的方法：绕组采用四极，选择高质量的各方向特性一致的磁性材料，在加工和装配过程中提高机械精度以及装配补偿绕组。

9.2 单相异步电动机

单相异步电动机就是指用单相交流电源供电的异步电动机。

单相异步电动机具有结构简单、成本低、噪声小、运行可靠等优点，因此广泛应用在家用电器、电动工具、自动控制系统等方面。单相异步电动机与同容量的三相异步电动机比较，它的体积较大，运行性能较差，因此一般只制成小容量的电动机。我国现有的单相异步电动机的功率从几瓦到几千瓦不等。

9.2.1 单相单绕组异步电动机的工作原理

1. 一相定子绕组通电的异步电动机

一相定子绕组通电的异步电动机就是指定子上的主绕组（工作绕组）是一个单相绕组的异步电动机。当主绕组外加单相交流电后，在定子气隙中就会产生一个脉振磁场（脉动磁场），该磁场的振幅位置在空间内固定不变，大小随时间做正弦规律变化，如图 9-4 所示。

为了便于分析，我们利用已经学过的三相异步电动机的知识来研究单相异步电动机。首先研究脉振磁动势的特性。

通过图 9-4 可知，一个脉振磁动势可由一个正转磁动势 F 和一个反转磁动势 F' 组成，它们的幅值大小相等（大小为脉振磁动势的一半）、转速相同、转向相反，由磁动势产生的磁场分别为正向和反向旋转磁场。同理，正、反向旋转磁场能合成一个脉振磁场。

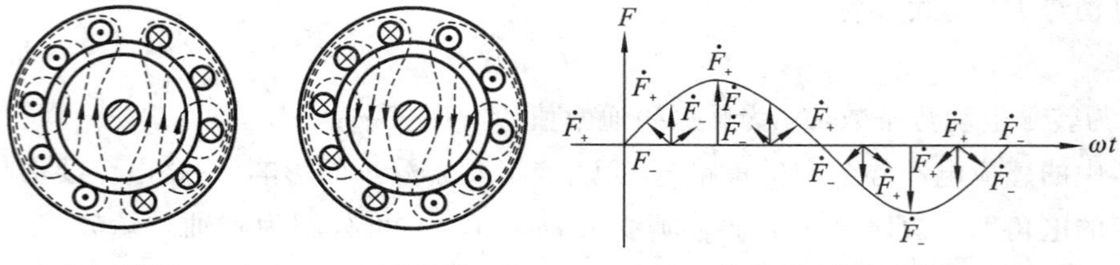

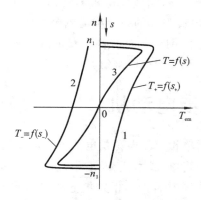

(a)正半周　　　　(b)负半周　　　　(c)脉振磁动势变化曲线

图 9-4　单相绕组通电时的脉振磁场

2. 单相异步电动机的机械特性

单相单绕组异步电动机通电后产生的脉振磁场,可以分解为正、反向的旋转磁场。因此,电动机的电磁转矩由两个旋转磁场产生的电磁转矩合成。当电动机旋转后,正、反向旋转磁场产生电磁转矩 T_+、T_-,它的机械特性变化与三相异步电动机的相同。在图 9-5 中,曲线 1 和曲线 2 分别表示 $T_+ = f(s_+)$、$T_- = f(s_-)$ 的特性曲线,它们的转差率为

$$s_+ = \frac{n_1 - n}{n} \tag{9-3}$$

$$s_- = \frac{-n_1 - n}{-n_1} \tag{9-4}$$

图 9-5　一相绕组通电时单相异步电动机的机械特性

曲线 3 表示单相单绕组异步电动机的机械特性。当 T_+ 为拖动转矩,T_- 为制动转矩时,单相单绕组异步电动机的机械特性具有下列特点。

(1)当转子不动时,$n=0$,$T_+ = T_-$,$T_{em} = T_+ + T_- = 0$,表明单相异步电动机的一相绕组通电时无启动转矩,电动机不能自行启动。

(2)旋转方向不固定时,由外转矩确定旋转方向,电动机一经启动,就会继续旋转。当 $n > 0$,$T_{em} > 0$ 时,机械特性在第一象限,电磁转矩属于拖动转矩,电动机正转运行;当 $n < 0$,$T_{em} < 0$ 时,机械特性在第三象限,T_{em} 仍是拖动转矩,电动机反转运行。

(3)由于反向电磁转矩起制动作用,因此,单相异步电动机的过载能力、效率、功率因数较低。

9.2.2　单相异步电动机的类型及启动方法

单相异步电动机不能自行启动,如果在定子上安放具有空间相位差 90° 的两套绕组,然

后通入相位差为 $90°$ 的正弦交流电,那么就能产生一个像三相异步电动机那样的旋转磁场,实现自行启动。常用的单相异步电动机有分相式和罩极式两种。

1. 单相分相式异步电动机

单相分相式异步电动机的结构特点是定子上有两套绕组,一相为主绕组(工作绕组),另一相为副绕组(辅助绕组),它们的参数基本相同,在空间内的相位相差 $90°$。如果通入两相对称相位相差 $90°$ 的电流,即 $i_v = I_m\sin\omega t$,$i_u = I_m\sin(\omega t + 90°)$,就能实现单相异步电动机的启动,如图 9-6 所示。

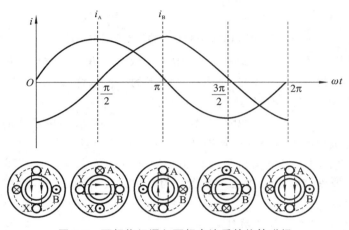

图 9-6 两相绕组通入两相电流后的旋转磁场

图 9-6 反映了两相对称电流的波形和合成磁场的形成过程。由图可以看出,当 ωt 经过 $360°$ 后,合成磁场在空间内也转过了 $360°$,即合成磁场旋转一周。磁场旋转速度为 $n_1 = 60f_1/p$,此速度与三相异步电动机旋转磁场的速度相同。单相异步电动机的机械特性如图 9-7 所示。

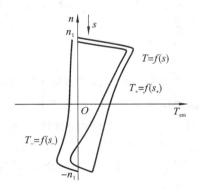

图 9-7 椭圆磁动势时单相异步电动机的机械特性

由上面的分析可以看出,单相分相式异步电动机启动的必要条件为:

(1)定子具有不同空间相位的两套绕组;

(2)两套绕组中通入不同相位的交流电流。

根据上面的启动要求,单相分相式异步电动机按启动方法分为如下几类。

1)单相电阻分相启动异步电动机

单相电阻分相启动异步电动机的定子上嵌放两相绕组,如图 9-8 所示。两相绕组接在同一个单相电源上,辅助绕组中串接一个离心开关。开关的作用是当转速上升到同步转速的80%时,断开副绕组,使电动机运行在只有主绕组的工作情况下。

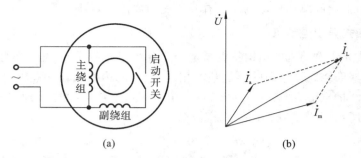

(a) (b)

图9-8 单相电阻分相启动异步电动机的电路图

为了使电动机启动时产生启动转矩,通常可采取两种方法:①副绕组中串入适当电阻;②副绕组采用的导线比主绕组的细,匝数比主绕组的少。这样,两相绕组的阻抗就不同,促使通入两相绕组的电流相位不同,达到启动的目的。

由于电阻分相启动时,电流的相位移较小,小于90°,启动时,电动机的气隙中建立椭圆形旋转磁场,因此单相电阻分相启动异步电动机的启动转矩较小。

单相电阻分相启动异步电动机的转向由气隙磁场的方向决定。若要改变电动机的转向,只要把主绕组或副绕组中的任意一个绕组的电源接线对调,就能改变气隙磁场,达到改变电动机转向的目的。

2)单相电容分相启动异步电动机

单相电容分相启动异步电动机的电路图如图9-9所示。

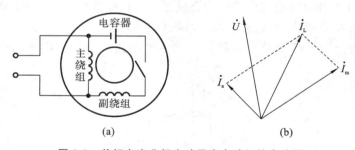

(a) (b)

图9-9 单相电容分相启动异步电动机的电路图

从图9-9中可以看出,当副绕组中串联一个电容器和一个开关后,如果电容器的容量选择适当,则可以使启动时通过副绕组的电流在时间和相位上超前主绕组电流90°,这样,在启动时就可以得到一个接近圆形的旋转磁场,从而有较大的启动转矩。电动机启动后转速达到同步转速的75%~85%时,副绕组通过开关自动断开,主绕组进入单独稳定运行状态。

3)单相电容运转异步电动机

若单相异步电动机的副绕组不仅在启动时起作用,而且在电动机运转中也长期工作,则将这种电动机称为单相电容运转异步电动机,如图9-10所示。

单相电容运转异步电动机实际上是一台两相异步电动机,其定子绕组产生的气隙磁场较接近于圆形旋转磁场,因此其运行性能较好,功率因数、过载能力比普通单相分相式异步电动机的好。电容器的容量选择较重要,它对启动和运行性能的影响较大。如果电容器的容量大,则启动转矩大,而运行性能差,反之,则启动转矩小,运行性能好。综合以上因素,为了保证有较好的运行性能,单相电容运转异步电动机的电容器容量比同功率的单相电容分相启动异步电动机的电容器容量要小,启动性能不如单相电容分相启动异步电动机。

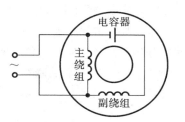

图 9-10　单相电容运转异步电动机的电路图

4）单相双值电容异步电动机（又称单相电容启动和运转异步电动机）

如果要使单相异步电动机在启动和运行时都能得到较好的性能，则可以采用两个电容并联再与副绕组串联的接线方式，这种电动机称为单相电容启动和运转异步电动机，如图 9-11 所示。

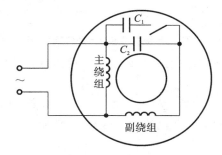

图 9-11　单相电容启动和运转异步电动机的电路图

图 9-11 中，电容器 C_1 的容量较大，C_2 为运转电容，容量较小。启动时 C_1 和 C_2 并联，总电容器的容量较大，所以有较大的启动转矩；启动后，C_1 切除，只有 C_2 运行，因此电动机有较好的运行性能。

2. 单相罩极式（磁通分相式）异步电动机

单相罩极式异步电动机的结构有凸极式和隐极式两种，其中以凸极式结构最为常见，如图 9-12 所示。

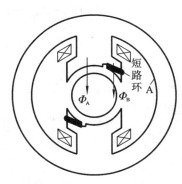

图 9-12　凸极式异步电动机的示意图

凸极式异步电动机的定子做成凸极铁芯，然后在凸极铁芯上安装集中绕组，组成磁极，在每个磁极的 1/4～1/3 处开一个小槽，槽中嵌放短路环，将小部分铁芯罩住。转子均采用笼形结构。

当单相罩极式异步电动机的定子绕组通入正弦交流电后，将产生交变磁通 Φ，其中一部

分磁通 Φ_A 不穿过短路环,另一部分磁通 Φ_B 穿过短路环。由于短路环的作用,当穿过短路环的磁通发生变化时,短路环必然产生感应电动势和感应电流,感应电动势和感应电流总是阻碍磁通变化,这就使穿过短路环部分的磁通 Φ_B 滞后未穿过短路环部分的磁通 Φ_A,使磁场中心线发生移动。于是,电动机内部产生了一个移动的磁场或扫描磁场,将其看成是椭圆度很大的旋转磁场,在该磁场的作用下,电动机将产生一个电磁转矩,使电动机旋转,如图 9-13 所示。

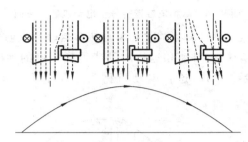

图 9-13　单相罩极式异步电动机移动磁场示意图

由图 9-13 可以看出,单相罩极式异步电动机的转向总是从磁极的未罩部分向被罩部分移动,即转向不能改变。

单相罩极式异步电动机的主要优点是结构简单,成本低,维护方便,但启动性能和运行性能较差,所以主要用于小功率电动机的空载启动场合,如电风扇等。

9.2.3　单相异步电动机的调速

单相异步电动机在某些场合要求有不同的速度,如电动工具、电风扇等。为此,单相异步电动机常用的调速方法有变频调速、串电抗调速、串电容调速和抽头法调速等。下面简单介绍串电抗调速和抽头法调速。

1. 串电抗调速

在电动机的电源线路中串入起分压作用的电抗器,通过改变电抗器的电抗值来改变电动机的端电压,达到调速的目的,这种方法称为串电抗调速,如图 9-14 所示。

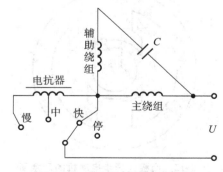

图 9-14　串电抗调速的电路图

串电抗调速的优点是结构简单、调速方便,但耗电材料多。

2. 抽头法调速

在电动机定子铁芯的主绕组上多嵌放一个调速绕组,由调速开关改变调速绕组串入主绕组的匝数,达到改变气隙磁场的目的,从而改变电动机的速度,这种方法称为抽头法调速,如图 9-15 所示。

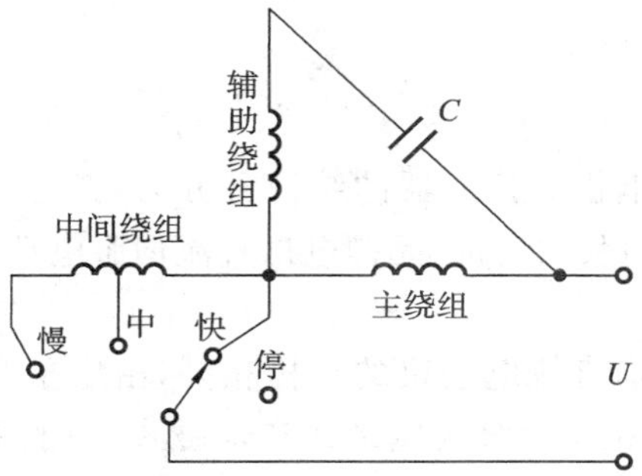

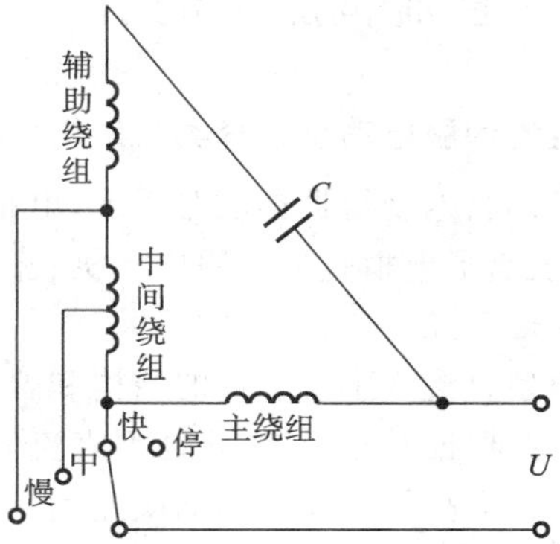

图 9-15　抽头法调速的电路图

(a)T形接法　　　　　　　　　　(b)L形接法

抽头法调速的优点是节省材料、耗电少,但绕组嵌放比较复杂。

以上调速方法适用于分相式和罩极式单相异步电动机。

9.2.4　三相异步电动机的单相运行

如果某种原因造成三相异步电动机定子绕组的一相无电流,如熔断器熔断一相或定子绕组一相断路,则将这种现象称为断相。这时三相异步电动机运行在单相状态。这里有两种情况:若三相异步电动机在启动前断了一相,对于星形连接的绕组而言,则无启动转矩,对于三角形连接的绕组而言,相当于电阻分相启动,产生很小的启动转矩;若运行中断了一相,则电动机继续旋转,但其他两相电路中的电流剧增,如果所带负载接近额定负载,将造成运行电流超过额定电流,时间一长,电动机就会发热烧坏。

由上述情况可知,三相异步电动机应该在二相以上的电路中设有过电流保护装置,这样一旦发生一相断路,就能自动切断电源。

9.3　伺服电动机

伺服电动机又称执行电动机,在自动控制系统中用作执行元件。伺服电动机可以把输入的电压信号变换成电动机轴上的角位移、角速度等机械信号输出。改变控制信号的极性和大小,便可改变伺服电动机的转向和转速。

自动控制系统对伺服电动机的性能要求如下。

(1)无自转现象。在控制信号到来之前,伺服电动机转子静止不动;在控制信号到来之后,转子迅速转动;当控制信号消失时,伺服电动机转子应立即停止转动。控制信号为零时电动机继续转动的现象称为自转现象,消除自转现象是自动控制系统正常工作的必要条件。

(2)空载始动电压低。电动机空载时,转子不论在哪个位置,从静止状态开始启动至连续运转的最小控制电压称为始动电压。始动电压越低,表示电动机的灵敏度越高。

(3)机械特性和调节特性的线性度好,能在较大范围内平滑、稳定地调速。

(4)快速响应性能好,即机电时间常数小,因而伺服电动机要求转动惯量小。

按控制电压的不同,伺服电动机可分为直流伺服电动机和交流伺服电动机两大类。

9.3.1 直流伺服电动机

1.直流伺服电动机的分类与结构

直流伺服电动机根据磁路系统、电枢结构、电刷和换向器的结构可分为：普通型直流伺服电动机、盘形电枢直流伺服电动机、杯形直流伺服电动机、无槽电枢直流伺服电动机等。

1）普通型直流伺服电动机

普通型直流伺服电动机的结构和普通型他励直流电动机的结构相同，由定子和转子两部分组成。根据励磁方式，普通型直流伺服电动机又可分为电磁式和永磁式，一般常用的是永磁式。为提高控制精度和响应速度，普通型直流伺服电动机的电枢铁芯长度与直径之比比普通电动机的大，气隙比普通电动机的小。图 9-16 所示为普通型直流伺服电动机的结构图。

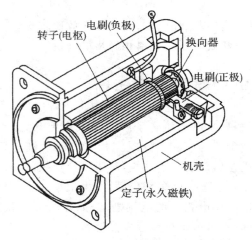

图 9-16 普通型直流伺服电动机的结构图

2）盘形电枢直流伺服电动机

盘形电枢直流伺服电动机的电枢直径远大于长度。定子由永久磁铁和前后磁轭组成，形成轴向的平面气隙。电枢是印刷绕组或绕线式绕组，形成径向电流，径向电流和轴向磁场使电动机旋转。图 9-17 所示为盘形印刷绕组直流伺服电动机的结构图。

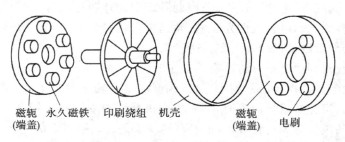

图 9-17 盘形印刷绕组直流伺服电动机的结构图

盘形电枢直流伺服电动机的特点是结构简单、启动转矩大、力矩波动小、转向性能好、电枢转动惯量小、反应快，主要应用在低速、启动频繁、要求薄型安装的场合，如数控车床、机器人等。

3）杯形直流伺服电动机

杯形直流伺服电动机的结构如图 9-18 所示。空心杯形转子可以由事先成型的单个线圈沿圆柱面排列成杯形，或直接用绕线机绕制成杯形，再用环氧树脂固化成型。杯形直流伺服电动机有内、外定子，外定子用作永久磁铁，内定子起磁轭作用。

杯形直流伺服电动机的特点是惯量小、灵敏度高、耗能低、力矩波动小、换向性能好等，多应用在高精度的自动控制系统及测量设备中，如摄像机、录音机、X-Y 函数记录仪等。

4）无槽电枢直流伺服电动机

无槽电枢直流伺服电动机的结构如图 9-19 所示，其结构和普通电动机的结构几乎没有差别，唯一不同的是电枢铁芯是光滑的无槽的圆锥体。电枢的制造是将敷设在光滑的铁芯表面的绕组用环氧树脂固化成型，然后粘接在铁芯上。无槽电枢直流伺服电动机主要应用在动作速度快、功率大的场合，如数控机床、雷达天线的驱动等。

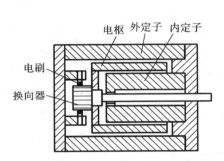

图 9-18　杯形直流伺服电动机的结构图

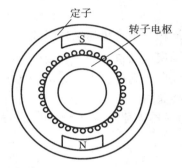

图 9-19　无槽电枢直流伺服电动机的结构图

2. 直流伺服电动机的运行特性

直流伺服电动机的转速关系式为

$$n=\frac{U}{C_{\mathrm{E}}\Phi}-\frac{R_{\mathrm{a}}}{C_{\mathrm{E}}C_{\mathrm{T}}\Phi^2}T_{\mathrm{em}}=\frac{U}{k_{\mathrm{e}}}-\frac{R_{\mathrm{a}}}{k_{\mathrm{e}}k_{\mathrm{T}}}T_{\mathrm{em}}=\frac{U}{k_{\mathrm{e}}}-kT_{\mathrm{em}} \tag{9-5}$$

式中，$k_{\mathrm{e}}=C_{\mathrm{E}}\Phi$，$k_{\mathrm{T}}=C_{\mathrm{T}}\Phi$，$k=\frac{R_{\mathrm{a}}}{k_{\mathrm{e}}k_{\mathrm{T}}}$。

根据式（9-5）可以得出直流伺服电动机的机械特性和调节特性。

1）机械特性

机械特性是指在控制电压保持不变的情况下，直流伺服电动机的转速 n 随转矩变化的关系。图 9-20 所示为给定不同的电枢电压（控制电压加在电枢绕组上）得到的直流伺服电动机的机械特性。

从机械特性上看，不同电枢电压下的机械特性曲线为一组平行线，其斜率为 $-k$。从图 9-20 中还可以看出，当控制电压一定时，不同的负载转矩对应不同的机械转速。

2）调节特性

调节特性是指负载转矩恒定时，电动机的转速与电枢电压的关系。直流伺服电动机的调节特性如图 9-21 所示。

当转矩一定时，转速与电压的关系也为一组平行线，其斜率为 $1/k_{\mathrm{e}}$。当转速为零时，不同的负载转矩可得到不同的启动电压。当电枢电压小于启动电压时，直流伺服电动机将不能启动。

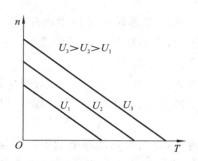

图 9-20　不同电枢电压下的直流伺服电动机的机械特性

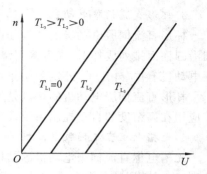

图 9-21　直流伺服电动机的调节特性

9.3.2　交流伺服电动机

1. 交流伺服电动机的工作原理

交流伺服电动机分为永磁式同步交流伺服电动机和永磁式异步交流伺服电动机。

交流伺服电动机和单相异步电动机的结构相似,为两相交流电动机,由定子和转子两部分组成。转子有笼形和杯形两种。定子为两相绕组,并在空间内相差 90°电角度,一相为励磁绕组,另一相为控制绕组。图 9-22 所示为交流伺服电动机的工作原理图。

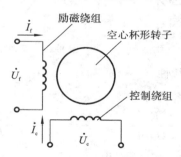

图 9-22　交流伺服电动机的工作原理图

交流伺服电动机适用于 0.1~100 W 的小功率自动控制系统,频率有 50 Hz、400 Hz 等多种。

交流伺服电动机除了从控制特性上要求必须像直流伺服电动机一样具有伺服特性外,还要避免自转现象。

当额定电压、控制电压为零时,交流伺服电动机相当于一台单相异步电动机,若转子电阻较小,阻转矩小于单相运行时的最大转矩,则电动机仍然旋转,这样就产生了自转现象,造成电动机失控。避免自转现象的方法是增大转子的电阻,因此具有较大的转子电阻和下垂的机械特性是交流伺服电动机的主要特点。

2. 交流伺服电动机的控制方式

交流伺服电动机的控制方式有 3 种:幅值控制、相位控制和幅值-相位控制。

1)幅值控制

控制电压和励磁电压保持相位差 90°,只改变控制电压幅值来实现对电动机的控制,这种控制方法称为幅值控制。

当励磁电压为额定电压、控制电压为零时,交流伺服电动机的转速为零,电动机不转;当励磁电压为额定电压,控制电压也为额定电压时,电动机的转速最大,转矩也最大。所以,控制电压从零增大到额定电压,交流伺服电动机的转速也从零增大到最大。幅值控制的接线图如图 9-22 所示。

2)相位控制

控制电压和励磁电压均为额定值,通过改变控制电压和励磁电压的相位差来实现对电动机的控制,这种控制方法称为相位控制。

保持励磁电压不变,改变控制电压的相位,使其从 0° 增大到 90°,旋转磁场由脉动磁势变为椭圆磁势,最后变为圆形磁势,电动机的转速也从零增大到最大转速,转矩也达到最大。

3)幅值-相位控制

通过改变控制电压的幅值及控制电压与励磁电压的相位差来控制电动机的转速,这种控制方法称为幅值-相位控制。

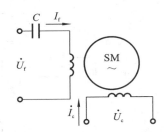

图 9-23 所示为幅值-相位控制的接线图。当控制电压的幅值发生变化时,电动机的幅值和相位差都会发生变化,从而达到改变转速的目的。这种控制方法不如前面两种,但其电路简单,不需要移相器,因此在实际应用中用得较多。

图 9-23　幅值-相位控制的接线图

 ## 9.4　步进电动机

9.4.1　概述

步进电动机是一种把电脉冲信号转换成机械角位移的控制电动机,常作为数字控制系统中的执行元件。由于其输入信号是脉冲电压,输出角位移是断续的,即每输入一个电脉冲信号,转子就前进一步,因此将其叫作步进电动机,也称为脉冲电动机。

步进电动机在近十几年发展很快,这是因为电力电子技术的发展解决了步进电动机的电源问题,而步进电动机能将数字信号转换成角位移,这正好满足了许多自动化系统的要求。步进电动机的转速不受电压波动和负载变化的影响,只与脉冲频率同步,在许多需要精确控制的场合应用广泛,如打印机的进纸,计算机的软盘转动,卡片机的卡片移动,绘图仪的 X、Y 轴驱动等。

9.4.2　基本结构

步进电动机从结构上来说,主要包括反应式、永磁式和复合式三种。反应式步进电动机依靠变化的磁阻产生磁阻转矩,又称为磁阻式步进电动机,如图 9-24(a)所示;永磁式步进电动机依靠永磁体和定子绕组之间所产生的电磁转矩工作,如图 9-24(b)所示;复合式步进电动机则是反应式步进电动机和永磁式步进电动机的结合。目前应用最多的是反应式步进电动机。步进电动机驱动电路的构成如图 9-25 所示。

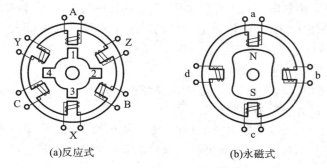

(a)反应式   (b)永磁式

图 9-24   步进电动机的基本结构

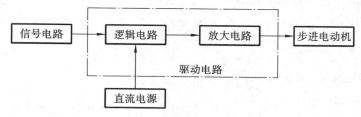

图 9-25   步进电动机驱动电路的构成

9.4.3   工作原理

以三相反应式步进电动机为例说明其工作原理。如图 9-26 所示,一般来说,若相数为 m,则定子极数为 $2m$,所以定子有 6 个齿极。定子相对的两个齿极组成一组,每个齿极上都装有集中控制绕组。同一相的控制绕组可以串联也可以并联,只要它们产生的磁场极性相反。反应式步进电动机的转子类似于凸极式同步电动机,这里讨论有 4 个齿极的情况。

当 A 相绕组通入直流电流 i_A 时,由于磁力线力图通过磁阻最小的路径,因此转子将受到磁阻转矩的作用而转动。当转子转到其轴线与 A 相绕组轴线相重合的位置时,磁阻转矩为零,转子停留在该位置,如图 9-26(a)所示。如果 A 相绕组不断电,转子将一直停留在这个平衡位置,称为"自锁"。要使转子继续转动,可以将 A 相绕组断电,使 B 相绕组通电。这样转子就会顺时针旋转 30°,到其轴线与 B 相绕组轴线相重合的位置,如图9-26(b)所示。继续改变通电状态,使 B 相绕组断电,C 相绕组通电,转子将继续顺时针旋转 30°,如图9-26(c)所示。如果三相定子绕组按照 A—C—B 的顺序通电,则转子将沿逆时针方向旋转。上述定子绕组的通电状态每切换一次称为"一拍",其特点是每次只有一相绕组通电。每通入一个脉冲信号,转子转过一个角度,这个角度称为步距角。每经过三拍完成一次通电循环,所以称为"三相单三拍"通电方式。

三相反应式步进电动机采用三相单三拍运行方式时,在绕组断、通电的间隙,转子有时会失去自锁能力,出现失步现象。另外,在转子频繁启动、加速、减速的步进过程中,由于惯性的影响,转子在平衡位置附近有可能出现振荡现象。所以,三相反应式步进电动机的三相单三拍运行方式容易出现失步和振荡现象,常采用三相双三拍运行方式。

三相双三拍运行方式的通电顺序是 AB—BC—CA—AB。由于每拍都有两相绕组同时通电,如 A、B 相通电时,转子齿极 1、3 受到定子磁极 A、X 的吸引,而转子齿极 2、4 受到定子磁极 B、Y 的吸引,转子在两个吸力相平衡的位置停止转动,如图 9-27(a)所示。下一拍 B、C

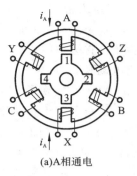 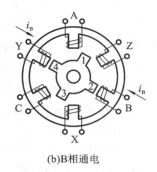 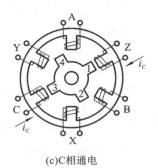

(a)A相通电 (b)B相通电 (c)C相通电

图 9-26　三相反应式步进电动机的工作原理图(三相单三拍)

相通电时,转子将顺时针转过 30°,到达新的平衡位置,如图 9-27(b)所示。再下一拍 C、A 相通电时,转子将再顺时针转过 30°,到达新的平衡位置,如图 9-27(c)所示。可见,这种运行方式的步距角也是 30°。

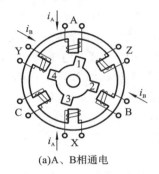 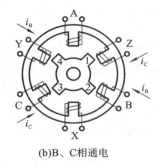 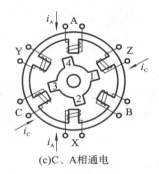

(a)A、B相通电 (b)B、C相通电 (c)C、A相通电

图 9-27　三相反应式步进电动机的工作原理图(三相双三拍)

采用三相双三拍运行方式时,在切换过程中总有一相绕组处于通电状态,转子齿极受定子磁场控制,不易产生失步和振荡现象。

对于图 9-26 和图 9-27 所示的三相反应式步进电动机,其步距角都太大,不能满足控制精度的要求。为了减小步距角,可以将定子、转子加工成多齿结构,如图 9-28 所示。设脉冲电源的频率为 f,转子齿数为 Z_r,转子转过一个齿距需要的脉冲数为 N,则每次转过的步距角为

$$\alpha_b = \frac{360°}{Z_r N} \tag{9-6}$$

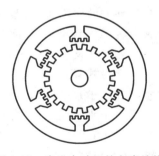

图 9-28　步进电动机的多齿结构

因为步进电动机的转子旋转一周所需要的脉冲数为 $Z_r N$,所以步进电动机的转速为

$$n = \frac{60f}{Z_r N} \tag{9-7}$$

显然,步进电动机的转速正比于脉冲电源的频率。

9.5 直线电动机与磁悬浮

在自动化领域,电动机被广泛用于驱动各种机械来实现直线运动。旋转电动机是通过中间转换装置将旋转运动变换为直线运动的。例如.通过安装在电机轴上的齿轮与安装在

欲作直线运动的机械上的齿条,即可方便地将电动机的旋转运动变换为机械的直线运动。但中间机械变换装置(如齿轮和齿条)通常存在间隙、制造误差、环境变化产生的形变误差(如温度导致的热胀冷缩),它们都会影响直线运动控制的性能。能否省去中间机械变换装置,直接由电动机作直线运动驱动?回答是肯定的。早在直流电动机诞生不久,英国人Charles Wheatstone 就于 1845 年研制出了直线电机(linear machine,LM),实现了电能和直线运动的机械能之间的直接转换;1890 年,美国匹兹堡市市长首次发表了关于直线感应电机(linear induction machine,LIM)的专利;1954 年,英国皇家飞机制造公司研制了双边型直线电机驱动的导弹发射装置;1979 年,日本建成长 7.5 km、时速高达 530 km/h 的宫崎磁悬浮铁道试验线;1984 年,英国建成直线感应电机驱动的磁悬浮运输线。近年来,随着永磁材料、功率电子、微电子技术的进步,永磁直线同步电动机(permanent magnet linear synchronous motor,PMLSM)及其驱动技术发展很快。日本 FANUC 公司生产的 PMLSM 最高移动速度可以达到 240 m/min,最大推力可以达到 9000 N。美国 Kollmorgen 公司生产的 PMLSM,其低速平滑运行速度可达到低于 1 μm/s 的水平。2003 年,美国研制出推力超过 2 MN 的 PMLSM 航空母舰飞机推进器(电磁甲板),可使飞机起飞时在较短的距离和时间内让起飞速度加速至升空速度。起飞时间的缩短,意味着可增加单位时间内飞机起飞的架数;起飞距离的缩短,意味着可以减小航空母舰的体积。直线电机还可以用于其他水平运输系统和垂直运输系统。水平运输用于过山车、移动人行道、行李运输线等,垂直运输则常用于高层建筑电梯和矿井提升系统。研究数据表明,采用永磁直线电机驱动的垂直提升系统,在系统驱动载荷相同的情况下,可比普通旋转电机驱动节能 10% 左右,且易于实现快速、频繁的启、制动。直线电机在需要直线运动驱动的场合的应用越来越广泛。

9.5.1 感应式直线电动机的基本结构和工作原理

1. 基本结构

与普通旋转电动机一样,直线电动机也可分为直流和交流两大类型。其中,交流直线电动机又分为感应异步式、感应同步式和永磁同步式三种。

将一台三相交流感应式异步电动机沿 A 面剖开,如图 9-29 所示,水平展开即形成一台三相交流感应式异步直线电动机的原型结构。如果将通以三相交流电流的一侧(也称为直线电动机的定子)固定,则三相交流电流在定子绕组与水平转子间的气隙磁场由原来的旋转磁场变为一个水平向一个方向扫动的磁场,产生的电磁力将推动转子向一个方向作水平直线运动。对于直线电动机,由于其作直线运动,因此将原来的转子改称为滑子。运行时,定子、滑子间有相对直线运动,须有一方延长,才能使运动连续。滑子延长的称为短定子直线电动机,定子延长的称为短滑子直线电动机。仅在滑子一边安装定子的称为单边型直线电动机,在滑子两边都安装定子的称为双边型直线电动机。后面的分析将说明,对于单边型直线电动机,滑子运动时除了受到水平直线方向的推力(切向力)外,还会同时受到垂直方向的推力(法向力)。除此之外,直线电动机还可以制成图 9-29 所示的圆筒形。当有特殊需求时,圆筒形直线电动机的滑子可以实现作直线运动的同时作旋转运动。

2. 工作原理

三相交流感应式异步直线电动机的定子绕组在空间内沿水平方向对称分布。当三相UVW 绕组中通入时间对称的三相正弦交流电流时,在空间内即形成正弦分布的沿 UVW

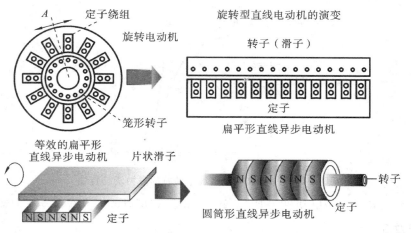

图 9-29　三相交流感应式异步直线电动机的结构

方向直线运动的气隙行波磁场，直线运动速度用 v_0 表示。运动磁场切割滑子导体，产生感应电动势，形成滑子电流，磁场对载流导体产生沿磁场运动方向的电磁力。如果定子固定，则电磁力将带动转子及负载作直线运动，运动速度用 v 表示。对于普通旋转式三相异步电动机，气隙磁场的同步转速为

$$n_0 = \frac{60f}{p}$$

旋转一周将转过 $2p$ 个极距，即 $2p\tau$ 空间电角度；对于直线电动机，气隙磁场的运动转化为水平直线运动，对应地，在定子内表面磁场运动的线速度为

$$v_0 = \frac{n_0}{60} \times 2p\tau = 2\tau f \qquad (9\text{-}8)$$

可见，直线电动机的同步速度 v_0 与极距 τ 成正比，而与磁极对数 p 无关。

与旋转电动机的转差率对应，若滑子的速度为 v，则直线电动机的滑差率为

$$s = \frac{v_0 - v}{v_0} \qquad (9\text{-}9)$$

这样，滑子的运动速度可以表示为

$$v = v_0(1-s) = 2\tau f(1-s) \qquad (9\text{-}10)$$

3. 推力滑差特性

与旋转电动机的机械特性对应，直线电动机的机械特性用推力滑差特性来描述。感应式异步直线电动机的工作原理与感应式旋转电动机的原理是完全相同的，它们各自内部电磁关系、功率关系也是一样的。与普通旋转电动机一样，感应式直线电动机的电磁功率为

$$P_{em} = P_1 - P_{Cus} - P_{Fe}$$

正常运行时，滑差率很小，滑子中的磁通频率 f 很低，滑子铁损耗可以忽略不计，因此机械功率为

$$P_M = P_{em} - P_{Cur}$$

忽略机械损耗 P_0 时，可认为输出机械功率 P_2 等于滑子所受磁力 F 乘以滑子直线运动速度 v，这样，电磁推力可表示为

$$F \approx \frac{P_2}{v} = \frac{P_2}{2\tau f(1-s)} \qquad (9\text{-}11)$$

利用与笼形电动机相似的等值电路，经转换即可得到滑差率与推力间的关系，如图 9-30

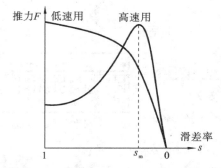

图 9-30　感应式异步直线电动机的推力滑差特性

所示。与绕线式转子异步电动机类似,改变滑子电阻就可以改变直线电动机启动时的推力。

4. 端部效应

感应式异步直线电动机虽然可以看作是将感应式旋转电动机的定子、转子和气隙沿径向刨开而形成的,但旋转电动机的铁芯是连续的,而直线电动机的定子、滑子铁芯必然存在中间段和两个边端,铁芯两端的气隙磁场的分布显然与铁芯中间段区域存在明显区别,这对直线电动机的运行将产生很大的影响,这种现象称为直线电动机的端部效应。

端部效应有横向和纵向之分。感应式异步直线电动机的定子、滑子的长、宽都是有限的,在有限长、宽的情况下,滑子电流和滑子形状对气隙磁场均会产生影响,这种影响称为感应式异步直线电动机的横向端部效应。例如,若滑子的横向宽度远大于定子的横向宽度,则滑子在定子上方时导体在横向上的阻抗参数变化会使涡流分布不均,其电枢反应使横向的气隙磁场也分布不均,在铁芯横向端部产生畸变。对于一般的感应式异步直线电动机,横向端部效应的影响较小,常可以忽略不计。

纵向端部效应产生在磁场行波方向,有静态和动态之分。其中,由铁芯开断所引起的各相绕组互感不相等以及脉振磁场、反向行波磁场存在的现象,称为静态纵向端部效应。定子铁芯断开及端部绕组半填充(单层),使得许多磁力线从铁芯的一端经过气隙直达铁芯的另一端,使线圈的电感变为与对应气隙的位置有关,铁芯中间段的电感与普通旋转电动机的类似,而两端的电感则相差很大,三相绕组之间的互感也不再相等。因此,直线电动机的三相阻抗是不相等的,这必然导致即使三相电源电压对称,但三相电流仍然是不平衡的,对应的磁场可以采用对称分量法分解为正序、负序和零序分量来进行分析。正序和负序分量对应的是两个方向相反的行波,零序分量对应的是驻波。正序行波磁场是产生直线运动推力所需的磁场,而负序、零序磁场则形成阻力和附加损耗。研究表明,随着磁极对数的增加,定子三相电流的不平衡度会相应下降。如果磁极对数在 3 以上,由定子三相电流不平衡所导致的影响可以忽略不计,静态纵向端部效应对电动机运行性能的影响也是十分有限的。

当电动机的滑子相对于定子作高速运动时,以图 9-29 所示的直线电动机为例,滑子中原来位于空气中的部分突然进入定子铁芯上方,或原来位于定子铁芯上方的部分突然离开而进入无定子铁芯的空气中时,滑子铁芯中的磁通强烈变化而产生涡流,在定子进入端和离开端将产生削弱和加强磁场的作用,使气隙磁场产生畸变。这种现象称为动态纵向端部效应,也称为进入、穿出效应。动态纵向端部效应所产生的涡流会产生附加损耗和附加力,引起推力波动,减小电动机的输出功率,对电动机的运行性能产生较大的影响。

感应式异步直线电动机在城市轨道交通领域获得了很好的应用。1974 年,日本的高速地面运输系统开始采用感应式异步直线电动机驱动,轮轨仅用作支撑和导向,可以将普通旋转电动机驱动的快速列车的最大爬坡坡度由 5%～6% 提高到 6%～8%，最小曲线半径由 250 m 降低到 80 m，特别适合在城市轨道交通如地铁列车驱动中应用。我国也在 2007 年广州地铁 4 号线上通过核心技术引进，采用了感应式异步直线电动机驱动运载系统。

感应式异步直线电动机的缺点是存在端部效应，漏磁比旋转电动机的大，机电能量转化的效率低于旋转电动机，并且承袭了感应式电动机需要定子电流建立磁场、功率因数较低的缺点，使感应式异步直线电动机的总效率降低。

感应式异步直线电动机的启动、调速、制动需要采用现代交流调速技术，常用的控制方式有转差频率控制（标量控制）、矢量控制和直接转矩控制。这些控制方式将在本专业后续课程"运动控制系统"中详细介绍。

9.5.2　交流同步直线电动机与磁悬浮

现代变频驱动技术的进步，使交流同步电动机的启动、调速、制动不再成为问题。向滑子绕组通入直流励磁电流，即可构成电励磁的交流同步直线电动机；滑子采用永磁结构，则成为永磁式交流同步直线电动机。交流同步直线电动机的主磁场由滑子侧建立，定子侧电流主要用于产生电磁转矩，功率因数得以提高，在轻载时表现得更为明显。

交流同步直线电动机与感应式异步直线电动机一样，也是由相同的旋转电动机演化而来的，其工作原理与普通旋转电动机的相同。20 世纪 60 年代后，作为高速地面运输的推进装置，20 世纪 80 年代后，作为提升装置的动力，交流同步直线电动机变得重要起来，现代数控机床的伺服进给驱动系统也越来越多地采用交流同步直线电动机。与普通旋转式同步电动机一样，交流同步直线电动机也具有多相电枢绕组和采用直流励磁的主磁场或永磁体主磁场。从控制角度观察，电励磁的交流同步直线电动机由于直流励磁可控，易于实现弱磁调速，因此容易获得较宽的运行速度范围；永磁式交流同步直线电动机则具有较大的功率密度，不需要直流励磁电源，容易获得较大的推力和实现快速灵敏的启、制动，但磁场调节困难，调速范围受到一定的限制。综合两者的优点，同时含有永磁和电励磁的混合励磁结构的交流同步直线电动机如图 9-31(c)、图 9-31(d) 所示。这种电动机可在额定速度范围内仅依靠永久磁铁来提供主磁场，励磁绕组不供电，在需要弱磁升速运行时才对励磁绕组供电，从而达到既保证较大的功率密度又具有较宽的调速范围的效果，付出的代价则是制造成本的增加。从原理上来看，交流同步直线电动机可以有电枢（定子）移动式或磁场（滑子）移动式，磁场移动式更为实用。一种长定子（电枢）短滑子（磁场）的交流同步直线电动机的结构如图 9-31(a) 所示。

对于同步直线电动机，滑子的直线运行速度等于三相定子绕组电流产生的行波气隙磁场速度。运动速度的大小为 $v=2\tau f$，方向可由电动机原理、左手定则和作用与反作用公理、牛顿运动规律确定。当三相电源电流的相序改变时，滑子所受水平推力的方向将随之改变。

当定子磁场沿水平方向运动时，同步直线电动机不仅能产生水平方向的电磁力，同时还可产生垂直方向的电磁力，如果电动机的定子与地面平行，则这种垂直方向的电磁力将会使滑子试图克服重力，使滑子和负载悬浮起来，形成磁悬浮现象。下面以图 9-32 所示的模型来解释这种现象产生的原因。

设有长为 l 的平行导体 1、2、3，各导体的两端短路连接，类似于笼形转子导体的连接情况，如图 9-32 所示。当有运动的永磁体磁极 N 以速度 v 在导体 2 上方扫过时，导体 2 会产生感应电动势并形成电流。假定运动磁场在导体中产生的感应电动势与电流是相同的，电

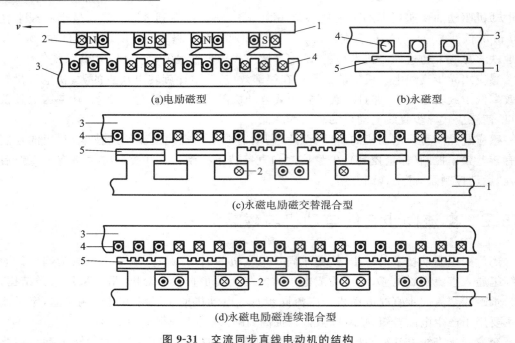

图 9-31　交流同步直线电动机的结构

1—滑子；2—直流励磁线圈；3—定子；4—定子绕组；5—永久磁铁

流从导体 2 中流出，分两路从导体 1、3 返回。由电动机原理、左手定则可知，磁极 N 对载流导体产生电磁力，导体 1、3 所受力的方向向左，导体 2 所受力的方向向右，如图 9-32 所示。由于导体 1、3 中的电流只有导体 2 中的一半，且导体 1、3 距离磁极 N 较远，其磁通密度小于导体 2 中的磁通密度，因此形成的合力方向向右。电磁力试图拖动导体沿磁极运动方向作直线运动。

如果导体由阻感构成，电流将滞后于电动势达到最大值。假定延迟时间为 $\mathrm{d}\tau$。导体中的电流在导体两侧也会产生磁场，由于导体左右对称，因此磁场的方向由右手螺旋定则确定。当磁极速度较低时，磁极经过 $\mathrm{d}\tau$ 时间形成的位移很小，可以忽略，认为 N 极的中心线仍位于导体 2 上方。导体 2 中的最大电流产生的磁场相对于 N 极也是对称分布的，磁极 N 既受到磁级右边的同性相斥的左斜上方的电磁力 $\boldsymbol{F}_{11}$ 的作用，也受到磁极左边的异性相吸的左斜下方的电磁力 $\boldsymbol{F}_{21}$ 的作用，两力大小相等，如图 9-33 所示。将这两个力各自分解成水平方向和垂直方向的力。垂直方向的合力为 $F_{12}-F_{22}=0$，水平方向的合力大小为 $F_{13}+F_{23}$，方向向左，阻止磁极运动。根据作用与反作用公理，水平向右运动的磁极 N 对导体将产生水平向右的拖动电磁力。

244

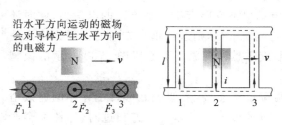

图 9-32　磁悬浮现象模型一

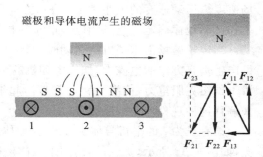

图 9-33　磁悬浮现象模型二

如果磁极 N 的运动速度加快,磁极 N 以很高的速度从导体 2 上扫过,经过 df 时间后,N 极在导体 2 上方移动的距离不可忽略。如果正好移动到导体 2、3 间的中心位置,这时 N 极受到的同极相斥的电磁力 F_{11} 是垂直向上的;异性相吸的电磁力 F_{21} 可分解为垂直方向和水平方向的两个分力,垂直向下的分力 F_{22} 很小,垂直方向总的合力大小为 $F_{11}-F_{22}$,方向垂直向上,水平分力向左,如图 9-34 所示。这样,水平向右高速运动的磁极一方面将产生水平方向的电磁力,试图拖动导体跟随其向右水平运动;另一方面将受到垂直向上的推力,使磁极向上离开导体,形成"悬浮"。

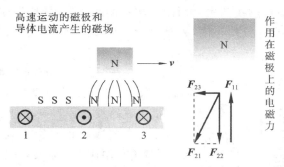

图 9-34　磁悬浮现象模型三

因此,我们可以得出这样的结论:在导体上高速运动的磁极既受到水平方向的电磁力作用,又受到垂直向上的电磁力作用。如果这种垂直向上的电磁力大到足以克服磁极重力时,磁极将在导体上方形成悬浮。这种依靠相互排斥的磁力形成的磁悬浮称为斥浮型磁悬浮。

一块钢板可以看作是由无限多根导体并联而成的,当磁极在钢板上方以较快的速度作水平直线运动时,磁极同样会受到磁悬浮力的作用。磁悬浮列车将固定在铁路上的钢轨作为无限长的固定钢板,将磁极安装在车厢底部正对钢轨,列车由直线电动机拖动。当列车高速运行时,随着速度的增加,磁悬浮力将大到足以克服列车重力,使列车悬浮在轨道上方滑行,这样就形成磁悬浮列车运行。

这种磁极与闭合回路导体在平面上作相对高速直线运动而产生的磁悬浮现象在异步直线电动机拖动中也可发生。磁悬浮列车既可以采用异步直线电动机拖动,也可采用同步直线电动机拖动。图 9-35 所示为一种采用异步直线电动机驱动的磁悬浮列车在拐弯处的剖面图。为了表示尽可能多的部件,左、右两部分剖面在不同的位置上,但实际上,其左、右剖面是对称的。

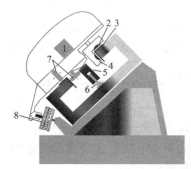

图 9-35　采用异步直线电动机驱动的磁悬浮列车在拐弯处的剖面图

1—逆变器;2—磁悬浮电磁铁;3—钢轨;4—导向电磁铁;5—三相定子绕组;
6—滑子;7—支持轮和导向轮;8—电刷、汇流排

磁悬浮列车在轨道上稳定滑行需要有三个方向的作用力,即水平牵引力、垂直悬浮力和两侧方向的导向力。铁路上有三根导轨:两侧有两根钢轨3,中间一根是铝制的铝板,用作异步直线电动机的滑子6。列车底部中央正对铝板的两侧安装有三相定子绕组5,形成双边型短定子异步直线电动机。

钢轨采用角钢。对着钢轨的水平和侧方向的列车底部分别安装有磁悬浮电磁铁2和导向电磁铁4,两面对称都有。路基左侧汇流排8通直流电。列车通过电刷将直流电引入列车配电室,经过换形转换成频率、电压可变的交流电送入电动机定子绕组,并将直流电送入磁悬浮电磁铁和导向电磁铁的线圈中。当两电磁铁的线圈通电时,形成固定的磁极。列车高速运行时,导向磁力将车厢推向正中,磁悬浮力使列车悬浮滑行。列车运行速度越快,磁悬浮力越大。

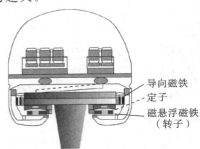

导向磁铁
定子
磁悬浮磁铁（转子）

图9-36 采用同步直线电动机驱动的磁悬浮列车

一种采用同步直线电动机驱动的磁悬浮列车如图9-36所示。电动机采用长定子结构。定子沿全铁路线分段。列车通过某一路段,该路段通电。车厢底部正对定子处安装有磁悬浮电磁铁(转子),用作直流励磁。列车运行时,定子直线运动磁场和转子磁场相互作用,产生水平牵引力和吸浮型磁悬浮力。列车运行时发电机对蓄电池充电;列车停止时蓄电池供电,可使列车悬浮1小时。列车悬浮高度在10 mm左右,通过闭环调节励磁电流来实现控制。由于需要全线铺设定子绕组,显然这种方案的成本会比较高。

根据定子、滑子安装位置的不同,磁悬浮也可采用吸浮类型。若将定子绕组安装于滑子上方,三相交流电流在定子绕组中产生水平运动磁场,直流电流使滑子绕组产生固定磁场,这两个磁场相互作用产生的电磁力分为两种情况:当电动机空载时,功率角为零,定子、滑子异极性磁极轴线重合,滑子磁极受到异极性磁极相吸的电磁力,形成垂直向上的磁悬浮力;当电动机负载时,功率角不为零,滑子磁极所受的力可分解为水平方向和垂直方向的分力,水平方向的分力牵引滑子随定子磁场作水平直线运动,垂直方向的分力即对滑子形成的磁悬浮力。所以,不论是否带负载,同步直线电动机都能对滑子产生磁悬浮力。这种依靠相互吸引的磁力形成的磁悬浮称为吸浮型磁悬浮。

三相交流直线电动机无论是异步的还是同步的,均无可避免地存在端部效应,三相电路不再对称,非线性、强耦合的特征更加明显,电动机数学模型的建立,即使是稳态模型,也要比旋转电动机复杂得多,通常需要借助有限元法和仿真软件进行分析。

思考题与练习题

1.为什么异步测速发电机输出电压的大小与电动机的转速成正比,而与励磁频率无关?
2.什么是异步测速发电机的剩余电压?如何减少剩余电压?
3.为什么直流测速发电机的负载不能小于规定值?
4.单相单绕组异步电动机能否自行启动?
5.比较单相电阻分相启动异步电动机、单相电容分相启动异步电动机、单相电容运转异步电动机的运行特点及使用场合。

6.如何改变分相式异步电动机的旋转方向？罩极式单相异步电动机的旋转方向能否改变？为什么？

7.一台定子绕组为 Y 形连接的三相笼形异步电动机轻载运行时,若一相引出线电源突然断电,电动机能否继续运行？如果带额定负载运行,能否继续运行？电动机停下来后能否重新启动？

8.一台单相电容运转式风扇,通电后不转动,用手拨动风扇叶则转动,这是什么故障？

9.什么是自转现象？两相伺服电动机如何自转？

10.直流伺服电动机的励磁电压下降,对电动机的机械性能和调节特性有何影响？

11.一台直流伺服电动机带恒转矩负载,测得启动电压为 4 V,当电枢电压为 5 V 时,转速为 1500 r/min。若要求转速为 3000 r/min,则电枢电压应为多少？

12.步进电动机的作用是什么？

13.步进电动机的步距角如何计算？

14.什么是直线电动机的端部效应？

15.感应式异步直线电动机由轨道和轨道上的车厢组成,轨道是一个展开的笼形绕组,车厢长 4.8 米,均匀分布展开的三相十二对极的电枢绕组。若供电电源的频率为 75 Hz,试问:

(1)以 km/h 为单位的同步速度是多少？

(2)如果在平路上行驶,车厢能达到这个速度吗？试说明理由。

(3)如果车厢以 100 km/h 的速度移动,则转差率是多少？在此条件下轨道中电流的频率是多少？

16.什么是磁悬浮？磁悬浮列车运行的主要优点是什么？

第⑩章 电动机的选择

电力拖动系统中,为使系统经济可靠地运行,必须根据生产机械的工艺要求及使用环境,综合考虑电动机的发热和冷却、工作制、结构类型、额定电压、额定转速、额定功率等方面的选择。

10.1　电动机的发热和冷却

10.1.1　电动机的发热

电动机在负载运行时,其内部总损耗转变为热能,使电动机的温度升高。由于电动机内部不断产生热量,电动机本身的温度就会升高,最终将超过周围环境的温度。一般把电动机温度高出环境温度的数值,称为电动机的温升。当电动机有了温升后,就要向周围散热。温升越高,散热越快。当电动机在单位时间内产生的热量等于散出去的热量时,电动机的温度将不再升高,这时电动机将保持一个不变的温升值,称为稳定温升,此时电动机处于发热与散热的动平衡状态。

由于电动机发热的具体情况比较复杂,为了方便研究分析,假设电动机长期运行,负载不变,总损耗不变,电动机各部分的温度均匀,周围环境温度不变。

根据能量守恒定律,在任意时间内,电动机产生的热量应该与电动机本身温度升高所需要的热量和散发到周围介质中的热量之和相等。如果用 $Q\mathrm{d}t$ 表示 $\mathrm{d}t$ 时间内电动机产生的总热量,用 $C\mathrm{d}\tau$ 表示 $\mathrm{d}t$ 时间内电动机温升 $\mathrm{d}\tau$ 所需的热量,用 $A\tau\mathrm{d}t$ 表示在同一时间内电动机散发到周围介质中的热量,则发热的过渡过程为

$$Q\mathrm{d}t = C\mathrm{d}\tau + A\tau\mathrm{d}t \tag{10-1}$$

即

$$\frac{C\mathrm{d}\tau}{A\mathrm{d}t} + \tau = \frac{Q}{A} \tag{10-2}$$

式中:Q 为电动机在单位时间内产生的热量(J/S);C 为电动机的热容量,即电动机温度升高所需要的热量(J/℃);A 为电动机的表面散热系数,表示温升为 1 ℃时单位时间内散发到周围介质中的热量[J/(℃•s)]。

令 $\tau_{\mathrm{w}} = \dfrac{Q}{A}$,发热时间常数 $T = \dfrac{C}{A}$,则式(10-2)可改写为

$$T\frac{\mathrm{d}\tau}{\mathrm{d}t} + \tau = \tau_{\mathrm{w}} \tag{10-3}$$

式(10-3)的解为

$$\tau = \tau_0 \mathrm{e}^{-t/T} + \tau_{\mathrm{w}}(1 - \mathrm{e}^{-t/T}) \tag{10-4}$$

式中,τ_0 为电动机的起始温升,即 $t=0$ 时的温升(℃)。

若发热过程开始时电动机的温度与周围介质的温度相等,则 $t=0$ 时的温升表达式为

$$\tau = \tau_{\mathrm{w}}(1-\mathrm{e}^{-t/T}) \tag{10-5}$$

由式(10-4)、式(10-5)可分别绘出电动机的温升曲线 1 和温升曲线 2,如图 10-1 所示。从图中可以看出,电动机的温升曲线是按指数规律变化的。温升变化的快慢与发热时间常数 T 有关,电动机温升 τ 最终趋于稳态温升 τ_{w}。

在电动机发热的初始阶段,由于温升小,散发出的热量较少,大部分热量被电动机吸收,因此温升增加较快。一段时间以后,电动机的温升增加,散发的热量也增加,而电动机的损耗产生的热量因负荷恒定而保持不变,因此电动机吸收的热量不断减少,温升变慢,温升曲线趋于平缓。当产生的热量与散发出的热量相等,即 $Q\mathrm{d}t = A\tau\mathrm{d}t$ 时,$\mathrm{d}\tau = 0$,电动机的温升不再增加,温度最后达到稳定值。

10.1.2　电动机的冷却

当电动机的负载减小或电动机断电停止工作时,电动机的总损耗及单位时间的发热量 Q 都将随之减小或不再产生,这样就使发热少于散热,破坏了热平衡状态,电动机的温度下降,温升降低。在降温的过程中,随着温升的降低,单位时间的散热量 $A\tau$ 也减小,当达到 $Q = A\tau$,即发热量等于散热量时,电动机不再继续降温,其温升又稳定在一个新的数值上。当电动机停车时,温升将降为零。温升下降的过程称为冷却。

热平衡方程对电动机的冷却过程同样适用,只是其中的起始值、稳态值不同,而时间常数相同。若设小负载之前的稳定温升为 τ_0,而重新负载后的稳定温升为 $\tau_{\mathrm{w}} = \dfrac{Q}{A}$,由于 Q 减小,因此 $\tau_0 > \tau_{\mathrm{w}}$。电动机冷却过程的温升曲线如图 10-2 所示,冷却过程的温升曲线也是一条按指数规律变化的曲线。当负载减小到某一数值时,$\tau_{\mathrm{w}} = \dfrac{Q}{A}$,如图 10-2 中的曲线 1 所示;如果把负载全部去掉,且断开电动机的电源,则 $\tau_{\mathrm{w}} = 0$,如图 10-2 中的曲线 2 所示。

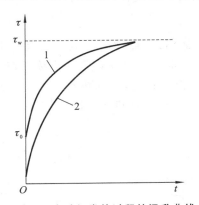

图 10-1　电动机发热过程的温升曲线

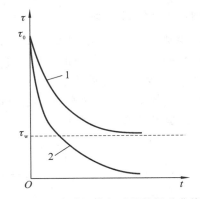

图 10-2　电动机冷却过程的温升曲线

10.1.3　电动机的允许温升

电动机运行时,损耗产生热量,使电动机的温度升高。电动机允许达到的最高温度是由电动机使用的绝缘材料的耐热程度所决定的。

不同的绝缘材料有不同的允许温度,根据国家标准规定,把电动机常用的绝缘材料分成若干等级,如表 10-1 所示。

表 10-1　电动机绝缘材料的等级和允许温度、允许温升

绝缘等级	绝缘材料类别	允许温度/℃	允许温升/℃
A	经过绝缘漆浸渍处理过的棉、丝、纸板、木材等，普通漆包线用绝缘漆	105	65
E	环氧树脂、聚酯薄膜、青壳纸、三醋酸、纤维薄膜、高强度漆包线用绝缘漆	120	80
B	云母、石棉、玻璃纤维（用耐热有机胶黏合或浸渍）	130	90
F	云母、玻璃纤维、石棉（用耐热合成环氧树脂等黏合或浸渍）	155	115
H	云母、石棉、玻璃纤维（用硅、有机树脂等黏合或浸渍）	180	140

表 10-1 中的绝缘材料的最高允许温升就是最高允许温度与标准环境温度 40 ℃的差值，它表示一台电动机能带负载的限度，而电动机的额定功率就代表了这一限度。电动机铭牌上所标注的额定功率，表示在环境温度为 40 ℃时，电动机长期连续工作所能达到的最高温度不超过绝缘材料最高允许温度时的输出功率。如果实际环境温度低于 40 ℃，则电动机可以在稍大于额定功率的条件下运行；反之，电动机必须在低于额定功率的条件下运行，以保证电动机所能达到的最高温度不超过绝缘材料的最高允许温度。

10.2　电动机的工作制

电动机有三种工作制，即连续工作制、短时工作制和周期性断续工作制。

1. 电动机的连续工作制

连续工作制是指电动机在拖动恒定负载的情况下持续运行的工作方式，电动机的工作时间 $t_w>(3\sim4)T$，足以使电动机的温升达到稳定值而不超过允许值。连续工作制又称为长期工作制，当电动机的铭牌没有说明电动机的工作方式时，电动机都是采用连续工作制的。在这种工作状态下一般负载类型是恒定的，如水泵、造纸机等。图 10-3 所示为连续工作制电动机的典型负载图和温升曲线图。

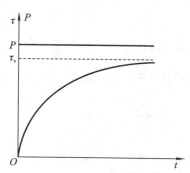

图 10-3　连续工作制电动机的典型负载图和温升曲线图

由图 10-3 可知，对于连续工作制的电动机，稳定温升 τ_s 恰好等于允许的最高温升值。

把达到最高温升时输出的功率作为额定功率。

2. 电动机的短时工作制

短时工作制是指电动机拖动恒定负载时电动机的工作时间 $t_w<(3\sim4)T$，该运行时间不足以使电动机达到稳定温升，温升还没有达到稳定值电动机就断电停转，在停转时间内电动机冷却到周围介质温度的工作方式。这种工作制常用于水闸启闭机、冶金用电动机、起重机中的电动机等。短时工作制电动机的典型负载图和温升曲线图如图 10-4 所示。

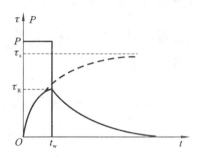

图 10-4　短时工作制电动机的典型负载图和温升曲线图

由图 10-4 可知，短时工作制电动机的额定温升 τ_R 远小于稳定温升 τ_s，这样，如果电动机超过规定的运行时间，电动机的温升将超过额定温升，如图 10-4 中的虚线所示，导致电动机过热，使电动机有可能被烧坏。所以，短时工作制电动机拖动负载时，不允许连续运行。我国规定的短时工作制的标准时间为 15 min、30 min、60 min 和 90 min。

为了充分利用电动机，短时工作制电动机在规定的运行时间内应达到允许温升，并按照这个原则规定电动机的额定功率，即按照电动机拖动恒定负载运行，取在规定的运行时间内实际达到的最高温升恰好等于允许最高温升时的输出功率，作为电动机的额定功率。

3. 电动机的周期性断续工作制

周期性断续工作制是指电动机在恒定负载下按相同的工作周期运行，每个周期中工作和停歇交替进行，但时间都比较短的工作方式。在工作时间内，电动机的温升达不到稳定温升；而在停歇时间内，电动机的温升也不会降为零。周期性断续工作制电动机的典型负载图和温升曲线图如图 10-5 所示。

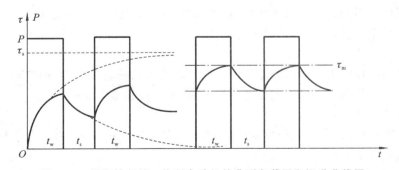

图 10-5　周期性断续工作制电动机的典型负载图和温升曲线图

电动机按一系列相同的工作周期运行时，周期时间一般不大于 10 min。如图 10-5 所示，每一周期中都有一段恒定负载运行时间 t_w、一段断电停机时间 t_s，但 t_w 及 t_s 都较短。在 t_w 时间内，电动机不能达到稳定温升，而在 t_s 时间内，温升也未下降到零，下一个工作周期即已开始。这样，每经过一个周期 t_w+t_s，温升便有所上升，经过若干周期后，电动机的温升便在一个稳定的小范围内波动。

在周期性断续工作制中,工作时间与周期之比称为负载持续率,也称暂载率,用 FC 表示,即

$$FC\% = \frac{t_w}{t_w + t_s} \times 100\% \tag{10-6}$$

上式表示工作时间占周期的百分数。对于同一台电动机,FC% 越大,工作时间内允许的负载功率就越大。我国规定的标准负载持续率有 15%、25%、40% 和 60% 几种。

10.3 电动机类型、形式、额定电压和额定转速的选择

电动机的选择包括电动机额定容量、类型、形式、额定电压和额定转速的选择。

10.3.1 电动机类型的选择

在满足生产机械对电力拖动系统静态和动态特性要求的前提下,选择电动机类型时,要力求结构简单、运行可靠、维护方便、价格低廉。

1. 电动机的主要类型

(1)异步电动机:结构简单、运行可靠、维护方便、价格低廉。鼠笼式异步电动机的启动性能和调速性能差,功率因数低,常用于不要求调速而且对启动性能要求不高的生产机械,如通风机、电风扇、洗衣机等。绕线式异步电动机通过在转子回路中串联电阻来限制启动电流、增大启动转矩和改变转速,常用于启动、制动频繁的生产机械,如电梯、起重机等。

(2)同步电动机:可以通过调节励磁电流来调节功率因数,对电网进行无功补偿。对于功率较大而且不需要调速的生产机械,常采用同步电动机拖动。

(3)直流电动机:启动性能和调速性能优异,但其结构复杂,成本高,存在换向问题。

2. 选择电动机类型时需要考虑的电动机的主要特点与性能

1)电动机的机械特性

生产机械具有不同的转速和转矩特性,要求电动机的机械特性与之相适应。如要求负载变化时转速恒定不变,就要选择同步电动机。

2)电动机的调速性能

电动机的调速性能指标包括调速范围、平滑性、调速系统的经济性、调速静差率等,其应该满足生产机械的要求。如要求调速范围较大时,要选用异步电动机。

3)电动机的启动性能

对于启动转矩要求不高的,如机床,可以选用鼠笼式异步电动机;对于要求频繁启动的,要选用绕线式异步电动机。

4)经济性

在满足生产机械对电动机启动、调速、制动等运行性能要求的前提下,优先考虑结构简单、价格便宜的电动机。

10.3.2 电动机形式的选择

按安装方式,电动机可分为立式和卧式两种,一般情况下采用卧式的,因为立式的价格较贵,只有在特殊场合才使用;按电动机轴伸出端个数,电动机可分为单轴伸出端式和双轴伸出端式两种,大多数情况下用单轴伸出端式的,特殊情况下用双轴伸出端式的;按防护方式,电动机可分为开启式、防护式、封闭式、密封式和防爆式等几种。

(1)开启式。这种电动机的定子两侧和端盖有很大的通风口,所以其散热好,但容易进入灰尘、水汽、油污和铁屑等,只能在清洁、干燥的环境中使用。

(2)防护式。这种电动机的机座下有通风口,所以通风条件较好,同时可以防止外界物体从上面落入电动机内部,还可以防滴水、防溅水及防雨,但不能防止潮气和灰尘进入电动机内部,适合在比较干燥、没有腐蚀性和爆炸性气体的环境中使用。

(3)封闭式。这种电动机的机座和端盖都没有通风口,是完全封闭的。封闭式电动机又分为自扇冷式、他扇式和密封式三种。前两种可用于潮湿、多腐蚀性灰尘、易受风雨侵蚀的环境中;第三种因为是密封的,水和潮气不能进入电动机,一般用于浸入水中的机械(如潜水泵电动机)。

(4)防爆式。这种电动机在封闭式电动机的基础上制成,机壳有足够的强度,应用于有爆炸危险的环境中,如油库、煤气站等。

10.3.3 电动机额定电压的选择

电动机额定电压的等级、相数、频率的选择应依据与电网电压一致的原则。

一般工厂、企业的低压电网为 380 V,因此中小型电动机都是低压的,采用星形连接时额定电压为 380 V,采用三角形连接时额定电压为 220 V。

当电动机的功率较大,且供电电压为 6000 V 及 10 000 V 时,可选用 6000 V 甚至 10 000 V 的高压电动机。

当直流电动机由单独的直流电源供电时,电动机的额定电压常用 110 V 或 220 V;大功率电动机的额定电压可提高到 600 V 或 800 V,甚至是 1000 V。当直流电动机由晶闸管整流电源供电时,应配以不同的整流电路。

10.3.4 电动机额定转速的选择

额定功率相同的电动机,额定转速高时,其体积小,价格低。由于生产机械对转速有一定的要求,电动机转速越高,传动机构的传动比就越大,传动机构就越复杂,从而增加了设备成本和维修费用。因此,应综合考虑电动机和生产机械两方面的各种因素后,再确定电动机的额定转速。

对于很少启动、制动或反转的连续运转的生产机械,可从设备初投资、占地面积和运行维护费用等方面考虑,确定几个不同的额定转速,然后进行比较,最后选定合适的传动比和电动机的额定转速。

电动机经常启动、制动和反转,但过渡过程持续时间对生产率影响不大的生产机械,主要根据过渡过程所需能量最小的条件来选择电动机的额定转速;电动机经常启动、制动和反转,且过渡过程持续时间对生产率影响较大的生产机械,则主要根据过渡过程时间最短的原则来选择电动机的额定转速。

10.4 电动机额定功率的选择

电动机额定功率的选择是一个很重要的问题。如果功率选得过大,电动机的容量得不到充分利用,电动机经常处于轻载运行状态,则电动机效率过低,运行费用就高;反之,如果功率选得过小,电动机将过载运行,长期过载运行,则电动机的寿命将缩短。因此,应通过计算来确定合适的电动机额定功率,使设备需求的功率与被选电动机的额定功率相接近。

电动机额定功率的选择要从电动机的发热、过载能力和启动能力三个方面考虑,其中发热问题最为重要。选择电动机额定功率的一般原则是:首先,电动机的功率尽可能得到充分利用,而且其运行温度不得超过允许值;其次,电动机的过载能力和启动能力应满足生产机械的要求。因此,选择电动机额定功率的一般步骤如下:

(1)确定生产机械所需功率;

(2)根据生产机械所需功率预选一台额定功率与其相当的电动机;

(3)对已预选的电动机进行发热、过载能力和启动能力的校验,若不合格,应另选一台电动机再进行校验,直至合格为止。

另外,电动机的额定功率是和一定的工作制相对应的。在选择电动机的额定功率时,需根据不同的工作制选用不同的计算方法。

10.4.1 连续工作制电动机额定功率的选择

连续工作制是指电动机在恒定负载下运行的时间很长,足以使其温升达到稳定温升的工作方式。通风机、水泵、纺织机、造纸机等生产机械中的电动机都选用这种工作制的电动机。连续工作制电动机根据所带负载分为恒定负载式和周期性变化负载式两类。

1. 恒定负载式电动机额定功率的选择

对于恒定负载的生产机械,只要知道生产机械所需的功率,就可以在电动机产品目录中选择一台额定功率 P_N 等于或稍大于负载功率 P_L 的电动机。

因为连续工作制电动机的额定功率是按电动机长期在额定负载下运行而选择的,当 $P_N \geqslant P_L$ 时,电动机发热引起的稳定温升不会超过允许的最高温升,因此不必进行热校验。

2. 周期性变化负载式电动机额定功率的选择

图 10-6 所示为周期性变化负载的功率图。当电动机拖动这类生产机械工作时,因为负载周期性变化,所以电动机的温升也必然呈周期性波动。温升的最大值将低于最大负载时的稳定温升,而高于最小负载时的稳定温升。这样,如果按最大负载功率选择电动机的额定功率,则电动机不能得到充分利用;如果按最小负载功率选择电动机的额定功率,则电动机必将过载。因此,电动机的额定功率应选在最大负载功率与最小负载功率之间。

对于连续周期性变化的负载,可先按下式计算一个周期内的负载平均功率和平均转矩

$$P_{\text{Lav}} = \frac{P_1 t_1 + P_2 t_2 + \cdots + P_n t_n}{t_1 + t_2 + \cdots + t_n} = \frac{\sum_{i=1}^{n} P_i t_i}{t_p} \tag{10-7}$$

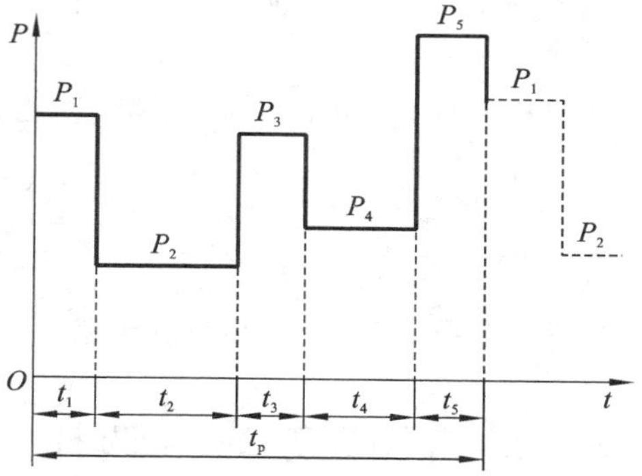

图 10-6　周期性变化负载的功率图

$$T_{\text{Lav}} = \frac{T_1 t_1 + T_2 t_2 + \cdots + T_n t_n}{t_1 + t_2 + \cdots + t_n} = \frac{\sum\limits_{i=1}^{n} T_i t_i}{t_p} \qquad (10\text{-}8)$$

式(10-7)和式(10-8)中：P_{Lav} 为负载平均功率；T_{Lav} 为负载平均转矩；$P_1,P_2,\cdots,P_n$ 分别为各阶段的负载功率；$T_1,T_2,\cdots,T_n$ 分别为各阶段的负载转矩；$t_1,t_2,\cdots,t_n$ 分别为各阶段的时间；t_p 为负载的周期。

然后根据负载的平均功率预选电动机的额定功率，即

$$P_{\text{N}} = (1.1 \sim 1.6) P_{\text{Lav}} \qquad (10\text{-}9)$$

或

$$P_{\text{N}} = (1.1 \sim 1.6) \frac{T_{\text{Lav}} n_{\text{N}}}{9550} \qquad (10\text{-}10)$$

式中，n_{N} 为额定转速。

系数是考虑到负载变化时电动机在过渡过程中的电流较大，且铜损耗与电流的平方成正比，故电动机的发热要比平均功率下的发热严重而确定的。当过渡过程占周期的比重大时，系数取偏上限值。接下来对预选的电动机进行热校验。热校验是选择电动机的重要步骤，其常用的方法有等效电流法、等效转矩法和等效功率法。

1）等效电流法

等效电流法是用一个不变的等效电流 I_{dx} 代替实际变化的负载电流的方法，其条件是：在一个周期时间 t_p 内，等效电流产生的热量与实际变化的电流产生的热量相等。假设电动机的铁损耗与绕组电阻不变，则损耗只与电流的平方成正比，由此可得等效电流为

$$I_{\text{dx}} = \sqrt{\frac{I_1^2 t_1 + I_2^2 t_2 + \cdots + I_n^2 t_n}{t_p}} = \sqrt{\frac{\sum\limits_{i=1}^{n} I_i^2 t_i}{t_p}} \qquad (10\text{-}11)$$

只要预选电动机的额定电流满足 $I_{\text{N}} \geqslant I_{\text{dx}}$，则热校验合格；否则，应重新选择电动机的额定功率。

2）等效转矩法

等效转矩法是由等效电流法推导出来的。当直流电动机的励磁电流不变或电动机的磁通和功率因数不变时，电动机的转矩与电流成正比，则等效转矩 T_{dx} 的计算公式为

$$T_{\text{dx}} = \sqrt{\frac{T_1^2 t_1 + T_2^2 t_2 + \cdots + T_n^2 t_n}{t_p}} = \sqrt{\frac{\sum\limits_{i=1}^{n} T_i^2 t_i}{t_p}} \qquad (10\text{-}12)$$

只要预选电动机的额定转矩满足 $T_N \geqslant T_{dx}$，则热校验合格。

3）等效功率法

如果电动机运行时的转速保持不变，则功率与转矩成正比，由此可得等效功率为

$$P_{dx} = \sqrt{\frac{P_1^2 t_1 + P_2^2 t_2 + \cdots + P_n^2 t_n}{t_p}} = \sqrt{\frac{\sum\limits_{i=1}^{n} P_i^2 t_i}{t_p}} \qquad (10\text{-}13)$$

只要预选电动机的额定功率满足 $P_N \geqslant P_{dx}$，则热校验合格。

10.4.2　短时工作制电动机额定功率的选择

1. 选用短时工作制的电动机

短时运行的生产机械一般选择短时工作制的电动机。我国制造的短时工作制电动机的标准工作时间有 15 min、30 min、60 min 和 90 min 四种，每一种又有不同的功率和转速，因此可以按生产机械的功率、工作时间及转速的要求，从产品目录中直接选用不同规格的电动机。

如果短时运行的生产机械所需的功率是变化的，则可按式（10-7）计算出一个周期内负载的平均功率，再按负载平均功率选择电动机的额定功率。取

$$P_N = (1.1 \sim 1.6) P_{Lav}$$

电动机的功率确定后，应对其进行发热、过载能力和启动能力的校验。

2. 选用周期性断续工作制的电动机

短时运行的生产机械在没有合适的短时工作制电动机时，也可选用周期性断续工作制电动机。短时工作制电动机的定额时间 t_g 与周期性断续工作制电动机的负载持续率 FC 之间的换算关系可近似地认为是：30 min 相当于 FC＝15％，60 min 相当于 FC＝25％，90 min 相当于 FC＝40％。

10.4.3　周期性断续工作制电动机额定功率的选择

对于断续运行的生产机械，一般可以直接从产品目录中选择周期性断续工作制的电动机。我国制造的周期性断续工作制电动机的标准负载持续率 FC 有 15％、25％、40％和 60％四种。

如果持续运行的生产机械所需的功率 P_L 是恒定的，且负载的实际负载持续率 FC_L 与某种电动机的标准负载持续率 FC 相同或相近，则可直接选择电动机的额定功率 $P_N \geqslant P_L$；若负载的实际负载持续率 FC_L 与某种电动机的标准负载持续率 FC 不相同，则应向标准负载持续率进行换算，然后根据换算后的等效负载功率 P_{dx} 和标准负载持续率选择合适的电动机。等效负载功率 P_{dx} 与所需功率 P_L 之间的换算公式为

$$P_{dx} = P_L \sqrt{\frac{FC_L}{FC}} \qquad (10\text{-}14)$$

如果断续运行的生产机械所需的功率是变化的，则可按式（10-7）计算出一个周期内的负载平均功率，再按负载平均功率来选择电动机的额定功率，取

$$P_N = (1.1 \sim 1.6) P_{Lav}$$

电动机的额定功率确定后,应对其进行发热、过载能力和启动能力的校验。

当断续运行的生产机械的实际负载持续率 $FC_L<10\%$ 时,可按短时工作制选择电动机;当实际负载持续率 $FC_L>70\%$ 时,可按连续工作制选择电动机。

思考题与练习题

1.电动机在发热和冷却过程中的温升各按什么规律变化?

2.为什么说电动机运行时的稳定温升取决于负载的大小?

3.校验电动机发热的等效电流法、等效转矩法和等效功率法各适用于何种情况?

4.电动机的三种工作制是如何划分的?

5.将一台额定功率为 P_N 的短时工作制电动机改为连续运行,其允许输出功率是否变化?为什么?

6.如果电动机周期性地工作 15 min、停机 85 min,或工作 5 min、停机 5 min,这两种工作方式是否都属于周期性断续工作制?

7.电动机按防护方式划分,可分为哪几种? 简述各自的主要使用环境。

8.某生产机械由一台 S_3 工作制的三相绕组式异步电动机拖动,运行时间 $t_w=120$ s,停机时间 $t_s=360$ s,电动机的负载功率 $P_L=12$ kW,试选择电动机的额定功率。

9.某生产机械由一台三相异步电动机拖动,负载曲线如图 10-7 所示,$I_{L1}=50$ A,$t_1=10$ s,$I_{L2}=80$ A,$t_2=20$ s,$I_{L3}=40$ A,$t_3=30$ s,所选择电动机的 $I_N=59.5$ A,试对该电动机进行热校验。

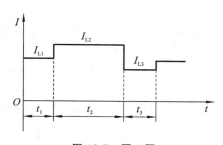

图 10-7　题 9 图

附录 A 电机主要符号

a——直流电动机电枢绕组并联支路对数，交流绕组并联支路数

B——磁通密度

B_a——电枢磁通密度

B_{av}——平均磁通密度

C_E——电动势常数

C_T——转矩常数

D_a——直流电动机电枢铁芯外径

E——感应电动势

E_a——电枢电动势

E_{ad}——直轴电枢反应电动势

E_{aq}——交轴电枢反应电动势

E_0——空载电动势

E_1——变压器一次侧电动势，交流电动机定子绕组感应电动势

E_2——变压器二次侧电动势，异步电动机转子不动时的感应电动势

E_{2s}——异步电动机转子旋转时的电动势

E_{2v}——v 次谐波电动势

E_σ——定子漏磁通电动势

$E_{1\sigma}$——变压器一次侧漏电动势

e——电动势瞬时值

F——电机磁动势

F_a——直流电机电枢磁动势

F_{ad}——直轴电枢反应磁动势

F_{aq}——交轴电枢反应磁动势

F_f——励磁磁动势

F_σ——气隙磁动势

f——频率，磁动势瞬时值

f_N——额定频率

f_1——异步电机定子电路频率

f_2——异步电机转子电路频率

f_v——v 次谐波频率

GD^2——飞轮矩

H——磁场强度

I——电流

I_a——电枢电流

I_f——电机励磁电流

I_{fN}——额定励磁电流

I_s——短路电流

I_N——额定电流

I_0——空载电流

I_1——变压器一次侧电流，交流电机定子电流

I_2——变压器二次侧电流，异步电机转子电流

I_{st}——启动电流

J——转动惯量

K——直流电机换向片数，系数

k——变压器的变化

k_a——自耦变压器的变比

k_e——异步电机电动势变比

k_i——异步电机电流变比

K_I——启动电流倍数

K_{st}——异步电动机启动转矩倍数

L——自感系数

l——有效导体的长度

M——互感系数

m——相数，直流电动机启动级数

N——直流电机电枢绕组总导体数

N_1——变压器一次侧匝数，异步电机定子绕组每相串联匝数

N_2——变压器二次侧匝数，异步电机转子绕组每相串联匝数

n——转速

n_0——直流电动机理想空载转速

n_N——额定转速

n_1——同步转速

P_N——额定功率

P_{em}——电磁功率

P_{MEC}——总机械功率

P_1——输入功率

P_2——输出功率

p——磁极对数

P_{ad}——附加损耗,杂散损耗

P_{Cu}——铜损耗

P_{Fe}——铁损耗

P_{mec}——机械损耗,摩擦损耗

P_f——励磁损耗

P_s——短路损耗

P_0——空载损耗

Q——无功功率

q——每极每相槽数

R——电阻

R_a——直流电机电枢回路电阻

R_f——励磁回路电阻

R_L——负载电阻

R_1——变压器一次侧绕组电阻,异步电机定子电阻

R_2——变压器二次侧绕组电阻,异步电机转子电阻

R_S——变压器、异步电机的短路电阻

R_m——变压器、异步电机的励磁电阻

S——直流电机元件数,变压器视在功率

s——异步电动机转差率

s_m——临界转差率

s_N——额定转差率

T——转矩,周期,时间常数

T_{em}——电磁转矩

T_L——负载转矩

T_m——最大电磁转矩

T_N——额定转矩

T_{st}——启动转矩

T_0——空载转矩;制动转矩

T_1——输入转矩;拖动转矩

T_2——输出转矩

U——电压

U_f——励磁电压

U_s——变压器短路电压

U_N——额定电压

U_1——变压器一次侧电压,交流电机定子电压

U_2——变压器二次侧电压,异步电机转子电压

U_{20}——变压器二次侧空载电压

u_s——短路电压百分值

v——线速度

X——电抗

X_a——电枢反应电抗

X_{ad}——直轴电枢反应电抗

X_{aq}——交轴电枢反应电抗

X_d——直轴同步电抗

X_q——交轴同步电抗

X_s——短路电抗

X_L——负载电抗

X_m——励磁电抗

X_1——变压器一次侧漏电抗,交流电机定子漏电抗

X_2——变压器二次侧漏电抗,异步电机转子不动时的漏电抗

X_{2s}——异步电机转子转动时的漏电抗

y——节距,直流电机电枢绕组的合成节距

y_k——直流电机换向器节距

y_1——直流电机第一节距

y_2——直流电机第二节距

Z——电机槽数,阻抗

Z_s——短路阻抗

Z_L——负载阻抗

Z_m——励磁阻抗

Z_r——步进电机转子齿数

Z_1——变压器一次侧漏阻抗,异步电机定子漏阻抗

Z_2——变压器二次侧漏阻抗,异步电机转子漏阻抗

α——角度,槽距角

β——角度,变压器负载系数

γ——角度

δ——气隙长度,功角(又称功率角)

η——效率

η_{max}——最大效率

θ——角度,温度

θ_{se}——步进电机的步距角

μ——磁导率

μ_{Fe}——铁磁性材料的磁导率

μ_f——相对磁导率

υ——谐波次数

τ——极距

Φ——主磁通,每极磁通

Φ_m——变压器主磁通最大值

$\Phi_{1\sigma}$——一次侧漏磁通

$\Phi_{2\sigma}$——二次侧漏磁通

Φ_1——基波磁通

Φ_υ——υ 次谐波磁通

Φ_0——空载磁通,异步电机气隙主磁通

φ——相位角,功率因数角

φ_1——变压器一次侧功率因数角,异步电机定子功率因数角

φ_2——变压器二次侧功率因数角,异步电机转子功率因数角

ψ——磁链,内功率因数角

Ω——机械角速度

Ω_1——同步机械角速度

ω——电角速度,角频率

λ 或 λ_T——过载能力

附录B　直流电动机常见故障分析

直流电动机常见故障分析如附表B-1所示。

附表B-1　直流电动机常见故障分析

故障现象	故障产生原因	处理方法
电刷下 火花 过大	电刷与换向器接触不良	研磨电刷,并在轻载下运行0.5～1 h
	刷盒松动或安装不正	坚固或纠正刷盒装置
	电刷与刷盒配合不当	不能过紧或过松,略微磨小电刷或更换新电刷
	电刷压力不当或不均匀	适当调整弹簧压力,使电刷压力保持在1.47～2.45 N/mm
	电刷不在中性线上	把刷杆座调整到原有记号位置或参考换向片位置重新调整刷杆距离
	电刷磨损过短或型号、尺寸不符	更换电刷
	换向器表面不光洁、不圆或有污垢	清洁、研磨或加工换向器表面
	换向片间的云母凸出	重新更换云母并研磨或加工
	过载	恢复正常负载
	电动机底脚螺钉松动,产生振动	坚固底脚螺钉
	换向极绕组短路	查找短路部位,进行修复
	换向极绕组接反	检查换向极的极性,加以纠正
	电枢绕组短路或电枢绕组与换向片脱焊	检查短路或脱焊的部位,进行修复
	电枢绕组短路或换向器短路	检查短路的部位,进行修复
	电枢绕组中有一部分接反	检查电枢绕组接线,加以纠正
	电枢平衡没校好	电枢重校平衡
不能 启动	过载	减小负载
	接线板接线接错	检查接线,加以纠正
	电刷接触不良或换向器表面不清洁	研磨电刷或调整压力,清理换向器表面及换向片间的云母
	电刷位置移动	重新校正中性线位置
	主磁极绕组断路	检查断路的部位,进行修复
	轴承损坏或有异物	更换轴承或清除异物
转速 不正常	电刷不在正常位置	调整刷杆座位置,可逆转的电动机应使其在中性线上
	电枢或主磁极绕组短路	检查短路的部位,进行修复
	串励主磁极绕组接反	检查主磁极绕组接线,加以纠正
	并励主磁极绕组断线或接反	检查断线部位与接线,加以纠正

续表

故障现象	故障产生原因	处理方法
温度过高	电源电压高于额定值	降低电源电压到额定值
	电动机超载	降低负载或换一台容量较大的电动机
	绕组有短路或接地故障	检查故障部位后按故障情况处理
	电动机的通风散热情况不好	检查环境温度是否过高,风扇是否脱落,风扇旋转方向是否正确,电动机内部通风道是否被堵塞
电动机振动	串励绕组或换向极绕组接反	改正接线
	电刷未在中性线上	调整电刷,使其在中性线上
	励磁电流太小或励磁电路有断路	增加励磁电流或检查励磁电路中有无断路
	电动机电源电压波动	检查电枢电压
轴承过热	轴承损坏或有异物	更换轴承或清除异物
	润滑脂过多或过少,型号选用不当或质量差	调整或更换润滑脂
	轴承装配不良	检查轴承与转轴、转轴与端盖的配合情况,进行调整或修复
外壳带电	接地不良	查找原因,并采取相应的措施
	绕组绝缘老化或损坏	查找绝缘老化或损坏部位,进行修复,并处理绝缘

附录C 三相异步电动机常见故障分析

1.定子绕组故障及排除

定子绕组的常见故障有：绕组断路、绕组接地（碰壳或漏电）和绕组短路。

1）绕组断路故障的排除

断路故障多发生在电动机绕组的端部、各绕组元件的接线头及电动机引出线端等处。故障产生的原因是：绕组受外力作用而断裂；接头线焊接不良而松脱；绕组短路或电流过大，绕组过热而烧断。

查出绕组断路处后再进行修理。如果绕组断路处在铁芯槽的外部，可理清导线端头，将断裂的导线连接焊牢，并包好绝缘，若是引出线断裂，就更换引出线；如果绕组断路处在铁芯槽内的个别线圈中，可用穿绕修补的方法更换个别线圈。

2）绕组接地和绝缘不良故障的排除

电动机绕组接地，俗称"碰壳"。引起绕组接地的主要原因是：电动机长期不使用、周围环境潮湿、电动机受雨淋日晒、电动机长期过载运行、电动机受有害气体侵蚀等，使绕组绝缘性能降低，绝缘电阻减小；金属异物掉入绕组内部，损坏绝缘；有时在重绕定子绕组时，损坏了绕组绝缘，使导线与铁芯相碰等。

绕组接地后，会造成绕组过流发热，从而使绕组匝间短路。绕组通电后，电动机外壳带电，容易造成触电事故，因此绕组接地故障必须及时检查、修理。

查出绕组接地点和绝缘不良之后，应按规程处理。如果测定是绕组受潮，可将电动机两侧端盖拆除，放在烘箱内烘烤，直到其绝缘电阻达到要求后，加涂一层绝缘漆，然后再烘干，防止回潮。也可用红外线灯干燥，或在定子绕组中通以0.6倍的额定电流的单相交流电流来加热。低压交流电源可用降压变压器或电焊机来提供。

如果测定的是绕组接地或碰相，则要分情况进行修理。新嵌线电动机的接地点往往在槽口处。嵌线不慎，极易损坏槽口处的线圈绝缘，可用绝缘纸或竹片垫入线圈与铁芯槽口之间。如果接地点在端部，可用绝缘带包扎，再涂上白干绝缘漆。如果发现槽内导线绝缘损坏而接地，则需要更换绕组，或采用线圈绕组修补的方法更换接地线圈。

3）绕组短路故障的排除

绕组短路故障产生的原因主要是：电动机电流过大、电源电压过高、机械损伤、重新嵌绕时碰伤绝缘、绝缘老化脆裂等。绕组短路的情况有绕组间短路、相组间短路、相间短路等，最容易短路的地方是同极同相的两相邻线圈之间，上、下层线圈之间，以及线圈的槽外部分。

如果能明显看出短路点，可将竹楔插入两线圈间，把这两个线圈的槽外部分分开，垫上绝缘。如果短路点发生在槽内，则应将该槽绕组加热软化后，翻出受损绕组，换上新的绝缘层，将导线绝缘损伤部位用薄的绝缘带包好，重新嵌入槽内，再进行绝缘处理。如果个别线圈短路，可用前述穿绕修补法，调换个别短路线圈。如果短路较严重，或重新绝缘后的导线无法嵌入槽内，或者无法进行穿绕修补，则必须拆下绝缘重绕。

2. 转子绕组故障及排除

1）笼形转子绕组故障的排除

笼形转子绕组的常见故障是断条（即笼条断裂）。断条后电动机虽然能空载运转，但一加负载，转速就会降低，这时如测量定子三相绕组电流，就会发现电流表指针来回摆动。

如果铜条在槽外明显处脱焊，可用锉刀清理后，用磷铜焊料焊接。如果槽内铜条断裂，若数量不多，可以在断裂的铜条两端的短路环（端环）上开一个缺口，然后用凿子把断裂的铜条凿下去，换上新铜条。如果铸铝转子有断条故障，则应将转子槽内的铸铝全部取出，更换新的。

若要将铸铝转子改为铜条转子，由于铜的导电性比银的好，一般铜条的截面面积为槽的截面面积的70%就可以了。如果铜条的截面面积过大，会造成启动转矩减小而启动电流增大的情况。铜条取窄长截面，以顶满槽顶及槽底。

2）绕线式转子绕组故障的排除

绕线式转子绕组的结构、嵌绕等，都与定子绕组的相同。

在修理绕组时，对于一般中小型绕线式转子电动机的转子绕组导线，多采用圆钢线、漆包线。绕组线圈的形式有叠绕式和单层同心式两种，绕组的嵌绕工艺可参考定子绕组的嵌绕工艺。较大容量的绕线式转子电动机的转子绕组导线采用扁铜线或裸铜条，线圈的形式一般是单匝波形线圈，由两个元件构成，扁铜线和裸铜条的外面用绝缘带半叠包一层，嵌好后连接成绕组。转子槽绝缘和定子槽绝缘基本相同，但考虑到转动部分的绝缘容易损坏，故转子槽绝缘一般要比定子槽绝缘加强些。绕线式转子嵌入绕组后，其两端不能高出转子的铁芯。绕组伸出槽外的端部要用砂带包好。

由于转子在高速下旋转，其绕组端部会产生很大的离心力，所以转子绕组经过修理或全部更换以后，必须在绕组的两个端部用钢丝打箍。打箍工作可以在车床上进行，或用木制的简易机械来进行。

绕线式转子绕组修理后，要经过浸漆与烘干处理。浸漆时，应注意不要使绝缘漆沾到转子的滑环部分。修好的转子要校准平衡，以免在运转过程中产生振动。

三相异步电动机的常见故障及处理方法可参见附表 C-1。

附表 C-1　三相异步电动机的常见故障及处理方法

故障现象	可能的原因	处理方法
不能启动	定子绕组或转子绕组短路	查找短路部位，进行修复
	定子绕组相间短路、接地或接线错误	查找短路、接地部位，进行修复
	绕线式转子电动机启动误操作	检查滑环短路装置及启动变阻器的位置。在启动时应串接变阻器
	过电流继电器调得太小	适当调高
	老式启动开关油杯缺油	加新油至油面线
	负载过大或传动机械被卡住	换用较大容量的电动机或减轻负载；如传动机械被卡住，应检查传动机械部分，消除障碍
	轴承磨损严重，造成气隙不均匀，通电后定子、转子吸住不动	检查轴承，更换轴承
	槽配合不当	将转子外圆适当车小或选择适当的定子线圈跨距；重新更换转子，槽配合应符合要求
	熔体熔断	检查熔体是否熔断，可采用检验灯法。检查时不必将熔体取下，只要把检验灯跨接于熔体的两端即可

故障现象	可能的原因	处理方法
不能启动	轴承损坏	当轴承损坏时,可能会使定子、转子铁芯相互摩擦而导致电动机运转时发出嚓嚓的异常声音。如果轴承严重损坏,会使定子铁芯卡住转子而导致电动机不能转动。要检查轴承是否损坏,只需上下移动转轴,若转轴松动了,则应更换新轴承
	笼形转子铜条松动	若转子铜条松动,电动机运转时有异常的声音,有时铜条与短环之间可能会出现火花,而且电动机不能带动负载,此时可采用撒铁粉法来寻找开路的铜条
电动机带负载运行时转速低于额定值	笼形转子断条	对应检查处理
	绕线式转子一相断路	用检验灯、万用表等检查断路处,排除故障
	绕线式转子电动机启动变阻器接触不良	修理变阻器的接触点
	绕线式转子电动机的电刷与滑环接触不良	调整电刷压力及电刷与滑环的接触面
	负载过大	换用较大容量的电动机或减轻负载
电动机空载或负载运行时输入电流发生周期性变化	绕线式转子电动机一相电刷接触不良	调整电刷压力及电刷与滑环的接触面
	绕线式转子电动机的滑环短路装置接触不良	修理或更换短路装置
	笼形转子断条	对应检查处理
	绕线式转子一相断路	用检验灯、万用表等检查断路处,排除故障
电动机外壳带电	电动机绕组受潮、绝缘老化,或引出线与接线盒碰壳	对电动机绕组进行干燥处理,绝缘严重老化者应换绕组,连接好接地线
	铁芯槽内有未清理掉的铁屑,导线嵌入后即通电,或嵌线时槽绝缘受机械损伤	找出接地线圈后进行局部修理
	绕组端部太长,碰到电动机外壳	将绕组端部刷一层绝缘漆,垫上绝缘纸
电动机运转时声音不正常	定子与转子相互摩擦	锉去定子、转子硅钢片突出部分
	电动机缺相运转,有嗡嗡声	如轴承松动(走外圆或走内圆),可采取镶套办法,或更换端盖,或更换转轴
	转子风叶碰壳	检查熔体及开关接触点,排除故障
	转子与绝缘纸摩擦	修剪绝缘纸
	轴承严重缺油	清洗轴承,加新的润滑油
	轴承损坏	更换轴承
电动机振动	转子不平衡	校动平衡
	皮带盘不平衡	校静平衡
	皮带盘轴孔偏心	车正或嵌套
	轴头弯曲	校直或更换转轴;弯曲不严重时,可车去 $1\sim2$ mm,然后配上套筒(热套)
	转子内断线(断开电源,振动立即消失)	用短路测试器检查
	气隙不均匀,产生单边磁拉力	测量气隙,校正气隙,使其均匀

续表

故障现象	可能的原因	处理方法
轴承过热	轴承损坏	更换轴承
	轴承与轴配合过松或过紧	过松时转轴镶套,过紧时重新加工到标准尺寸
	轴承与端盖配合过松或过紧	过松时端盖嵌套,过紧时重新加工到标准尺寸
	滑动轴承油环轧煞或转动缓慢	查明轧煞处,修理或更换油环,若为油质过厚,应更换较薄的润滑油
	润滑油过多、过少或油质不好	加油或换油
	电动机两侧端盖或轴承盖未装平	将端盖或轴承盖止口装紧装平,旋紧螺丝
	转子不平衡	校动平衡
电动机温升过高或冒烟	电动机风道堵塞	清除风道油垢及灰尘
	定子绕组短路或接地	拆开电动机,抽出转子,用电桥测量各相绕组或各线圈组的直流电阻,或用兆欧表测量电动机的绝缘电阻,局部或全部更换线圈
	电源电压过高或过低	调节电源电压
	绕组内部有线圈接反	检查每相电流,也可以检查每相电流的极性,查出接反的线圈并改正
	定子、转子之间的气隙太大或定子绕组的匝数过少	检查空载电流或测量气隙,重新嵌线,适当增加定子绕组的匝数
	正、反转太频繁或启动次数太多	应适当地减少
	定子、转子相互摩擦	若有轴承走外圆或走内圆,可采取镶套的办法;轴承松动,需换新的轴承;若轴承弯曲,应予以校正
	笼形转子断条或绕线式转子绕组接线松脱	对应检查处理
绕线式转子滑环火花过大	电刷牌号及尺寸不合适	更换合适的电刷
	滑环表面有污垢杂物	擦净滑环表面,用 0 号砂布磨光;滑环伤痕严重时,应车一刀
	电刷压力太小	调整电刷压力
	电刷在刷握内卡住	磨小电刷
空载电流三相严重不平衡	重绕定子绕组后三相匝数不相等	重绕定子绕组
	定子绕组内部接线有误	检查每相极性,纠正接线

参 考 文 献

[1] 李发海,王岩.电机与拖动基础[M].4版.北京:清华大学出版社,2012.

[2] 汤天浩.电机与拖动基础[M].2版.北京:机械工业出版社,2011.

[3] 尹泉,周永鹏,李浚源.电机与电力拖动基础[M].武汉:华中科技大学出版社,2013.

[4] 顾绳谷.电机及拖动基础[M].4版.北京:机械工业出版社,2011.

[5] 刘翠玲,孙晓荣,于家斌.电机与拖动[M].北京:北京理工大学出版社,2016.

[6] 许晓峰.电机与拖动[M].北京:高等教育出版社,2009.

[7] 李维波.MATLAB 在电气工程中的应用[M].北京:中国电力出版社,2007.

[8] 陈媛.电机与拖动基础[M].武汉:华中科技大学出版社,2015.

[9] 刘振兴,李新华,吴雨川.电机与拖动[M].武汉:华中科技大学出版社,2008.

[10] 许建国.电机与拖动基础[M].北京:高等教育出版社,2009.

[11] 戴文进,陈瑛.电机与拖动[M].北京:清华大学出版社,2008.

[12] 吕宗枢.电机学[M].北京:高等教育出版社,2008.

[13] A. E. Fitzgerald,Charles Kingsley Jr. ,Stephen D. Umans. Electric machinery[M].
Sixth Edition. New York:McGraw-Hill Companies,2003.

[14] 叶云岳.直线电机原理与应用[M].北京:机械工业出版社,2000.

[15] 黄俊,王兆安.电力电子变流技术[M].3版.北京:机械工业出版社,2017.